启真馆 出品

电灯与现代美国的发明

[美] 欧内斯特·弗里伯格 著 钱雨葭 译

Ernest Freeberg

爱迪生的时代

Electric Light and the Invention of Modern America

THE
AGE
OF
EDISON

ZHEJIANG UNIVERSITY PRESS
浙江大学出版社
· 杭州 ·

图书在版编目（CIP）数据

爱迪生的时代：电灯与现代美国的发明 /（美）欧
内斯特·弗里伯格著；钱雨葭译 . — 杭州：浙江大学
出版社，2022.9
（启真·人文历史）
书名原文：The Age of Edison: Electric Light
and the Invention of Modern America
ISBN 978-7-308-22770-4

Ⅰ . ①爱… Ⅱ . ①欧… ②钱… Ⅲ . ①创造发明—技
术史—美国 Ⅳ . ① N097.12

中国版本图书馆 CIP 数据核字（2022）第 110126 号

浙江省版权局著作权合同登记图字：11-2022-139 号

爱迪生的时代：电灯与现代美国的发明

[美] 欧内斯特·弗里伯格 著　钱雨葭 译

责任编辑　周红聪
文字编辑　黄国弋
责任校对　汪　潇
装帧设计　周伟伟
出版发行　浙江大学出版社
　　　　　　（杭州天目山路 148 号　邮政编码 310007）
　　　　　　（网址：http://www.zjupress.com）
排　　版　北京楠竹文化发展有限公司
印　　刷　北京中科印刷有限公司
开　　本　880mm×1230mm　1/32
印　　张　13.125
字　　数　290 千
版 印 次　2022 年 9 月第 1 版　2022 年 9 月第 1 次印刷
书　　号　ISBN 978-7-308-22770-4
定　　价　89.00 元

版权所有　翻印必究　印装差错　负责调换
浙江大学出版社市场运营中心联系方式：（0571）88925591；http://zjdxcbs.tmall.com

给我的父母

目 录

引言

发明过程中的爱迪生

    1879 年的整个秋天，新泽西州门洛帕克市的爱迪生实验室里，煤油灯夜夜长明。几个月前，这位声名鹊起的发明家就用一则声明令整个股市动荡不已。他宣称自己已经解决了这个时代最大的技术难题之一——如何将电力转化为光能。爱迪生向世界许诺，他很快就会推出一种可淘汰蜡烛、煤油、煤气照明的照明灯。在不懈追求一种可维持型白炽电光的过程中，这名年仅 32 岁的发明家凭借惊人的直觉和长久的坚持，克服了一个又一个技术难关。在这些日子里，新闻记者称赞他为"巫师"；他的资助者嫌实验进程太过缓慢，向他施加压力；大西洋两岸的科研专家则对爱迪生嗤之以鼻，因为他做出了可能无法兑现的承诺。

2　　爱迪生确信自己离成功只有一步之遥，但他还缺少一样必要的材料：一种可用的灯丝。他需要找到一种物质，将其放置于充满保护性气体的空灯泡中时，它既能承受住电流产生的巨大热量，又能白炽化发光而不被燃烧殆尽。十月的一个深夜里，发明家正为这个难题苦思冥想，恍惚间他的手指卷起一缕灯灰，这是他为另一个完全不同的实验项目收集起来的某种炭黑。灵光乍现之下，他的直觉告诉他，他手上的黑色裂片可能就是问题的答案，他当晚就安排了一场试验。他将炭化丝封进空灯泡，用电池导入电流，灯丝持续发光的时间长到足以让他确信他实验的方向是对的。接下来的几个星期里，爱迪生和他的实验团队试验了大量其他炭化丝——从硬卡板和纸片上刨下来的细屑、浸过焦油的棉丝，甚至是渔网线。一些点亮后立刻就熄灭了，一些的光芒能维系一段时间，但没有一种材料能比仅用炭化棉丝做成的灯丝发光的时间长。10 月 22 日午夜时分，装有炭化棉丝的灯泡首次被点亮，它的光芒亮彻整个夜晚。爱迪生和他的团队熬夜观测，灯泡在将近 14 个小时后熄灭，此时，他们终于确信他们已经将关键问题破解了。虽然他们还有很多剩下的工作要做，但爱迪生已经取得了他所需的证据来证明他的系统是可行的。次月，当报纸大肆报道这位伟大的发明家在"棉丝上取得了成功"时，爱迪生已经填好了专利申请，为首次公开展示他的新型照明灯做好了准备。

一个多世纪以来，美国人将白炽灯的发明视作本国历史上最伟大的发明，而电灯泡也成为伟大构想的象征。我们将灯泡与"灵感产生的一瞬间"联系在一起，不过是新瓶装旧酒，将光与洞察力联系在一起罢了。近期一项研究发现，仅仅是一个点亮的白炽灯泡，就有助于使研究对象的思维更富创造力，比起在同等光线强度下但缺少电灯光的人，他们解决问题的速度也更快。正如这项研究得出的结论："暴露在发光的电灯泡下有利于启发奇思妙想。"[1]

我们自然会因为电灯而感谢托马斯·爱迪生，他灵感爆发创造的发明仍然是我们这个技术时代的重大成就之一。他是历史上最伟大的发明家，我们有足够多的理由来纪念他，即便将留声机和动画也充分考虑在内，大多数人还是认为，白炽灯是他最重要的成就。爱迪生在门洛帕克取得重大突破后的几十年里，记者还常常会把所有的电灯都称为"爱迪生之光"；从发明领域的积极研究中退出很久之后，公众仍称赞他为"点亮世界的人"。正如一本颇受欢迎的教科书所言："一个人的技术、洞察力和进取心，革新了人类的生活方式。"

和公众一样，科技史学家承认爱迪生取得的伟大成就，但长期以来，他们认为这一认知也有其局限性，事实上，与其说它是对历史的描述，不如说它更像是一种英雄崇拜。他们让我们记住了，在1879年10月的一个夜晚，爱迪生用炭化灯丝所取得的成功是多么重要的一步，但将白炽灯从想法化为可行的技术，只需要那许许多多灯丝里的一根。爱迪生从其他许多发明家的成功与有指导意义的失败中吸取了教训，这些发明家在大西洋两岸研究了数十年；门洛帕克实验室里那支有卓越才能的助手团队也有一份功劳。当我们记起这些，爱迪生所取得的成就只会显得更为清晰，并没有减损一分一毫。细究爱迪生、他的搭档以及他的竞争对手研究出可用电灯泡的全过程，可知发明家们并非如一只灯泡突然照亮一个黑暗的房间一般，凭空得出了深刻的见解，这一发明过程本身就是一段复杂的社会进程。[2]

　　追溯电灯照明发展早期的几十年，我们可以发现，爱迪生非常依赖于与大西洋彼岸进行科学技术交流。许多 19 世纪的美国人承认欧洲科学界对电灯发明做出的贡献，却还是为自己国家作为技术创新的引领者而日益提升的国际声誉满怀爱国主义自豪感，并将这种创造新机器的才能视作本国制度优越性的重要表现。不少意见领袖宣称，美国是"发明家的国度"，他们将本国在机械领域的独创性归功于在国内普及度极高的大众教育体制、自由的专利法律以及对普通男女的实际才能一视同仁的平等信念。似乎只有满足了这些必要条件，其文化氛围才足够朝气蓬勃，得以诞生一个爱迪生。[3]

　　电灯照明演进过程的最初几十年还提示我们，爱迪生和他的对手们竞相赶工，不是为了完善一场科学实验，而是为了改善一件商业产品——一种不仅能用还能卖钱的灯泡，能带来足以回馈资本的大量回报。正如爱迪生的传记作者保罗·伊斯雷尔（Paul Israel）所写："人们把爱迪生本人当作电灯泡的发明者来称颂时，往往会忽略实验室法人组织和商业规划对爱迪生取得成功的不可或缺的作用。"这一笔在产品研究、改进新思路上投入的巨额资本，不仅让爱迪生创造出了第一个可行的白炽灯照明系统，还使得发明家的第一盏易碎的电灯泡进化为 20 世纪的电力网络。[4]

　　当我们意识到爱迪生并非一名独行的天才，而是跨大西洋发明文化圈的重要一员时，我们就能更好地理解，自那时起我们所乘的那股既令人不安又令人兴奋的技术创新浪潮起源于何处。19 世纪的男男女女是首批生活在一个被不断涌现的发明所改变的世界的人类。改变大众生活的那些新机器令他们着迷，他们满怀热忱地参观各种最时新的科技展览会，关注流行媒体上关于发明的报道。许多美国人试着自己动手做发明，梦想能够获得一份或者更多属于自己的专利。我们可以从他们对新机械的迷恋中发现一个悖论——这个悖论为所有生活在现代工业经济环境下的人所熟悉——人类不安地感觉到，变化才是唯一的不变，于是不断地做出各种不可思议却又糟糕透顶的发明。

随着一个个新发明不断出现，我们渐渐会将旧发明视作理所当然。电灯已经如此普及，以至于在现在的读者眼中，电灯身上那惊人的本质都显得平平无奇。也因此，我们很容易忘记，美国人第一次见到电灯时的激动和惊喜，他们晕晕乎乎，感觉自己正跨过了一道门槛，进入了我们现今身处的这个时代。全国各地每个城市、乡镇和村庄，在电灯到来的那个夜晚，市民们总是歌唱、演讲、游行，举办旧式煤油灯的埋葬仪式，以纪念这一历史性事件，热烈欢迎这项技术的到来。

通过电力产生的这种更佳的光源，在至少两个世纪中慢慢改变着人们的都市生活，电力也因此再度写下了划时代的一笔。与此同时，新型照明灯还从根本上颠覆了灯具的属性。电力光源比用煤油和煤气点燃的火焰更干净、明亮、安全。更重要的一点是，白炽灯具备经过验证的无穷适应性，为各个领域、各种用途提供了一种更为复杂、精密的可控光源。电灯解决了明火照明的古老缺点，将光辉洒向了蜡烛、煤油灯和煤气灯的光芒不能触及的角落：上至人体内部下至海底深处，小至发夹大到未知极地，近至棒球场远至战场。几十年来，随着人们渐渐掌握并可以灵活使用电灯光源，人们的世界不仅变得更明亮了，还变得更具启发性和想象力，公有和私有空间经过了精心设计，用以营造出一种现代生活的感觉，一名照明专家将之称为现代生活的"气氛和幻想"。[5]

从这方面而言，电灯成为一种社会控制的工具。它是一种强大的装置，足以引起现代人群某些情绪感受——从贪婪到欢快再到敬畏。尽管如此，人们从来都不只是新型电灯的被动消费者，他们还在电力照明灯具的创造过程中起到了积极作用。从布道、科幻到油画，当整个文化还在为大量的集会型公共场所努力探究电灯的意义之时，很多人已经利用自身的发明能力，将这一技术应用到了一系列新领域里。没有哪一位发明者能预见电灯的这些新用途。爱迪生在 1879 年年末的门洛帕克展示出了第一批可用的电灯泡，标志着这一漫长复杂的发明过程的终了。不过，大量发明家（其中大多数都已被世人遗忘）致力于挖掘照明灯的巨大潜力，随之开创了一片更广阔的科技创新新天地。19 世纪下半叶，随着这一技术渐渐传播开来，所有见识过电灯的人都知道这是个好东西，但还要再等上几十年，人们才能真正意识到电灯到底好在哪儿。

一些人有功于电灯的发明，却从未踏足实验室，也几乎全然不解电力的这一新型应用形式。19 世纪 30 年代出现的照明体系，不仅仅是发明家、科学家、实业家的作品，也是保险调查员、先锋经济学家、灯具设计者、商店橱窗理货师、医疗改革者、工会工人以及为各自的目的将电灯应用在无数其他领域的专家们所共同塑造的产物。的确，在 20 世纪初的美国，很难找到一个仍不将新型照明电灯视作有

价值工具的行当。照相师和剧院演员已接受电灯在应用上的丰富可能
性，猎人和渔夫、警察和教育家亦复如是。电灯改变了城市规划、建
筑风格、室内设计，还在 19 世纪末期推动了一场外科手术和公共卫
生领域的革命。电灯技术在工业革命时代发挥了举足轻重的作用。在
不到一代人的时间里，电子制造业成为美国最大的工业产业之一，同
时，在许多其他领域，从煤矿开采到棉纺工艺，大大改善的照明条件
也打造了一种更安全、更有效率的集约化生产过程。

还有一些人则利用电灯泡构造出了一种更多姿多彩的都市夜生
活。社会批判家将之视作祸根，因为这一新技术鼓吹的闪闪发光的大
众文化肤浅却颇具诱惑性，但更多的人发现，以创意方式摆放电灯是
那么美丽、有趣而又令人激动。多彩的电灯信号、剧院遮篷展板、聚
光展示橱窗，乃至圣诞灯——这些颠覆世纪的发明浓缩了人们对于美
好生活的时髦想法，而使得这一切成为可能的，正是对白炽灯的创造
性使用。

当美国人致力于解锁电灯的各种可能性之时，许多人也看到，光
正在重塑他们——转变他们与自然界的关系、调整他们日常生活的节
奏、改造他们的文化。这种强光新体制，为一些人注入活力，又让另
一些人耗尽精力。医生就提醒人们，电灯会扰乱睡眠模式，造就了罹
患近视的新一代美国人以及他们狂热而又缺乏活力的个性。其他人则
对这一切都欢迎备至，他们认为这是人类对黑暗的最终胜利。爱迪生
本人也声称电灯正在"改善"人性，许多人觉得，明亮的强光不仅让
城市更安全了，也提高了工人的工作效率和幸福感；与此同时，强光
还催生了一种促进社交的城市夜生活，而这种夜生活乡下人只能在他

们烟雾缭绕的煤油灯下读到零星半点。

简言之，电灯加快了 19 世纪后期城市生活的节奏，造就了那个年代快速扩张的工业生产和消费文化，还促成了美国城市新型大众娱乐市场的创建。在这个过程中，新型电灯激发了无数新创意、新机械和新型生活方式，当时的男女老少也怀着急切又矛盾的心情迎接了这些新事物，正如今天的我们接触到最新潮技术时的样子。追溯电灯在孕育我们现今文化的那关键的几十年间所发挥的作用，我们不仅仅会庆幸如爱迪生这般的伟人"捣鼓"出了这些发明，还会更加感激政治、经济、文化的各界力量联手改进了这些发明。

这些力量直至今日仍然继续影响着科技的发展。如今在照明领域发明的速度加快了，对于气候变化的担忧，迫使我们正视爱迪生很久以前就意识到的问题——白炽灯是一种低效率的技术，会浪费世界上有限的能源。即使是在爱迪生努力向全世界推销他的照明系统的时候，他也不忘为白炽灯寻找更好的替代品。当他还在世时，电子工业就为了追求更高的能量转化效率从方方面面改进了他的基础设计。如果爱迪生能看见我们现在的样子，他很可能会惊讶于我们居然还在使用白炽灯具。不过，似乎也有可能，他会急切地参与到我们当前对更好的照明灯泡的寻找之旅中。

第一章

发明电灯

1881 年的秋天，人群熙熙攘攘，人们用手肘挤着身旁的人，好开出一条路进入巴黎工业圣殿大沙龙，这里正在举办世界上第一届国际电力博览会。他们排起长长的队伍，只为能有机会试驾一番由电力驱动的轨道车，从电话里聆听一次由附近一家剧院播送的各种歌剧。另一些人在一间巴黎未来公寓的模型建筑里转悠，模型的每个房间都展现了电力不同维度的精巧创造力。厨房里，炉灶正吱吱呀呀地烤制一大堆"带电的华夫饼"；由电力维持的火焰温暖着的客厅里，回响着电子钢琴的声音；卧室里，有独特的电动发梳——只要轻轻旋转开关，就能让你的头部享受"轻柔呵护"。电力甚至能够改善玩耍的体验，作为未来儿童游戏室的区域展示了电动火车和玩偶，以及一台正在运行的玩具电报机。大厅里，数百根手指按下了数百个按钮，引发了一阵混合了电锣鼓和蜂鸣器的噪声，而按键下方嗡嗡作响的发电机为整个过程提供了能源。

这场博览会聚集了新兴科学领域的佼佼者，陈列展示了大西洋两岸发明家们的新锐电力应用。这些先锋人物会分享他们的研究，评判新机器的优点，但大多数的参观者对自己肉眼所见之神奇都只能理解一鳞半爪。一位英国的参观者就切实捕捉到了众人这一赶时髦的心态。他认为这场展示使得观众内心充满了对未来各种新奇神迹的高度期待，但也让他们因不解而感到畏怯。他总结道："四分之三的公众对于他们不理解的神迹钦佩不已，同时也感受到了一种令他们不知所措的困惑。剩下四分之一的人则像是慈善学校的乖小孩一般，对着这些玩意儿连连打呵欠。"发明家们让人们初窥世界的电气未来，也试图让人们相信这些他们无法看透的力量。[1]

不过，人类正盘桓在一场伟大变革的边缘，没有一个离开巴黎的人会再怀疑这一点。一直以来人们对电力恐惧不已，将之当成一种神秘危险的力量，现如今电力已被人类控制。发电机像是凭空召唤出了电流；电池让人能随时随地储存电力、释放电力，并能将电力放入盒中随身携带。这些展品能够无限制使用这一"宇宙中无尽的能量"，在现代世界科学家、发明家、实业家的联合努力下，所有工作或休闲领域都将很快迎来进步。

其中最新也最神奇的发明莫过于电灯。许多参观者确实曾经见识过某些形式的电灯，在1878年，距今最近的一届规模盛大的巴黎博览会上，就有令人眼花缭乱的耀眼灯展，让法国首都古已有之的"光之城"声名更盛，而电子光源也就从那时开始蓬勃发展。1881 年的电力博览会向世界展示了在那几年里取得的所有相关成果。这是历史上第一次，为了争夺最高荣誉和利润丰厚的合约，各式新型照明系统并排发光、交相辉映。他们一同向世界证明了电灯才是"未来之光"。最激动人心的是，托马斯·爱迪生抓住了这次机会，展示了他在几个月前第一次公开发布的白炽灯照明系统，这一壮举吸引了全世界的关注。虽然许多人仍对爱迪生自称攻克了白炽灯照明的技术难关抱有怀疑，但所有人都想要借此机会一探究竟。

1881 年巴黎博览会的参观者永远不会忘记那个场景。爱迪生与他的竞争对手们一同安装了超过 2500 盏灯具，形成了灯的"奇妙组合"。整个广阔的大厅布满了灯具，"强烈、新鲜，又令人眼花缭乱"，灯具发出"灿烂又柔和的光芒，汇聚成了一道绚丽的洪流"。从未有人看到过这样的景象，在场的美国人觉得不虚此行，不枉他们跨越大西洋前来一睹风采。这些灯光可不只是让展览会上这一场"人类技艺的狂欢节"焕发出喜庆的节日光芒。诚然，这次在巴黎展示的许多新潮电子装置都是奇物珍品、便利用具——如电动刷子、玩具电报机，还有可以自己弹奏的钢琴——但是，与这些玩意儿相比，一种能够产生廉价而有力的光照、足以将黑夜拒之门外的机器，则是不同量级的突破了。它解开了自然界强加于人类意愿之上的、基本而又原始的一大桎梏，巴黎的这些灯光像是一座灯塔，为全人类指明了通往"更高深的智慧，更自由、广阔、纯粹的生活"的道路。[2]

自 19 世纪末期那场对科技创新的探索之后，又过了一个多世纪，

1881 年巴黎国际电力博览会的展厅。

所有那些从维多利亚时期富有发明"匠"才的先辈手中继承至今的机械，由它们带来的种种好处，我们都已厌倦了。我们比先辈们更清楚，科技的力量是一柄双刃剑，它在解放人类的同时也伴随着破坏；也更加了解越来越多的强大机器对自然的损耗。经历了一个世纪的大规模生产后，我们越发清晰地认识到人类欲壑难填的本性，而现代工业经济的一个显著特征就是人为地制造欲望。3

然而，这些 21 世纪的疑惑，也许会令我们看轻一个多世纪前在涌入巴黎博览会的人潮前亮相的电灯。一盏灯点燃时竟然没有火星和浓烟，还宣称可以将茫茫黑夜化为白昼，这样的灯具是当之无愧的"奇迹"，是人类历史上的里程碑。而这只是那个时代众多革命性的发明之一，人类的聪明才智创造了无数奇迹，如此丰功伟绩在当时不过是稀松平常。一名 1881 年巴黎博览会的参观者概括道：这次展览的"奇观足以令我们的祖辈怀疑宇宙秩序的法则是不是不再运行了，但我们这一代人却能将这些人类智慧的奇迹视为理所当然"。4

这次工业技术革命的源头和范围横跨了整个大西洋，许多欧洲参观者很不情愿地承认，美国已经成为"现代文明的奇境"，美国社会正在以惊人的速度接纳一个又一个看似无穷无尽的新型机械。一名德国参观者这么写道："美国人以我们欧洲人从未有过的热情和决心，学会了驾驭蒸汽船、铁轨火车、电报系统和农业机械，令其为他们所用。"一位英格兰人也抱怨道，"欧洲到处都是美国英才创造的物质商品"，美国已经成了"各类材料发明与制备方面的领先国家，没有其他国家可与之匹敌甚至赶超她"。5

建国后的头一百年，美国人在大多数时间里都纠结于对欧洲人的

13

文化自卑情结。但从 19 世纪开始风水轮流转，美国人在更为"实用"的科技发明领域内发挥了引领者作用，他们有理由为此感到骄傲。正如拉尔夫·沃尔多·爱默生在 1857 年所言："有了这么多的新发明，生活就像被重塑了一般。"美国人明白，他们正活在一个令人战栗不已的时代——一个充斥着各种卓越非凡的技术成果的时期，他们满怀着混杂了畏怯、紧张激动、爱国主义的热忱，甚至是掺杂着宗教性狂热的心情，迎接了这一切。[6]

当然，生活在电气时代之初的男男女女们并非天真的、对于正在改变他们生活的发明全无辨别力的狂热分子。随着新型大规模企业逐步建立了全新的工业秩序，他们历经了这一秩序带来的令人不安的贫富差距、政治腐败、工人斗争、环境恶化等。马克·吐温因此将这一时期称作"镀金时代"[1]。许多敏锐的批评者针对越来越信奉科技进步的文化氛围发出了质疑，他们认为，新机器践踏了"想象力和诗意"，诱使人们错误地将物质财富与力量当作人类真正的"安乐"。康科德镇伟大的预言家（即爱默生）对这一切将引致的未来抱有自己的疑虑，他警告我们，现代工业里的新工具有一些"值得怀疑的特性"。爱默生给出这样的忠告："比起蒸汽、照相、热气球和天文学，我们必须用更为深远的眼光看待我们自身的救赎。"[7]

然而，更多的人对这类话题嗤之以鼻。在他们看来，这些科技就像是"慈善机构"，能让人们获得对生活更多的掌控力，这些力量是他

---

[1] 指从 19 世纪 70 年代到 1900 年左右这段时间。这个术语诞生于 20 世纪 20 年代和 30 年代马克·吐温的讽刺小说。——译注

们的先辈们从未获得过的。对更多灯光的渴求并不只是聪明的推销员引导出来的结果，自人类存在以来，黑暗就是全世界人类通往幸福道路上的一道显而易见的障碍。纵观历史，身处黑暗的另一层含义即是被排除在外、与世隔绝；而在 19 世纪，对于更多光明的渴望似乎比以往任何时候都迫切得多。在新工业时代，无论是在工厂还是办公室，很多工种的工作形式需要更加关注细节，对用眼的要求都大幅提升了。同时，城市世界却变得更为黑暗，高楼大厦投下了阴影，不规范的燃煤作业喷出令人窒息的雾霾，笼罩了整个市区，遮天蔽日，斑斑污迹覆盖了每一扇窗棂。不止一位时事评论员声称，现代社会迫切需要"更多的灯光"。一件可以随意召唤出光的机器显然是一样好东西。"虽然受制于电力条件，"一名镀金时代的作家抑扬顿挫地称颂道，"但只需要转动一个开关，世间万千生灵的仆从就将从光明与力量中显现。"[8]

　　许多文字工作者已经觉察到，他们所处的时代在与黑暗的斗争中取得了前所未有的胜利，他们也因此热衷于讲述电灯照明诞生发展的历史故事，从松结火炬、牛脂蜡烛、鲸油灯直至距离电灯最近的发明——19 世纪初的煤气灯。自 1817 年巴尔的摩竖起第一盏煤气路灯起，煤气本身作为一项惊人且有争议的科技奇迹出现也不过几十年，电力就让煤气用品陷入了早亡的危机，这也印证了历史已经进入一个新篇章——一个技术不断进步的时代，在这个时代，各种未来的奇迹正以前所未有的速度到来。这般追根溯源的话，照明设备的发展也描绘出了文明本身的演变过程，由于白炽灯解决了一项从远古留存下来的需求——不但击退了物理上的黑暗，也攻克了人类精神上的黑暗——许多人将白炽灯的出现作为这一整个故事的高潮。[9]

　　早在发明家创造出第一批照明系统前，当启蒙思想家最初开始研究电力的各种表现形式，并将它们认作单一元素力量产生的不同现象时，广大群众就已经为电力着迷了超过一个世纪。早期的那些"电工学家"造出了一些简单的机械来生产静电，又捣鼓出了将神秘莫测的电流液储存在玻璃制的莱顿瓶里的方法。在那些年里，开创性的科学成果与不值一提的小把戏之间，界限往往很是模糊，一些专家学者的的确确、毫不夸张地令他们的观众震惊得汗毛都竖了起来。关于电力的研究在 1800 年发生了跨越式发展，意大利物理学家亚历山德罗·伏特开发出第一块利用锌与银片之间的化学置换反应来产生并储存电力的蓄电池。当欧洲人完成了大量相关的科学初步研究时，美国人则颇为自豪地表示，他们拥有本杰明·富兰克林这般杰出的人物——他对闪电的探索研究广受赞誉。[10]

　　英国科学家汉弗莱·戴维爵士是将电力用作光源的伟大先锋。他受伏特工作成果的指引，进入这个被他称作"未经探索的国度"中。早在 19 世纪早期他就展示了足足两种将电力转化成光的方法，为整个领域未来几十年的研究指明了方向。他向英国皇家学会的一众观众展示了电流穿过两根碳棒之间的狭窄缝隙时迸发的闪光。当电流越过缝隙时，每根碳棒的尖端就会烧得发白，只要这两根碳棒之间维持适当的距离，就能保持光亮。碳棒间 4 英寸（10.16 厘米）的弯曲光环形成了一个弧形，后来他将其简称为"弧光灯"。戴维在同一时期还阐明了白炽灯的原理，即让电流通过铂丝，使其热到足以发光。这就是爱迪生的灯和之后每一枚白炽灯泡的始祖。[11]

　　戴维无意将这些实验成果转换成取得可用光的可靠来源——他对

上图：约在 1810 年，汉弗莱·戴维爵士在伦敦的英国皇家学会展示第一批电灯；

下图：游客们正在检视戴维爵士用来产生足够电流的大型伏打电池组。

后来被称为电化学的领域更加感兴趣，这些只是他这一更加广阔的兴趣产生的副产品罢了。无论如何，要生产一种可靠有效的商品灯还是遥不可及的奢望，他还是靠 220 个相连的电池组阵列来给自己的照明实验供电，这在当时是世界上最大的电源。[12]

但是，在随后的几十年里，大西洋两岸的发明家都在研究这个概念，他们中的大多数都在花费精力试图捣鼓出一种更加强大的弧光灯。有些人是机械大师或者电气技术专家，他们在琢磨电报时学会了这些技艺。还有些人喜欢独自捣鼓些小器具、小发明，他们不得不用甜言蜜语哄骗那些满腹疑虑的记者到自己的房间里来，在这些记者面前卖弄他们的发明。另一些人随便找间有屋顶的房子或直接在城市某个广场上做实验。一位纽约的发明家在生蚝屋小店展示他的灯具，把他的电线通过窗户穿出来，点亮了格林尼治街上的第一盏电力路灯。[13]

许多早期的电灯都激起了公众的热情，其中一些项目获得了大量资金支持，但是没有一种电灯能在商业上与煤气灯、煤油灯和鲸油灯有一争之力。英国科学家迈克尔·法拉第和美国人约瑟夫·亨利发现了通过电磁感应发电的原理，这种方式不依赖电池的化学反应，而是靠磁力产生电。这个突破性发现在 19 世纪 70 年代孕育出了越来越强力的发电机，能以更低的成本产生更多更稳定的电流。自此之后，电灯的成功概率得到极大的提升。英国人开始在灯塔上装配弧光灯，还将新技术作为一种战争武器应用到了他们的海军战艇上。虽然强大的探照灯光无法"真的剜下敌人的眼睛"，一位英国的电工学家解释道，"但是至少能够剥夺他们在黑暗中完成图谋而不被我们发现的可能性"。巴黎人则把弧光灯应用在少数几家工厂、火车站,若干家剧院和高档的百货商场里。1876 年,在以"国家独立百年纪念"为主题的费城世博会上,一些美国人才第一次见识到电灯,但他们大多数人都把注意力放在了正在展示的大型科利斯蒸汽机、爱迪生的能在一根线路上发送多条信息的多路复用电报系统,以及另一件神奇的电子设备——贝尔的新电话机上面。同年一名美国记者评论道,距离发现弧光灯的原理已经过去了半个世纪,但"直到现在也不能说这一原理得到了实际的应用"。[14]

这是因为弧光灯是一个存在很多缺陷的奇迹。它的光芒不但太强太亮了,还会闪烁,产生的闪光效果让人晕眩心慌。一位曾亲眼看过弧光灯早年在纽约演示的记者,这样形容那些"令人厌烦的闪动光芒":"有几秒时间,这些光芒非常明亮、强烈、稳定;然后会闪烁不定,一下子就完全暗下来……突然,灯又会变得更加明亮。有时候亮度是慢慢增强的,有时候又会陡然亮到所能达到的极限。"这种灯让人惊叹激动,却也令人纠结痛苦。[15]

早期弧光灯的碳棒或灯芯的燃烧速度很快,每隔几个小时就需要由一名熟练的技术人员替换它们,所以需要使用者持续不断的注意力。一根不规则的灯芯不仅会导致那些恼人的闪烁现象,有时还会脱落下发光的灰烬碎屑,掉到站在下面的人身上。比正在发光的灯具更让人抓狂的是一盏突然不亮的灯:如果两根碳棒间隔变得过大,回路就会被切断,骤然间一种前所未有的黑暗便会降临到这些城市人群的头上,让他们措手不及、茫然无措。

不少发明家针对这些问题进行了处理。在 19 世纪 70 年代后期,

19　　他们一个接一个，声称自己开发出的东西正是"人类需要的那一件"。市面上涌现了各种各样的产品，提出了各种各样的独特方法来解决弧光灯那些广为人知的毛病。1878 年，为了举办一场世界博览会，巴黎人需要照亮几条宽阔的林荫大道，他们选用了俄罗斯流亡者帕维尔·亚布洛奇科夫（Pavel Jablochkoff）设计的弧光灯"蜡烛"。"蜡烛"代表了当时技术发展的最先进水平，对许多人来说，巴黎街道首次展现了电力改变城市夜晚的潜能，提升了城市的营商环境，给予了人们"超越一切想象"的快乐。这些关于"这种壮丽之火"的报道传回美国，让煤气灯相形见绌，显得"又黄又脏又小气"。亚布洛奇科夫让巴黎的几个街区在那一刻成为"世界上最神奇绚烂的地点"。[16]

不过，支持煤气灯的人很快就针对那些急于把他们丢进历史垃圾堆的人发起了复仇行动。1878 年世博会过去几个月后，巴黎市政府就搁置了将亚布洛奇科夫的弧光灯"蜡烛"作为"光之城"永久固定设施的计划。就像之前的很多设计一样，"蜡烛"其实"败絮其中"，其价格昂贵，安装又不方便，也经常闪烁或是一下子全部熄灭。《科学美国人》（Scientific American）杂志看到这些发展变化，认为"比赛进行到现在这个阶段，胜利还是属于煤气灯的"。[17]

一位美国发明家——来自克利夫兰市的查尔斯·布拉什（Charles Brush）有效地解决了其中许多难以回避的问题。弧光灯诞生于一位英国科学家的实验室，在一位俄罗斯发明家的帮助下于巴黎林荫大道完成了声势浩大的首次公开出场，而查尔斯·布拉什做了当时美国人最常做的事情——在欧洲人的概念基础上进行了突破。他坚持不

懈，在物理上对其做出了一些巧妙的调整，终于让这个设备更加简   20
洁、可靠，运行起来也更加经济便宜。许多欧洲人从布拉什那里购买
弧光灯，美国电灯自此走向了全球市场。

  虽然查尔斯·布拉什在俄亥俄州北部的一个农场长大，但是比起
农业，他从小就对科学更感兴趣。他研读过一本科普杂志，这是一本
即使是 19 世纪中叶一个美国农场男孩也能获得的杂志。他读着关于
天文学、生物学和物理学领域取得最新突破的各色新闻，从中获得了
"无尽的快乐"。他利用不做农活的空闲时光，制造出了自己的电池、
电磁铁和其他简单的电子设备。当他成功为他的弧光灯雏形组装上足
够供电的电池时，他愉悦的心情溢于言表。

  他的父母意识到了儿子身上不同寻常的才能，把他送到了克利夫
兰市附近的一所职业技术高中。他受到了这座城市的鼓舞，因为这座
城市很快就成为工业技术创新的中心。布拉什在前往密歇根大学学
习工程学之前，在高中毕业典礼上发表了一篇关于"力的守恒"的演
讲，为他的高中生涯画上了一个句号。在演讲中，他强烈要求听众去
想一想，一块煤当中禁锢着多么巨大的能量：那是一大块古老的阳
光，只待我们用正确的发明去释放其蕴藏的潜能，将之转化成适合现
代社会的新形式光芒。

  发电机就是能够释放被困于煤块之中的光芒的那台机器。布拉什
受到欧洲发明家开发电磁发电机相关报道的启发，在自家谷仓里设计
组装了一台自己的电磁发电机，靠几匹马拉动一台小型发动机来获得
动力。在 1877 年——这不平凡的一年里，他"急切地进行实验"，持
续改进他的设计，终于在费城声名显赫的富兰克林研究所赞助的比赛

21 中赢得了最高级别的奖项。布拉什在其狂放不羁的创造天赋的驱使之下，同时开发出了一款新的弧光灯具，创造了一台电磁设备控制碳棒，这比从前使用的任何方式都来得简单，而且更加高效可靠。

布拉什的新型灯具很快就在全世界各城市广场、火车站、豪华宅邸发光发热。不过，这种灯在克利夫兰市街头的初次亮相可就有点寒碜了。他的工作室坐落的位置，可以俯瞰一整条大型林荫道，一天晚上，当一队行人从他的窗下走过时，他点燃了他的新灯具。行进的队伍因为"他们从未见过的明亮光芒"突然停住了脚步，布拉什听到街上传来人群受到惊吓的尖叫声，以为自己将迎来人们对其发明成就的热烈祝贺，急匆匆地跑下楼去，可迎面而来的只有一位生气的警察，命令他："关掉那讨人厌的灯！"[18]

这一通不怎么热情的反馈没有让布拉什打退堂鼓，他和市参议员们协商，约定在 1879 年 4 月的一个星期六夜晚，于市中心纪念碑公园为他的发明好好安排一场揭幕仪式。这一回，克利夫兰市打算给予这位 29 岁发明家应有的礼遇。当布拉什用手指按下 12 盏弧光灯的开关时，光芒瞬间就照亮了整个广场，上万民众为之欢呼雀跃；与此同时，停泊在伊利湖畔的船只点燃礼炮，加农炮弹凌空齐射，一支乐队豪放恣意地演奏起了"刺耳的胜利乐章"。聚集在这里的人们瞪大眼睛看着熟悉的风景，周围建筑的各个细节都纤毫毕现。甚至连位于公园遥远边缘的美国海军准将佩里的雕像都露出了清晰的轮廓，它那古铜色额头上的皱纹比白日里看得更加清楚，手指节弯曲处都比平时更加鲜活显著。

记者们努力搜寻合适的字眼，为那天晚上不在广场上的人描述这种新奇非凡的灯光，将之比作"一颗浪漫不羁的心所能想象得到的最最明亮的月光"。一位记者以一种人们在未来也会采用并改进的检验方式来说明这种灯光的好处：在新型弧光灯下，"阅读是一件轻而易举的事情"。所有人都觉得，仍然在街头燃烧的煤气灯看起来实在是"相形见绌"。克利夫兰市的市参议员们奖赏了布拉什一份合同，布拉什以每小时 1 美元共计 12 盏灯的条件，包下了市中心广场一年的照明工程。这打响了煤气和电力公司争夺街头照明控制权之战的第一枪，这场争斗绵延了几十年。[19]

　　不久之后，布拉什带着他的灯光秀来到了印第安纳州沃巴什，这是一个小得多的小镇。在这里，他提出要用安装在新市政厅圆屋顶上的单独一组弧光灯具照亮整个城镇。这则消息流传了几个星期，上千人乘着游览专列来了。他们挤在黑暗的街头，看着布拉什开启他的发动机。一股"奇特的光线"充斥了整个城镇，见证者声称，"只有强如太阳的光芒才能盖过，却如月光般柔和"。不像克利夫兰市的那些人，沃巴什的人们没有欢呼雷动，也没有礼炮齐鸣，而是以静默回应了这一番景象。正如其中一人对此的形容："人们仿佛是见到了什么超自然的东西一般，几乎屏住了呼吸，满怀敬畏地站在那里。"一位住在城郊的农民猝不及防，被这景象吓了一跳，笃信这是基督复临了。此后的几个月里，过往的列车都会在此处轨道上驻留片刻，以便乘客盯着那道光瞧。[20]

　　很多人不懂热力学的基本定律。当他们瞧见布拉什的新型发电机时，都以为自己看到的是一台能够生产能量的机器，而且这台机器很快就会将这种基本上不花钱且无穷无尽的光源带到世界各地。与他们

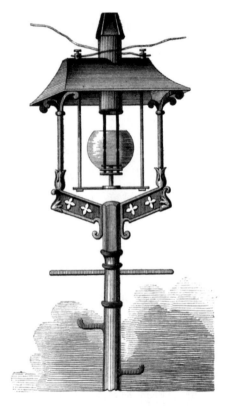

布拉什的弧光灯具，通过将很强的电流传导过
两根碳棒之间狭窄缝隙的方式来产生明亮的光线。

的想法大相径庭，布拉什在早期安装这种装置时承受了相当惨重的损失。但他精明地意识到——一旦人们习惯了夜晚在灯火通明的街道上往来行走，是绝对不愿再退回到由昏暗的煤气灯照明的环境下的。

自那以后，沃巴什的市民就自豪地宣称他们的小镇是第一个完全依靠电力照明的城镇。这个成就既体现了他们的进步精神，也侧面显露出了他们的城镇之小——袖珍得只需安上一组弧光灯就足以全部照亮。起初，没有多少城镇愿意取消煤气合同去冒险尝试这种新科技，布拉什和他的竞争者们只能往别处找寻生意。多数美国人第一次接触到电灯不是在某个科学学会展厅里或是在巴黎歌剧院这样的大型公共建筑里，而是在类似辛辛那提市的医生办公室前台这种地方。这是布拉什第一份私人订单。他在波士顿的一场机械展销会上展示了他的灯具，然后在一家百货商店前面安排了一个临时装置。在他精心设置的一次展示中，纽约人初次目睹了布拉什之光，他在泽西城一个铁路车站的屋顶上，向哈得孙河面投下一束强烈的光芒，足以吸引在河对岸论坛大厦内工作的报社记者的视线。这些记者满意地发现，布拉什的灯光照在几千米开外的地方，也依旧明亮得可以读报纸。

1879 年 7 月 4 日，布拉什在尼亚加拉瀑布雷鸣般的滔滔水流下，将他的 16 盏弧光灯开到最大，向人们证明他能够在"最黑暗的夜晚制造出电子彩虹"。但让他懊恼委屈的是，一家报纸错把这场精彩的展示安在了托马斯·爱迪生头上。这家报纸被爱迪生关于白炽灯进展的那份广为流传的声明搞糊涂了。"这事有点棘手，"布拉什公司的一名发言人抱怨道，"爱迪生的灯都还在他的实验室里，没有一盏在外头，却顶了布拉什的名获得赞誉，市面上可是有 500 盏布拉什的灯在被使用着。"[21]

　　布拉什最初的用户都是在百货商店（尤其是沃纳梅克百货公司），以及在芝加哥帕尔默大厦（Palmer House）这样优雅的酒店大厅里找到的。他把灯卖给科尼岛游乐场、纽约包厘街区的广告牌室和保龄球场，以及从产螺丝到做铁器的各种各样的工厂。他的16灯照明系统不仅很强大，而且便于携带，很快就成为巡回剧团、四处流动的宗教复兴运动倡导者和马戏团的标配。那些年里，地方记者们报道光临本镇的马戏团时，对珍禽异兽和马戏演员那些惊险大胆的动作总是一笔带过，而把热情澎湃的激扬文字都留给新型电灯。"去看马戏，"他们强力推荐，"但一定要去看夜场。"[22]

　　1879年春天的一个傍晚，芝加哥的主顾们走进贝利的马戏团，他们凝神看向头顶上空6只不靠火燃烧的无烟球，喷射出"百万根如针线般斑驳陆离的光线"。一些人有备而来，透过烟色玻璃盯着那些可怕的斑斑点点，就像"熔化的金属"。其他人看向近至自己手边之处，他们的手看上去比往日清晰得多，清楚利落得就像一幅"插画"。一群人略过里面的表演不看，聚集在帐篷外头。那里有两名男子照看着给弧光灯供电的发电机。两位看管人拿着怀表警告人们站得离他们远点儿，因为发电机会让钟表受磁，致使钟表功能受损。他们还怂恿一些人去触摸发电机旁边的一块铜板，看着那些冲着电子产品来的游客毫不设防地被一股强烈的电击吓得往后退，他们哈哈大笑。这台机器能够产生非常强大的能量，看上去却非常简单——只是铜线绕着磁化的铁棒呼呼地旋转罢了，然而电工学家们却吹嘘，只要把一盏布拉什的灯放到足够高的位置，通过恰当的反射操作，就能让方圆50英里（80.47 千米）内的地方黑夜变白昼。这个说法太过夸张荒诞。不过，在如此奇迹层出不穷的年代，又怎么能指望记者可以从科学的新真理中辨别出堂皇的谎言。[23]

弧光灯的拥趸称，煤气灯与其现代化的竞争对手相比，看上去"真是可笑极了"，但他们也承认，很多人仍然看不惯新型灯具散发的那种冷冽刺目的光芒。煤气灯尚未退出历史舞台，就有人开始怀念它了，苏格兰作家罗伯特·路易斯·史蒂文森（Robert Louis Stevenson）就是其中一个。他认为煤气灯温暖的光芒令人心旌摇曳，把人们从"阴郁昏沉、光线熹微"的过往岁月里解放出来，把 19 世纪变成了一个"注重社交和全体享乐的新时代"，但是巴黎街头展示的"丑陋刺眼的"电光是一个直接的警告："一种新的城市之星"每夜照射出刺目、怪异、可怕的光芒，即将掩盖煤气灯"古老柔和的光辉"，这些灯有一盏是一盏，都是噩梦之灯！这种灯只适合谋杀案、公然犯罪的场景和疯人院的走廊，这些灯把恐怖的场景烘托得更加可怕。[24]

灯具电气化的未来看上去既无可避免又糟糕，史蒂文森也不是唯一一个对此心怀忧惧的人。但是在广泛传播的新闻报道里，世界各地那些不那么有见识的人们面对新型灯具时的反应，似乎让许多人得到了安慰。比如，有一位电工学家带着第一盏弧光灯乘坐蒸汽船沿密苏里河逆流而上，他忍不住想看看，当他把这种"白人之灯"的光束投到一群聚在岸边的印第安人身上时，印第安人会作何反应。"这群受惊的土著吓得一时间都呆住了。"他描述起当时的场景时带着一种凌虐式的快感，"然后，他们忧伤地吟唱起了圣歌，躺到地上翻滚起来，

1882 年，纽约麦迪逊广场（Madison Square）上空的布拉什弧光灯。

抓起一把鼠尾草，他们那些动作滑稽古怪得让周围的空气都止不住颤抖了起来。最后他们确认白人的巫医法术是无害的，他们沉默着，显得困惑不已。"说回美国东边，许多美国人第一次见到弧光灯时，都不知道自己应该拍手叫好还是感到害怕，但是这类"惊恐万状""迷信的原住民"故事至少能让他们聊以自慰——这种新型灯具是"他们的"，让他们走在了文明进步的最前沿。[25]

这种弧光灯被安置在麦迪逊广场和其他城市公园里，投下迷人的虚假月光，每夜都吸引了数以百计的城市居民——不过，一些人发现这灯光实在是太刺眼了，他们不得不打着伞遮挡。有人评价道："人们看上去惨白惨白的，就像是很多鬼魂在四处飘荡。"健康专家警告人们，过多地暴露在这种新型灯光下会伤害眼睛，造成神经衰弱，以及导致长出雀斑。为了最大限度地减少此类投诉，弧光灯公司开始把发光的灯芯包进厚厚的乳白色玻璃球里。虽然这样一来，灯光会更加柔和，但是纳税人却开始抱怨这种自相矛盾的做法：他们花钱买了一盏昂贵的新灯具，却要压缩它一半以上的功能才能使用它。支持煤气灯的人尤其喜欢对这种明显浪费煤炭的行为直摇其头。[26]

当这种弧光灯开始在室内应用，为诸如火车站、展览厅和舞厅等大型室内空间提供照明时，大众的反应也各不相同。因为这种灯在消耗碳的时候，会发出让人不舒服的嗡嗡声，所以有些人把它们比作飞舞的蜂群。更糟糕的是，这种刺目的光线会漂白一切颜色，让食物失去诱人的色泽，无情地将人脸上的每一道皱纹、每一点瑕疵和毛糙凌乱的头发照得一览无余。即使是这种灯具的支持者都不得不承认，这种灯的冷蓝色调"没法充分展现盎格鲁 - 撒克逊民族的自然美"。还有人声称，既然这种灯光"对金发女人是一场灾难"，那么它就是深褐色头发的白人女子的福音。在这种灯光的映照下，即使是"最靓丽的金发女人"，"她们的眼睛下面也会被投下小块的阴影，还会显得她们的嘴唇隐隐发紫，让她们的脸颊失去血色。这种灯光的效果简直就是人造漂白剂，让她们整个人都形容枯槁"。一些妇女体验过弧光灯下的惨痛经历之后，发誓再也不会让人看到她们靠近电力灯时的样子。[27]

因此，尽管这种弧光灯在火车站、城市广场和马戏团的帐篷里收到了不错的反响，也很适合用来照亮尼亚加拉瀑布或者在海战时让敌人失明，但要让这种电力灯走进千家万户，就需要另辟蹊径了，而且，早在爱迪生迎接这一挑战之前，很多人就已认识到，解决这些问题的答案是白炽灯。在汉弗莱·戴维爵士的实验之后的几十年里，大多数极具创造力的人才进入了弧光灯照明领域，但也有少数发明家尝试迎接制造出一款在商业意义上可行的白炽灯的技术挑战。[28]

早在 19 世纪 40 年代，一位来自辛辛那提市的年轻发明家 J. W. 斯塔尔（J. W. Starr）就开发出了一款可用的灯泡，这种灯泡同时使用了碳丝和铂丝。斯塔尔获得了一项英国专利权，并在美国和英国展示过他的灯泡。他在一个枝状大烛台上放置了 26 个灯泡，意为一个灯泡代表一个州，都在联邦政府辖下。然而，他在发电机现世之前的那个年代，不得不依靠昂贵的电池组供电，据说他为此真的"要担心死了"。另一位住在纽约的德国移民发明家海因里希·戈贝尔（Heinrich Goebel）比爱迪生早 20 年就创造出了一款可行可用的白炽灯，他"丝毫没有想过有一天，整个世界都是这些灯具的市场"。来自新英格兰地区的发明家摩西·法默（Moses Farmer）发明成就斐然，他组装一套靠电池供电的小型白炽灯装置，这套灯组可以运行整整一个月之久。马萨诸塞州赛勒姆市的邻居们被这些灯具深深折服了。法默发现自己的发明消耗电池能量的速度远远超过了煤气灯，实在是花钱太凶了，他立即改曲易调、另起炉灶，把精力投入到其他发明。1872 年，一位俄罗斯发明家亚历山大·洛德金（Alexander Lodyguine）在一群欧洲科技界的名流显贵面前，展示了一种能够通过密封在玻璃管中的一根细长木炭传输电流的灯具，重新点燃了人们对白炽灯的兴趣。来自英国泰恩河畔纽卡斯尔市的约瑟夫·斯旺（Joseph Swan），是一位算得上自学成才的发明家兼化学家，他一直试图造出一个灯泡，断断续续花了将近 20 年的时间。早在 1860 年，他就在实验中用烧焦的纸丝造出了白炽灯泡，但是由于缺乏制造出超越局部真空状态的能力，他的灯很快就会烧坏。因为其他发明项目分走了他的注意力，家庭生活也牵扯了他的一部分精力，他的这些实验被他弃置在了一旁。[29]

多亏了早年间这些或成功或失败的尝试和努力，等到 1877 年爱迪生接受这个挑战时，已经非常清楚这个问题的本质了。他进入了一个人才济济的热门领域。这个领域的人们早就开始寻找稳定廉价的电力供应源、"分割"电流的方法（这样一来就可以任意开关一盏以上的灯了）以及一种细丝，这种密封在玻璃里面的细丝，可以在达到极高的温度时发光而不被燃烧殆尽。

19 世纪 70 年代诞生的新型发电机解决了供电问题，这种发电机在当时就取代了正在使用中的昂贵得多的电池。在接触到来自新英格兰地区的发明家摩西·法默和威廉·华莱士（William Wallace）新近打造出的改良版发电机之后，爱迪生才生出兴致加入这场竞赛，致力于创造出一款能用的白炽灯。爱迪生买下其中一台发电机之后不久，有关他已开始着手研发白炽灯的报道就流传了出来，报道称一项"科技奇迹"将很快现世。弧光灯早已证明了可以通过电力产生耀眼的光线，但是爱迪生声称自己解决了一个更加棘手的"难题"：如何将这股力量分化成好几股各自塞进很多盏小灯里。他夸口说："我已经找到了办法。"他解释说，迄今为止，竞争对手们和他还都是按照同样的思路在工作，只不过他那个大道至简的解决方案很快就会让竞争对手们大吃一惊。[30]

爱迪生研究了他的发电机，并开始梳理用电力代替煤气所面临的诸多技术困难。在这一过程中，他渐渐不想单纯地止步于创造出一种新型的白炽灯具，他还设想了一个能够将光和电分配到许许多多个城市街区的中心电站。他打算发明一个照明系统，而不仅仅是一种灯泡。他那些经过改进的发电机将把电流沿着埋在地下的铜制电源干线输送到家家户户，就像煤气的传输方式——但是爱迪生很肯定，比起他的竞争对手们，他办到这一点"所需要的成本微乎其微"。他预告说："我能够用一台 500 马力（约 367.75 千瓦）的电源发动机照亮纽约所有地势低洼的地方。"他向记者夸口，没必要浪费复杂的煤气管道系统。一旦煤气公司都关门大吉，他们的管道就会成为新电线的绝佳导管。这个想法显然没法安慰靠煤气维持生计的人们。[31]

但是爱迪生太早就宣布"大功告成"了，甚至在 1878 年他大放厥词宣称自己取得胜利之初，他也承认灯泡问题尚未解决。他想要的是能散发出令人愉悦的光芒的材料，并且这种材料不能在暴露于高温的情况下发生衰减，他猜测铂或许能做到这一点。但是没有关系，他将这一整件事都当作可以在短期内攻克的细枝末节问题。"既然我拥有一台可以产生电力的机器，那么我就可以由着自己心意，想做几次实验就做几次实验。"他这么告诉记者们，好像这就已经把麻烦解决了似的。最终，事实也确实如此。[32]

　　当一位记者问起爱迪生，获得史上第一个具有商业可行性价值的白炽灯专利能够带来多么巨大的财富时，他坚持说自己并不在乎金钱，是对"奋勇争先"的热衷驱使他这么做。爱迪生不是唯一有这种好胜心的发明家，也不是唯一一个想要在别人打败他之前找到解决方案的人。早有旁观者押注吉姆·富勒（Jim Fuller）会赢，比起爱迪生他们更看好这位幽居纽约的机械发明家，传言他的发明进度遥遥领先于爱迪生。富勒按照一种不同的思路在研发白炽灯照明设备，为了保密起见，他尽可能在与世隔绝的隐居之地工作。但是他工作得太过拼命了，他驱策着自己完善他的发明创造，同时损害了他的健康。就当他为自己最新设计的一盏灯具做最后的润色时，他昏倒了。他把一位助手叫到身边，让其帮助检查他这项作品精细复杂的各个细节，然后又再检查了一遍。在富勒的朋友再三向他保证自己听明白了他的每一句话之后，富勒"往背后一靠，倚在椅子上，脸上带着满意的表情，溘然长逝了"。富勒临终时嘴角挂着一丝微笑，他知道他的发明将经久不衰，他的专利权也会得到保障。事实很快证明，他的这些玩意儿毫无价值。[33]

爱迪生受到了同样的感召，但是比起富勒和"其他家伙们"，他具备明显的优势。他早前先是改良了电报技术，后来又发明了留声机，过去的这些成功纪录给予这位年轻人"门洛帕克的巫师"这样传奇的地位，还让他获得了足够的资金，在门洛帕克市创建了自己的发明实验室。他在那里集合了最新的设备、大量且丰富的原材料和一群助手。这些助手具备爱迪生所缺乏的专业技能和科学教育经历。爱迪生创造了一种新的发明模式，将科学研究和产品开发协同计划，通过集合一众助手的巧思妙想和天赋才能，扩大了爱迪生的个人天才所能作用的范围，加快了个人才能发挥的速度。[34]

虽然无人能质疑爱迪生过往取得的成就、他的天资才能和他手中的资源，但是，在这场开发一款可用白炽灯的竞争当中，对手们查找了有关爱迪生这项重大突破的新闻报道，发现根本没有证据显示爱迪生真的有什么新发现。例如，美国人海勒姆·S. 马克西姆（Hiram S. Maxim）就认为，自己的开发进度要比爱迪生领先，因此他很惊讶于爱迪生会在报纸上如此夸夸其谈"自己将要做的事情，而不是自己已然达成的成就"。爱迪生在着手攻克白炽灯问题之时，仔细研究了竞争对手们已经尝试过的各种方法，比对优劣之后，他认定成功的关键在于一种铂制的灯丝。可是其他人早就试过铂制的灯丝了，他们都放弃了这种材质，更加看好碳丝。碳是一种难以把握但胜在廉价的元素，置于真空环境下，可以承受电流引起的高温。简而言之，当爱迪生首次声称自己已解决制造可行灯泡所面临的棘手问题时，他的竞争对手们有理由相信，他给出的方案就是些"毫无新意的陈词滥调"。[35]

不过，这位巨佬的自卖自夸还是让伦敦和纽约市场的煤气股票陷入了"深深的恐慌"。尽管科学界已经达成共识，但是没有多少发明家敢打赌爱迪生和他的门洛帕克发明工厂不会成功。一个由金融家和律师组成的国际财团凭着直觉组建起了爱迪生电灯公司，还拿出 10 万美元供爱迪生任意支配以推进他的实验进程。门洛帕克团队很快就意识到，他们还面临着诸多技术难题，这些资金不仅全都得用上，而且还需要更多。[36]

虽然报纸读者和股票投资者密切关注着爱迪生的进展，但是普罗大众很少有人会去追踪、关注技术问题。他们既不会太了解发明的工作原理，也不会知道在门洛帕克乃至两大洲的各个工作室里探索发现的真实过程：参与其中的专业人士，即便没有上百人，也有几十人；无穷无尽的计算、错误的开端和痛苦的调整；理论知识和动手能力的艰难磨合；为了在这场竞赛中赢得关键专利而进行的高风险经济斗争。对大多数美国人来说，发明的功劳似乎只属于俄亥俄州一个自学成才的年轻人。这位年轻人似乎具有神一般的直觉和坚持不懈的品质。

关于爱迪生的笑话记录了这段传奇，这些笑话是报纸上的主打内容。要是爱迪生的灯具成功了，就会有人问："那太阳要怎么办？"还有人声称爱迪生已经把灯具抛诸一旁，开始研究新的创造性想法了，例如一头能生产冰激凌的冷冻奶牛，或是一件"365 日衬衫"：由许多层薄纸做的衣服，可穿一年，穿着者每天早上只要撕掉前一天那层，就能去做自己的事情了；"366 日衬衫"闰年专供。有一家报社宣称政府在上一个季度就批准了几千项专利——其中只有寥寥两项属于爱迪生以外的人，而这两项都被认为是毫无价值的。许多这类大话其实都出自爱迪生本人之口，他用自己平易近人的魅力迷住了记者，与此同时，他和他的门洛帕克团队拼命工作，试图圆掉他过早说出口的诳言——已经攻克了制造可靠白炽灯所面临的难题。[37]

几个月后，爱迪生造出了他的第一盏工作正常的灯具，这盏灯的灯丝使用了一根铂丝，还用一个精妙的装置来调节温度，避免灯丝被电流燃尽。在爱迪生向一位要好的记者简单展示了这盏灯之后，一些理解技术问题的人——包括查尔斯·布拉什和英美两国杰出且知名的科学家在内——宣称爱迪生的这项发明是不实用的。他们说，这不过是华而不实的"纸上谈兵"，制作起来过于昂贵，维护太麻烦，对电力的利用也太过低效。报纸报道称门洛帕克的工作人员陷入了绝望，因为"爱迪生无法实现他声称自己可以做到的事情"。[38]

爱迪生认为针对他的新型灯具的那些言论非常不公平，那些言论让他感到受伤，但最终他不得不承认，这些批评是对的。他曾经放出豪言壮语："只有我坚持采用铂丝的思路。"现在他也弃置了这个方案。他承认铂丝灯属于"发明的坟墓"。他和他的竞争对手一样，加入了研究找寻合适形态的碳丝的行列，但是他没有进一步公开他的进展。有些人对爱迪生走的弯路感到不耐烦，开始嘲讽爱迪生是个"报纸上的电工学家"，哄骗全世界相信他夸下的海口：他很快就会"以极为低廉的成本照亮皇皇大地"。[39]

1879 年年底，爱迪生发表声明，砸下一则重磅消息——他将开放门洛帕克实验室供公众参观察看他的新型照明系统，事情又像过山车似的急转直下。他们先用炭黑，后来改用棉线制作的炭化丝，虽然收效甚微、成果有限，但是爱迪生和他的团队还是受到了鼓舞，在实验室里花费了大量时间找寻碳的最佳来源。他们几乎试遍了所有材料，从生丝到软木塞，从马毛到胡须，最后他们决定暂时将就使用炭化纸板圈做的灯丝。但使用这种灯丝的灯具雏形还是很脆弱，灯丝会在工作300小时后燃烧殆尽，每一盏灯的照明亮度和范围与一支大号的煤气灯相当。新年前夜，一列又一列的火车满载着前来参观的游客，他们到门洛帕克来见识"爱迪生的最新奇迹"。大约50只这样的白炽灯泡照亮了他的实验室和庭院。研写爱迪生传记的一名作者形容这场活动是"一个自愿自发的盛大节日"：数千人蜂拥汇聚此地，亲自用手去开关这些灯具，与这位伟大的发明家本人握手。[40]

率先目睹这场灯具展览的记者们想要向他们的读者传达这种"神奇惊艳的感受"。他们也是最先用笔墨描摹白炽灯的样子和记录见到它时的所思所感的人。尽管爱迪生的照明系统是1880年科技发展最前沿的代表，但震撼见证者们的不是这种新型灯具的实用性，而是它那令人惊异的有机之美。有人写道，这种灯泡就是"一只小小阳光球"，挥洒下"明亮、美丽的光芒，犹如意大利夕阳的柔和光辉"。终究，扯下人类发明创造的"虎皮大旗"，这种灯的本质仍然是一团余火未尽的发光热炭，从这一点来看，这种灯和之前的那些灯具并没有什么不同。[41]

但是参观者们都确信，爱迪生的灯泡是目前"已知照明灯具的最高形式"，这种灯比它的对手们——煤气灯和弧光灯，领先了一大步。有人解释说："它是一千个钻石切面反射的闪耀光芒，只是这种光芒是持续稳定的。"不过，不像弧光灯，这种灯"不会晃眼睛……你能盯着它看，却不会产生视觉疲劳"。人们已经充分了解到了这种灯比

35

之煤气灯具备的优势，而这些优势将在接下来的半个世纪里更进一步，扩大增强几千倍。一名记者记录道："现场这种灯没有闪烁。灯光没有摇曳不定，非常稳定。它也不需要消耗空气，当然也不会污染空气。无色无味。"纵观整个人类历史，"照明"一事始终牵涉多重感官——不只是"看"到，还不得不"感受"到它的热度、"闻"到它的气味。因此，考虑到白炽灯只是简简单单"发出光线"，爱迪生可以说是开创了一个新时代。[42]

　　见识了新年前夜那一出展示的记者们热情地谈论、书写着当夜的传奇，这在接下来的十天里又吸引了数以千计的人来到门洛帕克。那些没有亲眼看见这种新型灯具的人依旧保持怀疑态度。几十年来，也有其他人在生产白炽灯，其中不少人还采用了类似的方法——在一个尽量排空氧气的球体中放置碳丝。这些人得到的成品都是又贵又脆弱的，所以为什么爱迪生的灯具会有所不同呢？一位法国电工学家怀疑爱迪生都不能算是一名科学家，就不过是个爱出风头的跳梁小丑。他嘲讽爱迪生的这项最新发明是"半吊子实用主义魔术师的新型电子玩物"，"也许很好玩……但却是件彻头彻尾的失败品"。英国的报纸则自矜本国科学家在电学研究领域的领先地位，提醒读者，尽管爱迪生是当今世上最富创意的聪明人之一，但是以英国人的评判标准来看，爱迪生更像是一名精明讨巧的推销员，而不是一名"科学领域的专家"。就在门洛帕克这场展示结束几周后，又有另外一名电学专家指斥这场演示都是假象——不过是几打灯泡亮得久些，给记者们留下了印象罢了，并没有解决根本问题。他坚持认为："爱迪生提出的每一个主张，经过验证都是不切实际的。"另外还有人特别提到："狂言大话说得太多了，而实际上几乎没有能做到的。"[43]

在门洛帕克的展示之后，这类反对的声音愈演愈烈，爱迪生再度关上实验室大门，挡住了公众窥探的目光。在将他的照明系统投入市场之前，他打算潜心应对那些尚未解决的技术问题。他仍需面对复杂挑战：如何安全妥当地埋线；在广阔区域里要如何经济合算地传导电流；还要制造出一种开关，能让顾客在扭转按钮开关灯具的同时不会影响到整个照明系统。灯泡也还需要进一步改进，这促使爱迪生踏遍了全世界去搜寻合适的碳丝来源。最后，他选定了一种日本竹子的炭化细条。同时，门洛帕克的简短展示让他的公司资助者筹集到了数百万美元资金，而煤气的股价走势再度疯狂逆转。很多人非但没有把爱迪生当作一名发明英雄来歌颂，反而要么指责他自欺欺人，要么更恶劣地控诉他利用自己的名声"卑劣无耻地操纵股市"，用被人斥为"电子大忽悠"的玩意儿乘机攫取金钱利益。[44]

煤气行业的领导者们非常乐于加入攻讦质疑爱迪生的行列。他们向自己的投资者们保证，爱迪生"没有什么新东西"可以带给这个世界，这只不过是又一次异想天开地尝试着拿一根碳丝放进真空球体里去烧而已。这种类型的电灯"早就为人熟知"，截至 1879 年已有几十年的历史，但是尚且没有人能造出一种以此类型电灯为基础的照明系统，足以对煤气公司在规模或者是价格上构成威胁。一家煤气公司的发言人指控爱迪生涉嫌参与华尔街证券诈骗，他满意地看到，自爱迪生在门洛帕克的展示以来，煤气公司的股价已经恢复得不错了。[45]

几个月过去了，一位记者注意到，爱迪生在新年前夜展示、使用

37

38

爱迪生早期发明的灯泡。用铂丝固定
住弯曲的碳丝并将之密封在真空中。

过的灯具已经都烧坏了。门洛帕克的房间里再次用起了煤油灯，而这个城镇唯有月光和星星充作街灯。这位记者得出结论："爱迪生的成果遭遇了电工学家们非常多的非议，在这样的声浪氛围下，一名科学素养不足且中立不带偏见的旁观者，很难准确地认知这位发明家所取得的成就。"其他人也感受到了对爱迪生的强烈抵制，这样的反对不仅来自嫉妒他的欧洲人和他在经济方面的竞争对手，甚至还来自他的许多美国本土仰慕者，这些人只在最近才盲目地"尊他为电气学领域的至高领袖"。爱迪生反驳说，他从未说过自己的灯具是坚不可摧的，他的团队需要更多时间来完善这项发明。但是，他拖延得越久，就越让人觉得这"不太正常"。[46]

即使是那些坚信爱迪生最终会取得成功的人，也对他的创意表示严重质疑。在他们看来，爱迪生所采用的方法与他的对手们做出的灯具没有什么实质上的差别。他的一些竞争对手早就已经展示过可以工作的白炽灯泡了，还手握专利可以证明。鉴于真空泵技术不断进步，加之可行的灯泡越来越成为万众瞩目的焦点，纽卡斯尔市的约瑟夫·斯旺受到鼓舞，用一只碳丝灯泡重启了他那个中断了几十年的实验。斯旺在 1879 年年初的时候曾展示过他的白炽灯泡，1880 年 11 月在英国拿到了此项发明的专利。斯旺重演了当年的实验过程，圆滑老练地提到，爱迪生的灯具使用了铂丝，却没能"达到这位发明家所期望的效果"。爱迪生还在朝着这条死胡同埋头前进，而斯旺终于成功研制出了自己的碳丝，他将灯丝放置进一枚密封保护的灯泡内，公开展示了他的照明系统，比爱迪生的门洛帕克展示活动早了足足五个星期。斯旺以他一贯的谦逊态度补充道："我提及这些事情，没有一丝一毫贬低爱迪生先生的意思，因为没有人比我更尊重爱迪生的发明才能。我之所以陈述这些事实，只是因为我认为自己应该这么做。这不但是出于对我自身利益的考量，也是实事求是、尊重历史。"斯旺把他的系统安在了克拉格塞德（Cragside）。那里是一位有科学冒险精神的资助者的故乡。1881 年春天，他在自己的工作室门前摆上了世界上第一盏白炽街灯，吸引了数千好奇人士前来瞻视。一家报纸评价道："人群站在那里盯着看了几个小时。这套照明装备实在是太过迷人，人们显然不愿意举步离开。"[47]

另外一名英国发明家紧随其后。1881 年年初，英国报纸报道，圣乔治·莱恩·福克斯（St. George Lane Fox）在一场私家展览会上展出了他设计的白炽灯，这场展览吸引了公爵、侯爵和陆军上校六位大人物前来，他们称这一灯具"非常成功"。这套灯具福克斯已经研发了两年。爱迪生采用卡纸板而斯旺选用棉丝的部分，福克斯用"浸渍了氧化锌的狗牙草"获得了成功。爱迪生在门洛帕克的展演备受关注，福克斯对此颇为恼火嫉妒。他指出，他在爱迪生之前就拿到了自己的白炽灯泡专利。虽然他坚称自己"没有看不起爱迪生的聪明才智"，但是他加了一句"没有人能主张白炽灯照明的独家专属权利"。[48]

而爱迪生在家乡还拥有一个竞争对手——纽约发明家威廉·索耶（William Sawyer）。尽管索耶手中资金有限，且本人还有酗酒的毛病，但他还是在 1878 年春天，利用玻璃密封的炭化纸丝，设法成功研制出了一种可以正常工作的碳丝灯具。索耶指控爱迪生侵犯了他的专利，公然宣称爱迪生是个骗子。索耶甚至可能曾跑到门洛帕克企图对

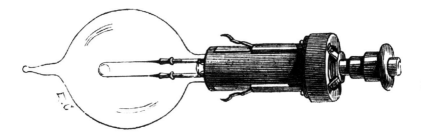

约瑟夫·斯旺的白炽灯（1881 年）。斯旺在 1879 年 1 月展示了一种可以工作的碳丝灯具，并先于爱迪生取得了一些关键的英国专利。

爱迪生的实业搞破坏。作为回应，爱迪生斥其为"卑鄙小人"。这个评价似乎恰如其分，因为索耶在一次争论之后，开枪射杀了一人，那场争论的焦点是爱迪生的灯具。最终，索耶在等待判决期间，死于酗酒过度。[49]

爱迪生开放实验室供公众监督检查后不久，另外一名美国发明家海勒姆·S.马克西姆在纽约市场投入了他自己的小型白炽灯系统，爱迪生坚持声称这套系统剽窃了他的发明。爱迪生甚至试图阻止马克西姆在巴黎展示这套系统，但是当法国当局试图没收马克西姆的灯具时，马克西姆没有坐以待毙，而是奋起反抗。法国人后来经历了一系列漫长的庭审交锋才解决了此事。[50]

1881 年的巴黎世博会，于是成为一个最引人注目的地方。在这里，激动的人们能够以最直观的方式亲眼见识白炽灯照明发展到了什么程度，是否实现了它明光锃亮的许诺。大西洋两岸的报纸都关注着这场挑起了煤气公司和弱势发明家之间对战的大戏，不放过其中的每一个细节。这些发明家究竟是远见卓识之士、新电气时代先锋，还是虚妄的预言者？

白炽灯会战胜煤气灯成为室内的常用照明设施吗？这项发明是否会引爆世界上资本化程度最高、政治影响力最大的产业？爱迪生分配中央电力的计划真的能够以一种煤气公司无法与之竞争的低廉价格提供足够的能源吗？

即使这项技术真的如其支持者所预计的那般行之有效，又有多少客户愿意让这种不同寻常的神秘力量走进他们的家庭与工作场所？

　　如果电灯真的能够不负众望，几近无限地提供清洁、强力且安全的光源，那么哪个系统更优越？哪个发明家的毕生杰作只能被当作科技奇观束之高阁？

　　这些都是巴黎博览会所引出的问题。1881 年，各地的报纸和科学期刊都在热烈地讨论这些问题。随着这么多互相竞争的发明家在几个月内相继宣布、主张自己的权利，这场论战变得更加妙趣横生了。在这场论战当中，即使是那些仔细考虑过这种新技术前景的人，也没有能力做出任何有意义的预测。大西洋两岸都有各种听上去合情合理的声音参与辩论，得出的结论大相径庭。有些人听到了为煤气灯敲响的丧钟，热烈欢迎无限供应的免费光源到来；有些人则预测，电力只是昙花一现的热点，迟早会被自私自利的发明家如爱迪生之流和其华尔街的资助者们抛诸脑后。

　　爱迪生为此次在巴黎的决一死战做足了准备，人们标榜它为电力照明系统同行之间的首次"公开公正的竞争"。正如一位自豪的美国记者所描述的场景，这位发明家将一整套"意在震惊外国人"的压箱之宝都搬到了法国，包括数十件工作正常的展品，详尽展示了他对电报、留声机和电话做出的开创性贡献。但是这次展览的重中之重，是对他的新型白炽灯照明系统进行全面展示——这是公众在门洛帕克的惊鸿一瞥之后第一次有机会看到它。爱迪生的展览让其他所有的展品都黯然失色。这件展品由有史以来最大的发电机提供能源——这台"来自美国的伟大机器"很快得了一个昵称——"巨无霸"。令爱迪生的许多吹毛求疵的批评者意想不到的是，这台 220 吨重的发电机巨大且高效，超乎所有人的想象。[51]

爱迪生的公司在展览大厅的大楼梯上展示灯具，参观者在那里看到了两个通电发光的巨大字符"E's"和一幅发明家的大幅肖像画，这幅画在聚光灯的照耀下旋转。由于是爱迪生亲手将他的名字安置在那里的，所以第一个看到他的名字"亮起来"的人也是他自己。这样浮夸地表现对发明家的崇敬，反映出的不是这位发明家的自负骄矜，而是他的公司对自我宣传的敏锐直觉，公司资助者完全鼓励这种自我推销的行为。他们认识到，爱迪生"巫师"的传奇名声有利于未来专利权的争夺，也有助于他们在全球范围内赢得更多的客户。[52]

当参观者进入大厅时，从那么多的、各式各样的照明系统里散发的光芒光彩耀目，效果玄妙神奇，但对于那些急于考量这些竞品的相对优势以做出明智选择的人来说，大厅中的展示没有太大的帮助。在小型展厅里做出选择更加容易，因为发明者可集中在此展示其灯具的独到之处。即便如此，要判断出每个发明者的灯具质量也是一件棘手的事情。每个照明系统都在某些日子表现更好，也都在为期14周的博览会期间出现过令人尴尬的故障。一些人称赞爱迪生采用竹纤维灯丝的灯具"在结构和发光能力上具有卓越的一致性"，另一些人则觉得斯旺的灯更有吸引力——尽管他们对于斯旺将更大和更小功率的灯泡混合在一起的做法褒贬不一。一些人认为斯旺的灯比爱迪生的更明亮，另一些人则称赞它们更柔和——这要么证明了这些新技术的性能变化无常，要么证明了人类对光的感受是极为主观的，又或者两者兼而有之。

爱迪生与其竞争对手，不论是谁的灯具更胜一筹，它们都只是一套极其复杂精美的系统里最显眼的那部分。爱迪生赢得了博览会上唯一一枚电灯荣誉金质奖章。著名的英国专家威廉·普利斯（William Preece）在向伦敦电工学家同行报告此行观感时说道：是时候收回他们对爱迪生的许多"不太友善的评价"了。普利斯承认，他曾经对爱迪生的灯具和人品都持非常怀疑的态度。他曾在一场与此无关（关于麦克风专利）的争论当中，称爱迪生是"表里不一大学的教授"，"没有良知"，但现在他不得不承认，这个美国人"终于解决了他自己设法要解决的问题"。私下里，爱迪生听到自己让普利斯"吃了瘪"，心情很愉悦。[53]

爱迪生没法说自己是第一个发明了可以工作的电灯泡的人——专利局和报纸有充足的证据证明，有其他人在几个月乃至几年前就完成了这一壮举。他所做的不过就是创造了一套完整的照明系统。这套系统通过一条中央主管道、多条支线管道和开关，将他那台强大且高效的发电机和设计卓绝的白炽灯泡连接在了一起。他的系统向数百只灯泡供应了稳定的电流（这些灯泡的位置与电源之间的距离各不相同）。即使当一些灯泡熄灭或者被关闭，这套系统使用的并联电回路也能维持电流输送。他的灯泡是所有竞争者中唯一使用了高电阻灯丝的一款。这是一处极为关键的创新，这样的设计可以使得每一盏灯都能使用相对较少的电流，从而节约资金成本。他在巴黎表示，他的电灯不仅可以正常作，还可以分布安置在与中心电站有一定距离的地方发光。这是一套极具潜力的系统，可能在规模和经济方面成长为足以挑战煤气公司的对手。当在巴黎的其他发明家表明自己的电灯足以照亮一整个屋子的时候，爱迪生已着手准备照亮整个城市的街区了。[54]

　　一些人离开巴黎时已经彻底被爱迪生的灯具改变了信念，他们确信自己见到了"未来之灯"。他们说，谢天谢地，总算摆脱了"油腻的蜡烛、肮脏的油灯和劣质且不卫生的煤气灯了"。在白炽灯时代，电灯只提供光明，别无他物——不会有烟尘、油污以及煤气和煤油带来的热度，也不会发出弧光灯那种吵闹的嘶嘶声。对在巴黎展示的电子技术的快速发展状况进行了一番观察研究之后，一位记者预测，他的许多读者会"想不通他们之前怎么忍受得了其他那些灯光"。另一位记者也觉得，他们的孩子将会很难理解为什么人们曾容忍了煤气灯的存在——"这是一种稀薄且难以控制的介质，有害、危险又令人作呕"。答案必然是人类"对煌煌光明与生俱来的迷恋"。这种迷恋导致人们明知煤气有害健康，也仍然容忍了它。他总结道："他们就像飞蛾，甘愿在火焰中死去。"[55]

　　但是其他人仍有理由怀疑，电灯到底能不能很快就轻松战胜煤气。原因之一是，这场展览没能平息公众对电力潜在危害的担忧。电线只由一层特别轻薄的绝缘层保护，在某些情况下，连这样的保护都没有。电线在巴黎世博会期间引发了五场火灾。一名男子差点引燃了自己，他倚靠在阳台栏杆上，他的怀表表链无意间穿过了几根电线，直到表链烧得通红，差点点燃了他的马甲时他才发现这个意外。约瑟夫·斯旺烦恼自己的系统可能会在石膏板层建筑里引发火灾，在巴黎的那段时间里，他时常一边踱来踱去，一边喃喃自语，说自己"着实太过冒险了"。几年后，他的助手回顾往事，得出的结论是"上天尤其偏爱年轻人"，万一当时起火烧毁了展厅，他推测，"可能会严重危及我们的商业前景"。[56]

其他人意识到，煤气公司会尽其所能去扼杀这些挑战他们的人。打从一开始，所有人就都明白，电灯是创造性破坏的代表，电灯只有窃取煤气公司的用户，才能长存并崛起。在这场对决中，没人会把煤气公司利益集团当成弱者。他们是西方世界资本化程度最高的公司，他们与各地政府的密切关系维护着他们的利益。即使是在巴黎——这个率先陈列展示了电灯的地方——煤气公司也依旧手握不少城市政府的照明订单。在试图为电灯在英国"打前哨"建立优势时，亚布洛奇科夫带着他的弧光灯"蜡烛"去了泰晤士河堤，伦敦的煤气利益集团严防死守，坚决杜绝他方势力（亚布洛奇科夫）入侵他们的地盘。约瑟夫·斯旺在泰恩河畔纽卡斯尔市竖起白炽灯，引来了大批人群时，煤气公司悍然发动了一场"灯具对决"，在街对面架设了一大只煤气喷灯，宣告"以旧胜新"。所有人都晓得，同样的比拼将会发生在任何已经使用煤气灯照明的街头、家庭和工厂里。[57]

人们可以用自己的眼睛看到电灯优于煤气灯的事实，但是，要让人们接受电灯，就只有像爱迪生声称的那样：他搭建的是一整个系统，能够以相对合理、低廉的费率，为大片区域提供照明。一名在巴黎的参观者总结陈词道：未来似乎是属于电力的，但是"总有费用问题这只拦路虎固执地挡在半途中"。这是迎接爱迪生的下一个挑战，或许也是他遭遇过的最大挑战：将这一项伟大的技术天才之作转化为一个可以正常运行的系统，而且在物理、经济和政治层面上，这套系统得让城市街道、工作场所和私人住宅都难以拒绝，还要在与强大的煤气公司艰难激烈的斗争中幸存下来。[58]

爱迪生早期的一台发电机，比旁人想象的高效得多。

第二章

城市之光

当 1881 年巴黎世博会的美国游客还在惊叹大厅里陈列的灯具时，那些漫步到几个街区开外的人却发现，电灯在"光之城"的影响和分布都十分有限。一位来自圣路易斯的记者指出，他在自己家乡的街道上能看到的弧光灯都比这里多得多。事实上，美国的城市乃至小一些的城镇都迅速且热情地接受了这项新技术，而欧洲人觉得它迷人但不够成熟。虽然美国在电力科学方面水平不算顶尖，但是，像布拉什和爱迪生这样的发明家，不但开发出了可运转且最高效的照明系统，还以企业家的主动性甚至进取精神为后盾，迅速促使美国在电灯商业开发和安装领域达到了世界领先水平。电子照明系统，先是弧光灯，后来是白炽灯，成为一项蓬勃发展的事业，一个公众热衷的焦点，还演变成一场在 19 世纪 80 年代席卷全国的改革运动。这场运动的浪潮同时满足了贪婪的欲望和道德的要求。这一片广阔开放的市场，让企业家们看到了丰厚的利润，同时也取悦了那些把电灯当作一种改善民生、改革进步之工具的人，这些人认为，电灯可以让居住在拥挤城市的中产阶级生活得更加舒适，同时改善劳苦大众的健康和习惯。在一个又一个乡镇或城市里，政客、商界领袖和编辑们大声疾呼："我们必须拥有——电灯！"

虽然克利夫兰市、沃巴什镇和其他一些城镇在公共街道和公园中做过一些早期的弧光灯照明实验，但是在大多数地方，率先冒险尝试这种新技术的都是些私人投资者。通常工厂主会一马当先，为了一盏能够提高工人效率并减少火灾和爆炸事故的灯具，他们愿意支付额外的费用。大型零售业主也会入手照明系统，利用这种科技吸引好奇的顾客。即便是最早的电子弧光灯照明系统，提供的照明也远超工厂主和店主自身所需，因此这些电灯的私人业主经常会把多余的灯具租给毗邻的商店，或者借给城市。这些灯足以照亮相邻的一条甚至两条街道，一般城市会为每一盏灯每晚支付一美元甚至更多的金钱。许多乡镇和城市就以这样的方式轻而易举地踏入了电力未来，无须为未经检验的实验投入大量资金。然而，不久之后，向公共空间投入更多照明的"呼声"越来越高，地方政府不得不对此做出回应。光明之法既已在手，民众这种延长白昼的渴望自然也就变得越来越强烈。[1]

美国最伟大的一次电子路灯展示活动，发生在百老汇一段四分之三英里（1207 米）长的路上，这条后来为人熟知的路，就是最初的

"白色大道"。1880 年，查尔斯·布拉什沿着美国商业中心要道，从联合广场到麦迪逊广场，一路安装了 23 盏弧光灯。当年 12 月的一个傍晚，记者和市政府官员在黄昏过后聚集在布拉什公司的新发电站，观看由公司财政主管（即查尔斯·布拉什）的年轻女儿按下第一个开关的启动仪式。在最后一刻，她的父亲担心她会触电，把这一殊荣让给了蒸汽工程师。当工程师转动一根小杠杆的那一刻，所有的灯都同时发出了强烈的光芒，"就像星星从黑暗中冒出来一样"。正在为圣诞节采购商品的顾客们被吓了一跳，他们离开商店橱窗，转身望向远处的那一幕，为熟悉的景色突然间有了新变化惊叹不已。《纽约时报》的一位记者很喜欢强烈的光芒与深重的阴影所形成的"艺术效果"，同时他也承认，"尚不习惯的观众"可能会觉得整个场面都太过精彩绚丽又让人难受痛苦了。他报道说："大理石商店的巨大白色轮廓，顶上杂乱如迷宫的电线和街面来来去去的车辆都精确清晰地呈现了出来，几乎没有留下任何可供想象的空间。"这座城市的煤气灯总是在午夜时分关闭，而碳棒弧光灯却会一直燃烧至天明，"用罕见的光彩照亮了荒凉的街道"。[2]

　　其他城市的领导者也争先恐后地紧随其后，派出代表团亲自考察百老汇，调查各种不同照明系统所声称的效果。查尔斯·布拉什的早期演示结束后不到几个月的时间，他的公司就进行了大幅扩张，但他的产品仍然供不应求。这种灯具在新城镇的首次登场每一回都声势浩大，是值得市民狂呼庆祝的大事。例如，当伊利诺伊州昆西市点亮该市历史上首次拥有的 14 盏电灯时，市长大张旗鼓地抬出了内战时期的老加农炮来鸣放礼炮。整个城镇市民都载歌载舞、欢呼雀跃，当地

49

报纸也自豪地宣布，昆西市可能是除却迪比克以外西部地区灯光最明亮的城镇。

按照这种说法，电灯市场之所以能够发展起来，一部分原因是美国人接受了这样一种观念：衡量他们的城镇在文明的梯度上站得多高的标准，是它能否为居民提供最前沿科技带来的便利。每当一个小镇或城市为电灯揭牌，周边城镇的电灯支持者们就会感受到自卑的刺痛，担心自己的城镇可能跟不上时代的车轮。例如，在洛杉矶，市政领导一直怀揣着一种复杂的心情关注着早期路灯测试的相关报告，既带着对科学的好奇心，还混杂着作为市民的嫉妒心理。1882 年，《洛杉矶时报》（Los Angeles Times）发文表达不满："许多与洛杉矶规模相当但重要性远不及洛杉矶的东部城市，现在都已经使用电灯照明了。"更糟糕的是，这座城市的宿敌圣何塞已经抢先一步，在一座 200 英尺（60.96 米）高的铁脚手架上安装了弧光灯，看上去俨然一座耸立在小镇主要十字路口的埃菲尔铁塔。在《圣何塞信使报》（San Jose Mercury）记者的呼吁下，数百名市民捐款修建了这座高塔。他们不久就吹嘘自己住在落基山脉以西唯一一个"达到了享有电灯照明之尊贵地位"的城镇。《洛杉矶时报》的编辑在报道圣何塞的成就时，毫不掩饰他的渴求。他写道："洛杉矶想要，也必须拥有一盏电灯。"[3]

布拉什公司在短短几个月内就回应了这一需求，在高塔上安装了半打弧光灯。事实证明，效果令人非常满意，这座城市废弃了所有的公用煤气灯，自豪地宣称自己是美国首座弃用煤气灯改用弧光灯照明的城市。《洛杉矶时报》简直乐开了花，尤其是当奥克兰和旧金山发

50

1880 年，查尔斯·布拉什将百老汇的一段路变成了全国第一条"白色大道"。

展滞后的城镇远道南下寻求关于新技术的建议时，该时报说："洛杉矶人民因为有了电灯，而觉得自己很有钱。"虽然东部城市可能都认为南加州"远离文明中心"，但是现在，这里的居民可以昂首挺胸，自信地认为，"美国很少有地方生活能比我们洛杉矶更加便利"。[4]

随着电灯在南方各个规模相当的城市普及，亨利·格雷迪（Henry Grady）和他的新南方[1]支持者们在亚特兰大市也紧跟步伐，为他们家乡在"全国同等规模的城市中"折桂"照明设施最差劲的城市"而烦恼。1883 年，第一家电子弧光灯公司进军此地，一切都改变了。几个月来，随着合同一点一点敲定，一家一家用户签约，《亚特兰大宪章报》（Atlanta Constitution）跟踪报道了这座城市迈向光明未来的每一步。就连一批灯杆运抵此地也值得书写一份报道，还引来了一小群好奇的人赶到铁路货运站。报纸呼吁道："让我们拥有光明！"在 12 月的一个晚上，随着太阳落山，市民们纷纷涌向市中心以求"大饱眼福"。当天早上报纸曾撂下预言："黑暗的枷锁即将被打破，散布在城市各处的精美黄铜灯，将会如潮涌般放射出一大片美丽的白光。"

在 P. H. 斯努克（P. H. Snook）百货商店的特意安排下，电工学家们只点亮了三盏灯，这家市中心的大型百货商店，想要借此机会在圣诞节吸引成群顾客购物。让斯努克郁闷的是，虽然节日期间他的销售额骤升，但是一个月后他的店面遭遇火灾，被荡为寒烟。这是一起由新电线故障导致的事故。尽管有此前车之鉴，后续几周里，还是接

---

[1] 指内战以后南部各州的经济和政治变化特征。——译注

连有地方亮起了电灯。几个月后，仍有数百名亚特兰大市民不顾夏日
炎热的气候，在夜晚聚集，只为徜徉在电力街灯光芒的海洋之中。亨
利·格雷迪扬言自夸："一座照明设施完善优良的城市是任何一个地
区的骄傲，而新型电灯是拥有大企业的城市必须具备的设施，这一基
本配备也为亚特兰大所需。"[5]

　　1891 年，一位正在游历美国的法国人参观了俄克拉何马草原上
的一座小村庄。这个村庄每晚都会骄傲地点亮几盏弧光灯，"无用的"
灯光照耀着小村镇上空无一人的大街。这位游客评价道："无论如何，
他们都不需要这些玩意儿。"但是他总结认为，定居在这里方圆数千
米内的人们，坐井观天地住在他们粗陋原始的农舍里，每天晚上看向
这些电灯，就会"对俄克拉何马州的未来越发有信心"。他在几个遥
远的西部小镇旅行时，发现一名美国人"会通过三个指标来判断自己
的小城镇是否繁荣——电灯、自来水厂和有轨电车。这三点构成了他
的全部诉求。一旦他所说的城市提供了这三种服务，你绝对就会听到
他夸耀这个城市是世界奇迹之一"。[6]

　　19 世纪的很多评论家认为，他们这个年纪的人尤其渴望光明。
也许这是因为，在美国城市人口最密集的地方，世界正变得越来越
"黑暗"。在急速发展的城市和产业园区，煤炭消耗量剧增，为居民供
暖，也驱动着在越来越机械化的经济下运转的蒸汽引擎。城市的空气
里弥漫着粉尘与烟雾，（空气状况特别）糟糕的日子里还会产生"厚
重"的雾气，直把正午换黄昏。电灯先是安装在街道上，很快走进了
家庭和办公场所，似乎正是那柄刺透这片人为制造的阴霾的利剑，也
是唯一可以弥补现代工业城市所失去的阳光的办法。燃煤发电同时

产生了烟尘和光明、毒药和解毒剂——没有人发现这其中的讽刺意味，这很可能是因为，唯一比电力污染更少的方法就是不开灯摸黑生活。[7]

镀金时代的城市好像不仅更加阴暗，而且更加危险，照明公司推销他们的产品就好比在兜售插在一根杆子上的"警察"。夜幕降临后，城市公园就成了臭名昭著的危险地带，是社会渣滓的避难所和猥亵事件的频发场所。现在这样的现象将不复存在，但这不是因为罪犯改造或犯错者被感化，而是因为光明之下一切都无所遁形。一切正如巴尔的摩市长所言："电灯给诚实的人带来夜间的快乐，也像是田间的稻草人一般震慑了小偷。"洛杉矶的电灯之友更加夸大了这套机制的效果。他们推论："电灯越是明亮，越是有利于真理的传播、人性的纯洁和荣誉的捍卫，越是能喝退自黑暗中滋生的欺骗和可怕的罪孽种子。"英国改革主义者们不满英格兰本土电子路灯发展缓慢，他们把"每多一盏路灯都像是多了一名警察"的说法称作"美国理论"，并对这套理论极尽赞美之词。[8]

纵观整个 19 世纪 80 年代，随着各个城市在城市公园和林荫大道上竖立起明亮的弧光灯，这些城市希望能够为守法公民赢得对这些公共空间的控制权。大部分劳动人民会一直劳作到天黑以后，尤其是在冬季的那几个月里，因此强有力的照明让这些地方能够在更长的时间里为更多人发挥更多的作用。例如，纽约东部那些提倡"女性工作"的人，认为工作的女性也值得尊敬，向纽约市倡议在河滨公园安装路灯，以杜绝流氓暴徒借着黑暗掩护侮辱伤害妇女的现象。伊利诺伊州共和党州委员会主席甚至发现，路灯还有助于遏止并根除芝加哥市声

名狼藉的选举腐败现象。1886 年，他在选举之夜花费了数千美元给 55
投票站装配上很亮的机车头灯，一举揭露了"一人多次投票的民主党
舞弊者以及民主党的暴徒流氓和恶棍无赖"，这群人时常在天黑后有
操纵选票的行径。自从装了灯，他就志得意满地报告说"人们可以看
到流氓歹人偷偷溜进偏僻的巷子和阴暗的角落"。修身克己倡导者和
陋习恶俗改革人士也将"现代电灯"视作揭露邻居"不当行为"的工
具。平日里衣冠楚楚的体面人借由夜色的掩护，随时会毫无廉耻地在
街头做出堕落不堪的举止，而"在警察（代指路灯）的驱赶下，他们
就不得不回到家里去"。当淫棍、小偷和醉汉不得不在明亮的街灯下
行凶作恶时，城市里的每一双眼睛都能让他们无处藏身。[9]

店主们在夜间也采用了类似的策略来保护他们的店铺。尽管有
些人不愿意在商店关门之后还要开那么久的灯，但是其他人劝告说，
放置得当的电灯能起到防盗和警报的双重作用。一本销售指南还建
议，零售商家不妨在他们的商店中央——也就是从街上也看得到的位
置——安装一只大型时钟，这样一来，那些想知道时间的过路人就会
不时透过商店的橱窗窥视，整栋房子在整个晚上都会有人帮忙盯着。

煤气灯在其鼎盛时期，曾经也是按同样的市场定位销售，但是支
持电灯的人指出：抢劫犯可以轻而易举地关掉煤气灯，煤气灯的威力
不足电灯的一半，因此其打击犯罪的力度也只有电灯的区区一半。事
实上，有人发现，煤气灯还助长了卖淫行为，低俗小说家们借用"煤
气灯"概念来暗示街道不安全，现在提到煤气灯闪烁的黄色灯光，似
乎会联想到骇人听闻的可怕事件，这样的灯光简直营造了诱奸或谋杀
的理想环境。纽约的电工学家认为纽约市的警方记录验证了这一观

54

"电灯在道德和社会方面的影响",《电气评论》(*Electrical Review*),1885 年。

点。因为自安上电灯后的那十年里，警察逮捕抢劫犯罪的数量逐年稳步下降。当然，这种说法也不是非常可信，因为更加明亮的灯光对犯罪行为的效果可能与其对蟑螂的作用是一样的，光不会消灭蟑螂，只是将它们逼到这个城市更加阴暗的角落里罢了。[10]

明亮的灯光与安全的街道之间的联系不言自明，以至于一些人担心长时间断电会造成犯罪激增。在劳资双方关系较为紧张的时期，人们大都担心无政府主义者或者其他一些工人阶级的"暴民"可能会以用煤气灯或电灯照明的工厂为目标，破坏工厂照明，再趁着夜色大肆劫掠政府和私人财产。某个夜晚，当"恶霸歹徒"设法成功熄灭了洛杉矶的照明设施，这一威胁似要成为现实。市长害怕这次停电是他们"有组织地掠夺城市"计划的第一步，下令出动整个警察部队来处理这次由革命党徒的阴魂造成的危机。虽然明亮的照明让城市街道不再危险，但是，如今公共秩序的稳定全都仰仗一项不怎么可靠的新技术，而这项新技术只设下了一道阻挡混乱和犯罪的脆弱屏障，这让很多人都忧虑不已。[11]

城市官员喜欢把电灯安置在繁忙的街道上和大型公园里。电灯在这些地方不仅能发挥最大的作用，还可以充当城市国际化的门面发挥最大的价值。商人们在最繁华的林荫大道上用大量灯光找来客户，而富人则把点亮电灯视作社会地位的象征，他们不仅在家里开灯照明，还在精英俱乐部和豪华气派的酒店大堂里使用电灯。由此，一串串电灯的光芒连成一片，勾画出了城市中最富裕区域的轮廓线。这是一条明显的分界线，隔开了富人和穷人。但是警察局局长们想要利用这种新技术打击犯罪，要求在最贫穷、犯罪现象最猖獗的地方安装更多的路灯。纽约警察局局长报告说，本市最声名狼藉的一家妓院的老板恳求他不要在其店面附近安装路灯，但是妓院老板的此番努力未果。警察局局长希望自己能给镇上最糟糕的街道加倍安上照明路灯，给予他们所谓的"光照疗法"。因此，卑劣的社会渣滓们在无意中给他们那些深陷困境的邻居帮了一个大忙。他们的存在加速了普通社区引进照明系统的步伐，如果没有他们，照明系统也许仍只是专属于名流社区的特权。[12]

那些专职揭露社会阴暗面的记者非常热衷于提醒读者注意贫民窟居民的境况，他们总是喜欢强调这样一个事实：这"另一半"人群不仅在精神和道德层面身陷黑暗，在物理层面上也被剥夺了光明。当雅各布·里斯（Jacob Riis）带着读者领略一间典型的贫困区廉价公寓时，他警告读者，在他用相机镜头曝光那些"完全黑暗"的地方之前，小心不要在"太黑"的地方——走廊、过道和小巷子，这类不能靠眼睛看只能凭感觉走的地方——跌倒摔跤。同样，其他市政改革者也主张，灯光不仅可以减少贫民窟的犯罪，还能够借助曝光的力量促进城市改造。他们坚持认为，用明亮的灯光照射贫民窟屋主疏于照看的财物房产，会使屋主感到羞愧难当，迫使他清理小巷、改善他的房屋环境。这一主张赋予了电灯一种揭人之短的力量，这种力量即使是青天白日也无法与之比拟。就这样，那些市政人员在试图应对镀金时代日益滋生的城市问题的过程中，将照明系统连同更好的下水道设施、游乐场和公园，以及公共卫生措施都当作了改革的工具。他们坚持认为，没有窗户的廉价公寓大厅需要电力照明，而灯火通明的街道很快就能自给自足，随着犯罪率下降，房产价值也会上涨。[13]

电灯可降低犯罪，电灯公司对此多番强调，甚至有一名已定罪的入室抢劫犯的证言在坊间流传，他说自己已经金盆洗手，因为"电灯让我们的行业完蛋了"。考虑到这番话是在他因谋杀一名出纳员而被押往牢房的路上说的，其说服力显然大打折扣。不过，鉴于监狱和收容所是最早一批安装电灯的公共机构，此人即使身在监狱也逃不开电灯光束的探照。典狱长发现，电灯不只比明火更加安全，还赋予他们用一个开关熄灭牢房中所有灯光的权力，此外，电灯还能让这些公共机构的氛围更加欢快。

虽然电灯让城市夜晚变得不那么危险，但也让夜晚失去了些许私密性，一些不违法但不得体的行径也被曝露于灯光之下。电工学家们喜欢嘲笑那些闪烁在大多数城市公园里的煤气灯"暗得人们得提着灯才能找着"。但是对于年轻的恋人来说，朦胧昏暗的光线为他们提供了亲昵的机会。每个人都知道，在一个拥挤的廉价公寓世界里，城市公园不仅是人们得以"喘息"之地，也是求爱之所。某些管理部门为了"驱散情侣"特意让公共场所沐浴在灯光之下。一家报纸指出：由于明亮的现代灯光驱散了黑暗，"长凳上的拥抱"已经成为一种失传的艺术。或许正因如此，一些耶鲁学生在 1885 年针对"讨厌的灯光"发起了一场"战役"，校报坚持主张"把那些没情调的灯光迁移到更加有用的地方去，让校园里的榆树林恢复原本的幽暗"。一些学生为了强有力地表达这一诉求，砍掉了校园里唯一的一根灯杆，之后又频繁射击球形灯罩，校方不得不为此派出一名治安警卫。电灯公司最终向"耶鲁的野蛮人"屈服了，同意迁走路灯。学生们为他们成功光复"春夏之夜的隐私"而欢欣鼓舞。[14]

　　截至 1885 年，有六百多家照明公司已经成立，代表着十几种相互竞争的弧光灯或白炽灯照明系统。这个数量比在所有欧洲国家中能找到的电灯总量还要多。那一年，芝加哥市中心有一千多盏弧光灯，使用了超过九种不同的专利照明系统。很快，没有电灯的城镇就显得比那些有电灯的城镇更加奇怪了。例如，波士顿郊区的牛顿市多年来坚持不安电灯；崇尚节俭的新英格兰人将使用电灯视作一种放纵的行为，认为所有的居民都应该在十点前上床睡觉。如此弹指十年间，诸如《电气世界》（*Electrical World*）之类的杂志忠实地按时报道了每一份电灯合约的订立，但渐渐发现这已不再是什么值得激动的新鲜事了。启动一台新发电机带来的只有"安静的祝贺和商业化的计算"。[15]

　　西部地区的居民就没有这么落伍了，他们渴望新的电灯，以证明自己所处之地并非边陲之地，且已加入文明的行列。来自欧洲的游客惊讶地发现，即使非常小的村庄也会协力设立电灯工厂。明尼苏达州蒙蒂塞洛的七百多名居民，靠燃烧锯木屑末为发电机供能，而其他北美北部草原的城镇则尝试使用风车驱动发电机。在俄克拉何马地区，对电灯发展的推动竟然很早就开始了。在著名的跑马圈地运动热潮中，这片地区向开垦者敞开大门，允许人们争夺土地，在地界上打上桩标，宣示所有权。在这场土地运动正式开放的两天之前，联邦警察抓获了一群想要抢先占地的非法入侵者，当执法警长们找到他们的时候，这群人已然打下桩标，划出了街道和城镇用地，还打算"广告招标开立一家电灯工厂"。不过，事与愿违，他们被当作囚犯关押起来，驱逐至州边境，被判"禁止再度踏入俄克拉何马州境内"。[16]

59

　　怀俄明州的居民们更加有耐心，他们等待了许久，但是当 1886 年爱迪生公司为拉勒米市安装第一批电灯时，整个城镇热烈庆祝了这一盛事。不仅安排一场烟火表演和气球飞天仪式，还搞了一场乐队演奏会。最后，集结的人群为电工学家们演奏起了小夜曲，感谢他们"赐予了伟大的现代化福利"。当地记者欢欣鼓舞地说："拉勒米现在不怕和密苏里河以西的任何城市进行比较。"很多规模虽小却有宏图大志的城镇也有同样的感受，这些镇子的居民指着他们的新电灯告诉旁人："不要再轻言这里是小村庄了。"[17]

　　然而，在西部地区，也并非所有人都欢迎这种改变。幽默作家比尔·奈（Bill Nye）就对怀俄明州迎来了电灯感到痛心疾首，认为这代表着属于古老边境的浪漫时代正在逝去。科技进步了，山径上却到处都是被丢弃的水果罐头，每一道山间沟壑里都弥漫着"鳕鱼球和文明的味道"。西部生活已成为历史。现如今一个人无论朝着哪个方向骑马溜达上一整天，最后都只会发现自己在电灯下读着报纸。比尔·奈写了一篇文章，公开挖苦美国农村上赶着追求技术设施上的体面，他站在支持小城镇发展的制高点上，将古巴比伦和现代的夏延人[1]进行比较，严重曲解了历史。他自鸣得意地鼓噪道，这个古代文明的发源地，其历史比怀俄明多了三千年，然而，"夏延人拥有电灯，每天还有两份日报；而巴比伦却连一个溜冰场都没有"。[18]

　　当市政官员或私营企业家决定购买照明系统时，大量选择让他们

60

---

[1]　美洲土著，很多现居于美国俄克拉何马州和蒙大拿州。——译注

眼花缭乱。到了 19 世纪 80 年代中期，布拉什和其他主攻弧光灯的企业家开始供应白炽灯产品，而爱迪生和其他白炽灯照明公司也在销售弧光灯。工厂主和城镇市政官们不得不在六家不同公司给出的要约和竞价中进行筛选，每家公司给出的竞标条件都非常令人印象深刻。公司代表提供了十分吸引人的广告小册子，内容全是些客户如获至宝的感谢信和讲解电力行业那些晦涩术语的简短课程。一位业内人士讽刺了这种常规的推销方式，将电灯概括成两种："一种是我们的，另一种是别人的。我们的电灯比其他人的要好得多。其他家伙总是絮絮叨叨夸赞自己的电灯，可是这些冗词赘句又不能发光。"[19]

客户们了解到，这些互相较劲的发明家正因为专利纠纷忙着把彼此告上法庭，这让客户们更加难以从他们的产品中做抉择。要是押错了宝，很可能会吃上官司。早些年里，人们发现某些公司比起提供照明，更擅长倒卖股票和抢客户拿订单的勾当。比如，有一家公司在孟菲斯扬铃打鼓，又是架设电线杆又是拉好了电线，到最后当地投资者发现自己被耍了。纽约警方逮捕了这个新行业中的另一名"行事出格的无赖之徒"，一个看上去器宇轩昂的德国人，用六个假名旅行，一路从古巴到澳大利亚，在沿途多个城市贩卖他并不存在的发电机。一家报纸写道："每天都有来自世界各地的控诉。"

即便市政领导和照明设备推销员双方本着诚意做生意，也会陷入不知所措的境地，只能摸着石头过河。电力公司因为想要在这个有利可图的市场上站稳脚跟，通常会提出由他们来承担上至发电机下到灯具一整套系统的安装费用。作为交换，电力公司会要求该市与之签订当年的照明合同，一般还会承诺他们的收费价格和煤气公司一样。煤气公司为此大声抗议，但是电力公司的创业者们就其弧光灯发出的光芒能够照耀城镇多大的范围，给出了颇让人赞叹的数据。自命不凡的电力公司对自家产品的优越性能非常自信，他们进入照明市场的成本远比煤气公司低得多。他们敢打赌，一旦居民们用上了新型电灯，即使最终电灯需要的花费超过了每年煤气账单上的金额，他们也无法再接受过去的煤气灯照明了。城镇不需要额外的投入，就能收获更多的照明设施，很少有地方政府会拒绝这样的尝试。

但是在早前的日子里，无论是卖家还是买家，几乎都不知道自己到底做了什么样的交易。措辞激进的照明公司推销员，基本上会直接许诺给个月亮——暗示他们的电灯发出的光芒亮得能够媲美一轮满月。这么模棱两可的标准在更多意义上只是一种比喻，而不是精准的度量，但是也没有更好的现行体系能够预测照明系统的运行效果。虽然没有人会怀疑这种新技术可以带来更多光明，但即便是电工学家也得下功夫好好学习正确区分这些照明灯具。因此，这么多年来，美国的夜景成为检验电灯质量的扩展实验场，一场引发公众广泛且热烈讨论的试错活动：在黑暗中观看究竟意味着什么，又具有多大的价值。[20]

在煤气灯日渐式微的年代，每一根街灯柱大都只是一盏指路明灯，是一池吸引着行人目光的灯光，引导他们沿着原本一片漆黑的街道，从一盏路灯走向另一盏路灯。由于煤气管道很少会通到工人阶级的聚居区和边远地区，这些街区的行人只能仰仗昏晦不明的煤油灯。只有在公园和几条主要的林荫大道上才会奢侈地装上多盏煤气灯。弧光灯应许了更多可能——每一盏煤气灯投射的光芒与 16 支蜡烛相当，而弧光灯发出的灯光强度则相当于几千几万支蜡烛燃烧产生的光华。当然，没人见识过这么多蜡烛同时燃烧时发出的煌煌光辉。由于这数字实在是大得让数字本身失去了意义，人们不得不寻找更切实的方式来描述对丰沛灯光的现代体验。他们一遍又一遍地写道，一个人可以在电灯的照耀下读报纸——其中一些人甚至还想具体量化在不同距离情况下能够阅读的文字字体类型和字号大小。另一些人通过估算在灯光下能够辨认朋友脸庞的最远距离来衡量灯光强度，还有一些人则宣称，如果一个人站在街道中央能够看清手表上的时间，那么这条街就能算是照明良好。

63　　这都是些清晰明了但粗糙原始的衡量标准，对新型电灯给予眼睛多少光明的一种直接但主观的判断方式。他们用这些粗略的方法来形容光的强弱，却不能解决一个问题——人们在夜间使用街道到底需要多少光。半夜在马路中间读小号字印刷的报纸的确是一种非凡的现代体验，但这一体验真的值得人们花钱去享受吗？

　　许多人质疑电力公司有关照明成本的报价——只需旧有煤气账单的一部分开销，就能获得充足的照明。人们不仅认为这样的承诺太过夸大其词，而且越来越清醒地预计出电灯的运行成本和煤气灯"大致相当"，甚至可能会更多。这些都让问题更加迫在眉睫。人们确实喜欢聚在一起欣赏新的电灯，但如果他们收到了税单，他们还愿意为了更好的照明条件出更多的钱吗？由于电工学家们不得不反复进行试验，对于新型电灯最终运行所需成本的计算结果也千差万别，乐观主义和机会主义这双重变量也导致结果出现了偏差，这项新技术引发了一场旷日持久的辩论。

弧光灯照明公司为了兑现自己以更低价格提供更优质照明的承诺，首先试图建设灯塔。他们把强大的弧光灯高悬于城市上空，计划造出人造月亮。根据计算，少量这样的灯塔就能比成百上千盏竖立在街面上的煤气路灯发出更多的光芒。一位早期看好这一方案的狂热支持者信誓旦旦地保证，只要拥有少量灯塔，他就能让马萨诸塞州的芒特霍利奥克上空像是洒遍了"人造太阳"的光辉。"人造阳光"明亮得无论是室内还是户外都无须额外的光源了。他承认这个计划存在一些问题。因为人们安寝的时间各不相同，一些人会比其他人更希望灯光可以早些熄灭。而且，由于无论居民是否支付了应当分摊的份额，灯光都会一视同仁地流泻进每一栋房子，因此这个城镇可能需要驱逐那些拒绝出资凑钱的人。[21]

那些没什么宏大构想，只想脚踏实地量力而行的照明公司企业家们，对灯塔体系的照明效果没有这么高的要求，但也表示，灯塔体系与任何一种灯具安装位置更加接近地面的照明系统相比，能够降低 80% 的照明成本。伊利诺伊州的小城奥罗拉是最早尝试该方案的城市之一。布拉什在六座铁塔上安装了他强大的弧光电灯，每一座铁塔都像是一支巨大的铅笔插在城市建筑的屋顶上。布拉什的电灯从这些居高点把附近照亮，让周遭的一切和"偏僻的郊外"都沐浴在弧光灯照射出的万丈光芒当中，犹如"盛夏时节的满月光辉"。比之高置于顶的弧光灯，煤气灯现在看上去更像是装饰品，并没有什么用处。一位芝加哥的评论家称"布拉什的灯塔"是"最璀璨的成功"，他发现奥罗拉市的市民"对其灿烂炳焕的实际效果满腔热情，颇为兴致勃勃"。[22]

加利福尼亚州圣何塞的弧光灯灯塔。

灯塔系统从一开始就受到了一些批评。有些人抱怨明亮的弧光灯投射下的阴影会使人迷失方向。当树木或建筑物挡住光线时，由明至暗的过渡效果会使人不安，这在多山的城市里会是一个长期难以解决的问题。因此，在像奥罗拉这样平坦的中西部城镇，这些灯塔的运行效果最好，因为那里的街道又长又宽，呈网格状排列。其中一些城镇为了进一步节约成本，意图只建一座灯塔，但人们很快就发现，这样做会遗留出大片漆黑的地段。他们不得不增设更多的灯塔，用通亮的群星代替了一轮虚假的月亮。

灯塔体系在底特律迎来了最大的考验。底特律急于宣扬他们的城市是世界上照明条件最好的城市，市参议员们与布拉什公司签订了合同，在城市周围建造至少 70 座大型灯塔，每座至少 150 英尺（45.72米）高。布拉什主动提出免费架设照明灯具，并承诺就按照市政府早前向煤气公司支付的价格来收取费用。但是很多底特律人都对此怀有疑虑。一位与煤气公司关系紧密的前任市长认为，灯塔体系可能在"草原土拨鼠[1]小镇"运行得不错，但是在树木众多、地形更为复杂的城市可能就行不通了。不过，该市大多数领导人都无视了这一警告，同意进行这项试验。

1882 年，炎热夏季中的接连几个月，底特律的居民们成群结队，前来观看高大的灯塔拔地而起的过程，甚至在布拉什点亮第一盏灯之前，这些灯塔就已经引发了争议——一些人认为这些细细的铁尖顶

---

[1]　该类动物生活在北美洲大平原，范围大约介于美加边境与美墨边境之间，主要栖息于密西西比河以西蒙大拿、怀俄明和丹克塔斯等地。"草原土拨鼠小镇"意在指代俄克拉何马草原上那些地形平坦的城市。——译注

是城市进步精神的证明，十分欢迎；另一些人则认为它们有碍观瞻，尤其是那些不幸住在灯塔附近的人，因为每座灯塔都由又粗又丑的拉索和杆柱支撑起来。警方逮捕了一名男子，这位男士企图砍掉他家附近的牵拉索以维护自己的财产权。不过，即使没有这种蓄意破坏的行为，一些灯塔也倒塌了，重达 500 磅（约 226.8 公斤）的灯具被毁，砸裂了屋顶，吓得人群四散逃开。跟随弧光电灯业务同步发展的灯塔建设公司，才刚刚开始学习、了解自己的营生。

当年 8 月，这些照明设施正式投入使用，这场争端未能随之平息。布拉什公司曾许诺自己的照明产品发出的光芒"可以媲美最皓洁的月光"，的确如此，在许多地方，这种效果"旖旎如画"，有人评价道，"植物的枝叶显得怪异而美丽。灯光所及之处皆沐浴在如上弦月般朦胧皎洁的光辉之下"。在有些地方，灯光过于彪炳，以至于鹅和鸡彻夜难眠，渐渐开始出现家禽力竭而死的现象。

但是，这些灯塔让城市的其他地方都掩藏在山峦背后、树荫之下，陷在一片"彻头彻尾的黑暗之中"。大雾弥漫的夜晚将整座城镇投入黑天墨地，底特律人只能靠猜想还原他们的灯光照耀在笼罩于城市上空的浓雾和烟尘之上的美丽景象。即使有光线得以穿透烟雾照射到街道上，许多人也只能沿着人行道，在一片阴森可怖的晦暗之中摸索着蹒跚而行。有人抱怨道："如果人们习惯于在半空中行走，那么这个灯塔体系就特别方便，因为大气里充满了电灯的光芒。"但是在浓雾之下，浓稠的阴影和刺眼的蓝色灯光让行人"头晕目眩，辨不清前路"。[23]

一些来到这个城市的游客会觉得这些灯光的整体效果还挺富有诗

情画意的，就像是一年里夜夜都会上演的烟火秀，他们称赞市政府官员大方铺张地使用税金创造了如斯壮丽的美景。但是市政官员们可不喜欢这样的恭维，他们本无意每年花上 11 万美元的巨资"去启迪诗歌创作"。他们还尴尬地发现，有的游客非但没有对城市的进取精神留下什么深刻的印象，还觉得这一整套布置非常粗陋。有人评价道："在我看来，你们斥巨资却只从电灯身上捞到了极少的收益。"[24]

67

布拉什公司对此的回应苍白无力，他们只是心虚气短地向人们保证，到了冬天那几个月，等枝丫上的树叶都落光了，一切看起来都会好很多。他们疯狂地建造更多的灯塔，希望借此弥补被遗漏的阴影处。但是几年之后，市政府官员承认了自己的错误，《底特律自由新闻报》（*Detroit Free Press*）也顺势称灯塔体系的尝试是一场"彻头彻尾的失败"。该报坚称，底特律尚未对电灯失去信心，"但是，被人们相信的电灯，应该能够照亮街道，而不仅仅是惠及一两家后院、这里那里的几处地点和上面的天空"。灯塔倒下了——有的被拆除，有的在大风中倒塌了。[25]

某些南部城镇也需要应对他们自己特有的灯塔问题——大批逃跑的骡子会在惊怒之下意外撞倒灯塔。在一起事件中，密苏里州的汉尼拔市市长用力擤了擤鼻涕，吓到了一头骡子，那头骡子"冲过街道，撞上了一座 100 英尺（30.48 米）高的电灯塔，电灯塔立刻倒了下去"。一位纽约的编辑仔细研究过一系列这样的事件后，无法确定这究竟是证明了南方骡子比北方骡子强壮，还是证明了南方的灯塔更不牢固。[26]

十年间，大多数地方的灯塔都垮塌了。当圣何塞市建起他们的灯塔时，支持者们希望世人将其命名为"光城之塔"。但是事与愿违，他们发现这个庞大的建筑对于市中心的照明"实际上毫无用处"，它就是一个在当地矗立了几十年的奇观。洛杉矶的电灯鼓吹者曾经夸耀他们的灯塔体系让洛杉矶成为全美照明条件最好的城市。然而，游客们带来了来自东方的消息。他们解释道："你们需要降低灯的高度，再将灯按一定间距互相间隔分散。"这群外地人教育他们，只照亮屋顶和宇宙，却让人行道半明不灭，这样的做法没有多大意义。他们居高临下的语气肯定刺痛了该城市电灯支持者的心。几年之后，市政府官员们开始埋怨，电灯"不如从前那么亮了"。一度令人头晕眼花的充沛灯光，现在看起来暗淡而斑驳。[27]

　　随着一个接一个的城镇弃用了灯塔，将照明灯具架设在距离地面更近的高度上，他们不得不退而求其次，希望在短时间内实现以煤气灯开支的一小部分就能维持照亮街道所需电灯的运行。一些市政官员不安地发现，尽管预期大多很理想化，但是电灯照明往往比煤气灯照明更加昂贵，在某些地方，两者的差价非常巨大。不过电工学家早已精准地猜度到了，一旦人们体验了更加干净明亮的灯光，大多数人都愿意支付这部分溢价。一些城镇的市政官员弃用电灯，再度起用了煤气灯，结果只迎来了选民的怒火，他们不惜任何代价都要保留新型电灯。灯塔在倒下，而对新型照明系统的需求却持续上升，照明公司的产能依旧赶不上需求增长的速度。[28]

　　降低路灯架设的位置除了会花掉更多的钱之外，还造成了其他问题，包括让公众对电灯杆的怨气越来越重。许多人对居家通风采光受到影响颇感不满，怨憎这些杆子破坏了景色。更糟糕的是，仓促安装的电线杆尺寸不一，经常东倒西歪，上面很快就布满了各种广告海报。若不是有金属丝带的保护，这些杆子根本无法抵御马和骡子的噬咬，恐怕会被一口一口咬成碎片。当政府工作人员为了架设灯杆出现在土地所有者的前院时，通常会简单粗暴地砍掉遮阴的树木来给电线腾地方，这些举动时常遭到土地所有者的反对。法院花了数年时间界定这些灯杆纠纷中的财产权利，鉴于可以假定电力照明公司提供的是面向公众的公益性质服务，法院在大多数案例中都授予了电力公司征用权。一小撮卢德派分子[1]顽抗反扑，在夜间砍倒电灯杆，一度成为当地的传奇人物。新泽西的一名男子因为在线路工人仍然在灯杆上作业时试图砍倒这根杆子被送进了监狱。在巴尔的摩，"一名老人和一个女仆"，在邻居的欢呼支持声中做了同样的事，他一直砍到筋疲力尽，然后把斧头递给女仆，同时还格挡开线路工人。一名女子作势要泼滚水，赶走了一大批线路工人，后来她听说当地有规定禁止这些公司摆弄树木，就在该公司工人挖了一半的小坑里种了一棵李子树。纽约州北部地区的一帮子天主教会众与一群试图在他们的教堂前设立电灯杆的工作人员打斗了起来，当地治安官召集来当地民兵才制止了这场"争吵"。而在纽约，珠宝商查尔斯·蒂芙尼（Charles Tiffany）在法庭上的运气要好一些，他罕见地赢得了法官的禁令，成功阻止一家电力公司在他位于联合广场的店铺前竖立电灯杆。法官认为这些电灯杆和电线"挫伤了顾客的积极性，不利于顾客享受蒂芙尼公司的空气

---

[1]　原指 19 世纪英国的一群技术熟练的纺织工人，他们抗议工业革命带来的机械化使他们失业。现在泛指那些反对技术进步和产业调整的人。——译注

和光线"。尽管蒂芙尼胜诉了，但是灯杆还是很快遍布了这个国家几乎每个城镇的大街小巷。批评者们只能一边抱怨一边眼睁睁看着他们的街道变得"拥塞不通，到处横挂着电线，寒碜得不堪入目"。[29]

　　尽管民怨沸腾，但是自布拉什在克利夫兰的街道上首度展示他的电灯之后，一晃十年过去，只剩极少数只有几千人口居住的城镇还没有属于他们自己的电力照明系统。这些系统通常都比较简陋，靠一两台发电机点亮几十盏弧光灯，但这样的照明系统足以照亮城镇主干道，也许也能照亮一个公园、一些工厂和一些商业建筑。每一个系统都堪比一件奇珍异宝，它们的到来让市民们心怀骄傲。一名电灯支持者可能会承认他所在的城镇"有点跟不上时代的步伐"，但他仍然可以自豪地说："我们在电子照明领域还是有东西可以显摆显摆的。"在全国上下所有的城镇和村庄，当地商人一致认为，电子照明系统很快就能收回成本，提高房地产价值，吸引那些希望拿钱在一个"心明眼亮"的城镇上下注的人进行资本投资。

　　因此，到了19世纪80年代中期，为美国大多数城镇居民提供日常照明的都是这种新型电灯。但是几十年来，对于大多数人来说，他们与电灯之间的关系，不是"电灯来就我"，而是"我便去就灯"，电灯本身并不属于他们。他们在城镇主要的林荫道上或者公园里，在百货公司、剧院或旅馆的大厅里，也许还在他们工作的办公室或工厂里，都能体验到新型电灯带来的光明，但是当夜晚结束时，大多数人还是会回到依旧使用煤气灯、煤油灯或鲸油灯照明的房子里。在这场变革的头几十年里，煤气灯还没有被彻底"三振出局"，尤其是那几年里煤气灯还变得更加干净且便宜了。但是电工学家预测，随着美国人逐渐习惯这种新产品带来的快乐，需求量会逐渐增长。用他们的话来说，一旦一个人的眼睛被"培养"得习惯了更高水平的照明条件，就无法再满足于生活在一个暗淡阴幽的世界了。[30]

第三章

创造性破坏[1]：爱迪生和煤气公司

1881 年，爱迪生在巴黎取得成功之后的几个月里，他和团队对他的发明进行了全方位的改进，提高了各个方面的效能，而他也准备在纽约市中心建立他的第一个中心发电站。他克服了政治层面的阻挠，赢得了开挖城市街道的许可；也解决了技术层面的问题，有能力铺设 18 英里（28.97 千米）长的铜管道和电线，以及维持与之相关联

---

[1] 创造性破坏理论：经济学家熊彼特著名观点，即"创造性破坏"是资本主义的本质性事实，资本主义创造并进而破坏经济结构，而这种结构的创造和破坏主要不是通过价格竞争而是依靠创新的竞争实现的。每一次大规模的创新都淘汰旧的技术和生产体系，并建立起新的生产体系。——译注

的熔断器、计量电表、开关和固定装置运转，这些设备将为一千多名客户提供服务。所有这些装置都与他的大型发电机关联在一起，被安置在珍珠街上一处破败街区里一栋不起眼的四层建筑里，从此处向各个方向延伸算去，曼哈顿闹市区的顾客都在半英里（805 米）的服务半径之内。电站大楼由于承重过大，地板需要特别加固，才能稳妥地放置 4 只大型燃煤蒸汽锅炉，6 台 240 马力（176.5 千瓦）的蒸汽发动机和 6 台 30 吨重的发电机。[1]

1882 年 9 月 4 日下午晚些时候，消防检查员验收完毕，爱迪生点亮了曼哈顿下城区 1 平方英里（2.59 平方千米）内的数千盏电灯。经过数年艰难准备，接受了 50 万美元的投资，这个照明系统终于顺利上线使用。新型竹纤维灯丝电灯取代了以往明灭不定、昏暗不明的煤气灯，提供了"一种明亮、稳定、柔和的光线，将室内环境照得一览无余之余，还能确切不移地透过窗户始终如一地照耀外头"。[2]

爱迪生一向是宣传推广的高手，他把目标锁定在曼哈顿下城区，而曼哈顿下城区正是美国许多最重要的金融机构和报社安家落户之地。在这片区域大大小小的办公室里，有两家报业巨头的总部，成千上万的曼哈顿白领生平头一回在白炽灯下辛勤工作。爱迪生的团队制作出了各种设备来固定这些首批投入使用的灯泡。他的桌柜台灯是在当时流行的阿尔冈油灯基础上打造的；其他灯泡则附着在可调节的挂壁式装置上，那些装置原本用于容纳现在已经过时了的煤气灯；还有一些人就在简单的天花板吊灯下工作——只有一根悬垂下的吊线、反光罩和一只神奇的新灯泡。

这种灯泡很快就变得无处不在，司空见惯得让人们差不多都忽略了它的存在。那些有幸第一批使用这些电灯的人，会惊诧于它们本身一目了然的"简洁"——一颗塑造成落泪形状的玻璃球包裹着一根发光的碳丝，灯丝的形状宛如一只狭长的马蹄铁。其他人透过市中心的办公室窗户看进去，就好似看到了水滴状的火焰。一切正如爱迪生的预料，他的顾客第一眼就喜欢上了他的灯泡，它从各方面来看，都与煤气灯迥然不同。一名工作人员反映说："它没有令人作呕的气味，它的光芒也不会飘忽闪烁不定。"当晚，在如此灯光下工作的职员们也对新电灯让室内得以"降温"表示了感谢。[3]

新型电灯另一个意料之外的优势是："只需转动翼形螺钉，就能点亮电灯……无须火柴，亦无须专利设备。"虽然爱迪生的白炽灯照明系统是迄今为止最复杂精妙的技术发明之一，但其所有的复杂设计都藏在了看不见的地方，消费者无缘得见。他的一位新客户解释说，每一个电灯插座"都配有一把可以任意开关电灯的钥匙"。油灯和蜡烛需要修剪灯芯、清理煤灰；燃烧煤气的灯具还需要消费者掌握更多的技能，定期清洁之外，还要调整计量仪表和煤气灯。但是电灯不需要维护，电源嗡嗡作响却在消费者视线之外，有时甚至在好几个街区开外。据顾客所知，这种灯泡在坏掉或者发黑变暗之前，能够发光大约 600 小时，然后电力公司的一名工作人员就可以在一两分钟内更换这只坏掉的灯泡。因此，爱迪生的系统从一开始就拥有了所有意在占领大众市场的现代发明都会具备的一个基本特性：对孩子来说足够安全，对所有人来说使用起来也足够简单。就像爱迪生所言，不仅是使用简便，而且是"就连傻瓜都会用"。虽然一只能够正常工作的灯泡代表了几十年的科学洞见、创新才智和技术技能的极致，但是消费者却将之当成了一件批量生产出来的物件——虽然不是 50 美分或 1 美元的便宜货，但也是一件坏了就可以扔进垃圾桶的消耗品。[4]

爱迪生这场在公开领域的成功只有稍许的美中不足，即遭遇了两次令人尴尬的故障，每一次故障都涉及他为富有的赞助者提供的私人照明系统。威廉·范德比尔特（William Vanderbilt）急于成为第一批享受白炽灯的人，于是在自己位于第五大道的豪宅里安装了爱迪生的电灯。头一天晚上，它们还算工作正常，直到一根电线与编织进墙纸里的含金属纤维发生了剧烈的相互作用，开始冒烟。范德比尔特太太惊恐地发现，丈夫在她的地下室里安装了一台爱迪生的神秘发电机，她立刻下令将整台设备全部搬走。煤气公司幸灾乐祸地把这个故事散布了出去。不久之后，J. P. 摩根也安上了属于自己的私人照明系统，包括一盏专门为他的桌子设计的灯具——这也是世界上第一盏台灯。然而，第一次点亮这盏灯时，由于台灯线路接错，直接引发了一场大火，把桌子烧成了一堆焦炭。但是摩根仍然不减对电灯的热情，保留下了爱迪生的灯具，丝毫不理会邻居们对他院子里轰鸣作响的发电机的抱怨。[5]

尽管遭遇了这些挫折，在 9 月的那个晚上，爱迪生仍然站在位于珍珠街的引擎室里，卷着袖子——用一位作家的话来说——他正"热情高涨地工作"。就在几周前，欧洲的顶尖电气专家还声称爱迪生会失败。如今爱迪生的先见之明终获验证，正当他沉浸其中之时，为纽约市中心提供服务的煤气公司却惨遭大量老客户挤兑，客户们强硬地要求，立即拆除他们的煤气灯和糟心的煤气表。

弧光灯照明公司已经在与煤气行业的竞争中取得了重大的进展，似乎注定要赢下这一城，拿下价值颇丰的街道照明合同。当煤气公司负隅顽抗，逆大势而行之的时候，能让他们聊以自慰的，也只有光线太过强烈的弧光灯永远无法在利润更高的室内照明市场与自己一争长短这一事实了。现如今，爱迪生异军突起，看起来也要来这个行业分一杯羹。市场需求增长如此迅猛，以至于爱迪生的一位支持者预言，新生的白炽灯很快就会"成熟完善起来"，"一只手掐死煤气灯，另一只手扼杀煤油灯 [1]"。6

爱迪生和与之竞争的电工学家对手们销售的都是独立运行的照明系统，单独的发电机组就能点亮一串电灯，足以照亮一间大房子、商店或者轮船。但是爱迪生在珍珠街发电站试验成功之后，希望能够继续推进一个更加宏大的计划，这个计划事关输电网络，即在每个主要城市的市中心都安装上他的中心发电照明系统。每一寸领地都意味着潜在的市场——将有数以万计的电灯供写字楼、剧院和精英阶层的私人住宅使用。爱迪生公司打算把设备出售给当地的公共事业机构，由该公司支付专利费用，并承担发掘用户、提供服务的责任。爱迪生一旦从纽约发电站日常运行的监管义务中解脱出来，就能够将他的时间和资源投入针对他的系统方方面面的改进工作当中去。为了垂直整合他在珍珠街发电站里的诸多技术组件，他成立了一系列互相关联的公司。现在，他在这些公司主持开发以及制造发电机、地下管道、固定装置和灯泡等工作。爱迪生打算实行这一战略，不仅是为了占领

[1] 煤油灯，实际上燃烧的是石油，而不是煤油，因此原文为 petroleum。——译注

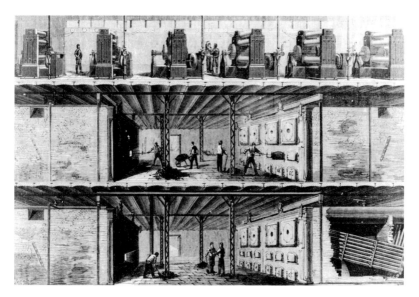

1882 年，纽约珍珠街爱迪生的第一个中心发电站，正化煤为光。

美国市场，还想把他的发明卖给全世界。他与欧洲、亚洲、拉丁美洲和澳大利亚主要城市的本地公用事业运营商都建立了类似的合作关系。[7]

76 　　新的电力企业家们在获得客户方面手握优势，许多人都想要压一压煤气公司的气焰。人们抱怨"已经受够了煤气公司长期以来的蒙蔽"，它们利用自己的垄断地位肆意攫取超额利润。许多愤愤不平的顾客都体验过煤气公司颐指气使的工作人员和漫不经心的冷漠服务。此种怨怼情绪大多对准了煤气表这种神秘的设备，这种计量表决定了每位客户的账单金额。从 19 世纪许多报纸编辑收到的大量措辞激烈的信件看来，没有哪个煤气公司的客户相信这个"恶魔之表"诚实地计量了自家的煤气用量。批评者们将煤气表形容成煤气公司为了印钞票安装在每家每户的神秘盒子。不久之前，煤气公司还被当作进步先锋而广受欢迎，它们的生意因为城市特许经营权红红火火、获利良多。现在它们却成了反派，在很多论坛和讨论会上，它们被描述成将自身利益置于技术进步和公共利益之前的骗子，贪婪狡猾、居心不良、仗势欺人。[8]

　　煤气公司股票价格摇摇欲坠，手持这些股票的人指望安德鲁·希肯卢珀（Andrew Hickenlooper）能成为捍卫他们经济利益的伟大之人。希肯卢珀作为辛辛那提煤气公司的负责人，还曾兼任美国煤气协会主席，他直言不讳地批评新技术，是批评者中最引人注目的一个。

他漫长而成功的商业生涯始于 1862 年的夏伊洛战役 [1]（the Battle of Shiloh）。他是尤利塞斯·S. 格兰特（Ulysses S. Grant）军队里的一名军事工程师，他在联邦军的那次险胜中表现突出，一举成为当地的战争英雄。战争结束后，他回到辛辛那提市，发现这座城市正在飞速发展，得益于在军队的关系，他获得了一份城市督察员的工作，负责新的建筑项目。辛辛那提煤气公司的财产受托人认为搞定希肯卢珀比被他监管要强得多，很快就给他准备了一个不错的职位——副总裁。

当时希肯卢珀对煤气行业一无所知，他的新合伙人显然更看重他的政治人脉，而非他的工程专长。但是这位年轻人全身心投入这项工作当中，他的一腔激情让他的朋友们惊愕，也让他的敌人在接下来的几十年里如芒刺背、大为恼火。他掌握了生产和输送煤气的技术要领，还对该系统做了许多改进。他在俄亥俄河上修建了新船坞，在城市周围安装了高温炉。随着辛辛那提市朝着那个时代的有轨电车郊区扩张，煤气管道也随之延伸。希肯卢珀甚至肃清了他自己公司内部的腐败庸碌现象，使其幸免于被城市政府接管的命运。到 1872 年，他已经成了蓬勃发展的煤气公用事业领域的独裁统治者，强大到足以击退一众竞争对手的煤气厂。每当市政府考虑向希肯卢珀的任何一位竞争对手下订单时，希肯卢珀都会警告政府，此举引发的后续竞争将会导致糟糕的服务和更高的价格。众所周知，每当公司的利益受到威胁之时，他就会高举这根"大棒"，拿一连串的统计数字压垮对手。

---

[1] 夏伊洛战役是美国内战中最重要的血战之一。该战役于 1862 年 4 月 6 日至 7 日发生于田纳西州匹兹堡兰丁。——译注

1878 年的一幅石版画正面评价爱迪生"电灯播撒
光明、驱散黑暗（但这对煤气公司不是什么好消息）"。

希肯卢珀在辛辛那提煤气公司倾注了不少心血。在这个劳资冲突频发的时代，他学着雇佣冷静且自满的德国移民。在 1877 年那场大规模劳工暴动期间，有谣言称辛辛那提的罢工者们计划占领他的工厂，让城市陷入黑暗和混乱。希肯卢珀乔装打扮后穿过人群，及时赶到了工厂，向他那些忠诚的工人们分发左轮手枪，击退了一群暴徒的进犯，希肯卢珀称暴徒们是自己"平生所见最凶横悍戾的一伙人"；他以同样的魄力化解了来自市政官员和新闻记者的攻击，在他看来，这些人为了争取公众支持，"无端肆意伤害煤气公司的利益"。例如，一位作家写诗讽刺希肯卢珀将军是这个城市的"4-C"（the Celestial Coal Smoke and Coke Company，漫天煤烟与焦炭公司）咆哮"准将"，把这座城市当作自己的私人领地。希肯卢珀对此只能回以苦笑，他摇头说道："某些泰斗一旦卷入与煤气公司的争议，似乎就丧失了对真理所有的感知力和全部的正义感。"

希肯卢珀的政治势力随着其财富增长也日渐膨胀。他从没错过一场俄亥俄州退役老兵联盟的聚会，还利用自己的势力把战友一度拉到了副州长的位置上。每有庞大的游行队伍在辛辛那提的街道上行进，很有可能希肯卢珀就在队伍里，一路以大元帅的架势大摇大摆地走着。

希肯卢珀显然是一股不容小觑的力量，但他是否强大到足以阻挡技术进步那势不可当的脚步？他确信自己可以。他发起了控告，剑指（他自己喜欢称之为）"电灯带来的恐怖"。布拉什公司第一次在辛辛那提市中心的广场上展示弧光灯时，引起了当地投资者的恐慌，希肯卢珀迫于形势，不得不自己掏钱维持公司股价。几个月后，爱迪生发

79

表了那则不成熟的宣言——宣称他已经解决了白炽灯的"难题"，勇敢的希肯卢珀再度乔装打扮成一名股票投机者，前往纽约实地调查此事。他回到辛辛那提，安抚投资者研发一款可用的白炽灯不是什么新鲜事，爱迪生不过是老调重弹罢了。在当时，他这一评价既是出于自身利益的考量，也并非假话。不过，他还是努力拓展照明领域以外的煤气市场以规避他的风险——这一策略最终将避免煤气公司彻底完蛋——他雇用了刚从波士顿一所烹饪学校毕业的多兹（Dodds）小姐，公开演示采用"气体燃料"烹饪的优越性。

全国的煤气公司在希肯卢珀的领导下，通过联合运营、降低价格以及引进更加高效的新技术等手段，与电力公司进行对抗。他们还向政治盟友寻求帮助，在每年春天搞"煤气灯照明周"特卖活动，同时不断宣传电力照明的危害。对现状"幡然醒悟"的煤气公司互相宽慰：近期风头正劲的电力照明只不过是一场迟早会退却的热潮，这场"煤气计量表与发电机"之争，他们才是命中注定会笑到最后的胜利者。希肯卢珀在此过程中，坚持主张如果市政官员将照明合同给了竞争对手，无论对方是煤气照明公司还是电力照明公司，都会造成市场混乱，导致恶性竞争[1]——继而最终产生更加高昂的价格和更加糟糕的服务。希肯卢珀按照那个时代的经济辩论角度的观点，坚持主张公共照明属于"自然垄断"行业，而这个行业的垄断者理应是他。[9]

比起市场的混乱，街头的混乱才是反对电灯更为迫切有力的论

---

[1] 即过度竞争，又称"自杀式竞争""毁灭性竞争"或"破坏性竞争"，表现为企业之间频繁发生的价格战、资源战、广告战等现象。——译注

据。作为竞争对手的弧光灯照明公司开始在街上拉起了很多绝缘不良的高压电线，这些电线织成了一张层层叠叠的密网。城市政客想要更多的灯光，有时也是因为私下的回扣，他们会把特许经营权授予各色电力公司，而且不会试图强令这些公司规范行事或是执行哪怕最低限度的安全标准。在不少城市，一些公司仓促成立之后立刻求得了许可。为了达到目的，他们把电线钉到各种杆子和各种建筑墙面上，有时这些电线甚至会走捷径以节约成本，直接穿过某些倒霉屋主的房顶上空。

电力公司沿街挂起这些高压电线，而街头早已重重叠叠，悬够了电话、电报、消防警铃和警用警报器以及股票行情自动收录器等各种线路。在交通密集的城市道路交叉口，一根电线杆上可能挂了多达两百根不同的电缆。这些线路虽不太雅观，但是只通中等强度电流，不会构成危险。然而，当电力公司将通有高强度电流且绝缘不彻底的高压电弧电线加入这些混杂的线路当中后，一切就都不一样了。这些电线由于是匆匆钉上的，经常会松掉脱落，掉在其他线路组成的网上。当电线燃火或者爆出火星时（有时电线甚至会犹如一条"燃烧的巨型火蛇"般胡乱舞动），交通都会因此中断，人群也会为之聚集。在19世纪80年代，城市居民时常能够观赏到这些"免费焰火表演"，但是事实证明，有时候，这些电线带来的麻烦远比起火严重得多。原本无害的电报线路、火灾警报线路和电话线，一旦与断裂或下垂的电弧电线接触，就会导致可怕的电冲击，这些电冲击甚至可能致命。在其他几次事故中，电线燃烧熔化，引发了大量火灾。前来救援的消防人员不仅要面对凶险的大火，还要提防触电的危险。例如，在圣路易斯的一场大火中，消防员发现自己没法从一堵即将坍塌的墙壁处撤出，由于周围都是致命的电线，他们感觉被封住了所有去路。电线噼噼啪啪的爆裂声让他们的马匹受了惊，他们的云梯消防车还一度"被掉落的电线传导上电流"，以至于没有人敢靠近。电力照明公司确实言出必行，避免了煤气燃烧的危险，但却是通过引入电力自己的严重灾害来兑现了这一诺言。[10]

在 19 世纪晚期的城市居民看来，头顶上的天空变得越来越凶险，层层交织的电线可能会毫无预警地突然倾斜下一道道人造闪电。一家医学杂志宣称："这套悬空系统对人民的健康和生命安全会持续构成威胁。"每周都有报纸报道这种极为时髦的猝死事件。孟菲斯市的一位人士把他的骡子拴在一根意外通电的铁制灯柱上，强大的电流把尖叫的骡子击倒在地，当主人赶来救它时，主人自己也倚靠到了柱子上，即刻身亡。格林尼治村的一位意大利水果摊贩在打扫自家店铺的屋顶时滑倒了，触碰了汇集在那儿的数十根电线之中的一根。他可能当场就死亡了，但是人群受到惊吓围聚在一起，看着他的尸体噼啪作响，横在他脖子上的电线蹿出长长的火舌。警察由于害怕自己也触电而死，一直等到一名电工过来切断了电线才敢靠近。马萨诸塞州的一位电线杆油漆工滑了一跤，双手抓住了离得最近的一根电线，结果发现自己陷入了 800 伏特电压带来的剧痛之中，他能幸存全凭他那位英勇的同伴，但是他的双手被严重烧伤了。在街上玩耍的孩子们经常成为此类事件的受害者，因为他们喜欢伸手去抓悬空的电线或者攀爬街头的杆子。旧有的电线只不过会刺痛人而已，而新的电线却能要了人命。[11]

1881 年，电灯的问世使电线滋扰变成了致命的威胁。

在天气恶劣的情况下，被急速抛起的电线掉下的速度会更加快。挂满了冰柱的电线会上演一场惊心动魄的光影秀，让电线中间的电器接口迸发出如雨般的蓝色火花。这样的景象吸引人群跑到危险的街道上，每当一根"锐气尽失的电线"要掉落下来时，人群都会着急地避开，冲向安全地带。在圣路易斯的一场风暴中，散落在城市街头的电线杀死了两匹马，电流几乎把这两匹马的头都给打了下来，把很多路人击倒，致使其不省人事，还瞬间把一名可怜女士的宠物狗变成了"一具尸体"。[12]

电灯的受害者大部分都是这些公司的员工。曾有一段时间几乎无人了解这些强大电流的属性，当时整个行业也才刚刚建立所谓的安全标准，这些骇人听闻的事故为每天的报纸提供了哗众取宠的素材。一些工人从灯杆和垮塌的灯塔上坠落下来；一些人以为电线没有通电，在维修时吃尽苦头。由于弧光灯的碳棒灯芯每晚都会被烧坏，球形灯罩也需要清理，因而需要日常维护，这份苦差事让路灯清理工不得不冒险接近那些通电的电线。在一次特别可怕的事故当中，一名纽约男子在冒着倾盆大雨悬挂电话线时，不小心触碰到了绝缘不良的电弧电线。他一下子从电线杆上被弹了出去，一堆电线缠住了他，把他头朝下挂在了半空中，他"失去了知觉，陷入了彻底无助无援的境地"。他最终获救，但却被重度烧伤，他的一根脚趾都被烧焦了，露出了骨头。

还有更多的人是在发电机附近工作时被电流击倒的，不小心形成了一个闭合的电回路，导致强劲的电流贯通了他们的身体。报纸形容这些人突然麻痹僵直，"无力松开"手中紧握的电线或发电机。大多数人剧痛难忍却无法发声，至多只能发出一种"微弱而不自然的叫喊"。当他们的身体被灼伤时，同事们有时会惊慌失措地逃离房间，以为会发生爆炸；他们之中幸运一些的会被同事们救出来，同事们勇敢地冒着自己也会触电的危险切断了电回路。当时的监狱改革家们正好在探索使用电刑处决囚犯的方法，一名记者建议，死囚们就应该被送到电力照明公司里当学徒——反正这份工作迟早会夺走他们的性命。[13]

　　报纸上每周都会刊登一篇新报道，有关"触电人身伤亡事件的最新受害者"，附加不少死里逃生的案例。当纽约的一列高架火车与一根低垂的电弧线相撞时，乘客们听到了剧烈的噼啪声，还看到串串火花从车顶落下的场面。他们侥幸脱险，只不过遭受了火辣辣的刺痛。仅仅一周后，一位马拉拖车的驾驶者就没那么幸运了，他的装备撞上了悬挂在离地仅 5 英尺（1.52 米）高之处的高压电弧线。一股强劲的电流将他打得翻了个身，甩到街对面去了。迅速聚集起来的人群以为这人已经死了，直到他的"哀号声否定了人们的猜测"。比许多人幸运的是，他只是膝盖严重烧伤，以及表现出报纸上所说的"神经过敏"症状。事实证明，电力暗藏着与其有用性相当的危险性。《科学美国人》把"流毒四方的电力"的瘟疫称为"城市里最可怕、最令人不安的弊病"。[14]

　　电力行业的拥趸不得不承认其中的危险，但坚持认为多数报纸对此间暗藏的凶险太过夸大其词。他们控诉某些报纸故甚其词，因为电死似乎比城市常见的压死、溺水和用刀砍人致死要来得更加新奇，所以更具有新闻价值。但电工学家们还怀疑，某些记者受煤气公司的金主指使，助长了公众对电力的恐惧。众所周知，希肯卢珀肚子里还攒有一大堆电力引发灾难的故事，也十分乐意与任何一位愿意拿钱报道这些故事的记者分享。

电气行业杂志对此进行了回击，抓住每一个机会，从煤气中毒事件（无论是意外事故还是蓄意肇事）的众多受害人之中选取一些进行报道。一位记者写道："如果说电力已经屠戮了十人，那么煤气肯定早已收割了数以万计的人命。"醉汉在睡觉前时常只是吹灭煤气灯，而不是去正确地扭转旋塞阀门，这是很多乡巴佬第一次进城后会犯的致命错误。如果地下的煤气总管道破裂，煤气有时就会泄漏进地窖里，睡在那里的人就会遭受毒害。很多欲寻短见的人会采用煤气窒息法自杀。圣路易斯的一家煤气公司发生爆炸，造成了两人死亡的后果，《电气世界》杂志谴责道："这次爆炸造成的破坏比电灯在去年全年导致的全部损失还要大。"电灯的拥护者们精准地指出：尽管公众普遍都存在焦虑不安的情绪，但是意外死亡事故之中只有一小部分是由电线造成的。他们认为，这些事故大多数都不是技术问题导致的，他们把事故归咎于工人的疏忽或者年轻人鲁莽愚蠢的行为。他们拼死捍卫他们的新事业，对这些公开将无辜者处以烧灼之刑的事故不屑一提，认为它们是"对愚蠢的惩罚"。[15]

电力照明期刊上也汇集散播了更多关于煤气灯的不满。在狭隘的空间里，煤气时常会让房间热到难以忍受的程度，消耗氧气，并在室内留下有毒的烟气——一些人将其比作往每个房间都通了一条开了口子的下水道。燃烧的煤气向空气里喷涌着蒸汽、硫黄和氨气，侵蚀着织物、书籍的皮面和油画，在每件物品表面覆上一层肮脏油污，像磁铁一般吸附灰尘。煤气灯毁了图书馆书架上珍贵的书籍，煤烟熏黑了天花板，室内植物枯萎死亡。在很短的时间里，煤气灯的副产品就对威斯敏斯特教堂的墙壁和挂毯、埃及的坟墓以及世界各地博物馆里无价的艺术品造成了严重的破坏。那些有钱人发现，他们每年都得重新装修房子，才能跟得上他们的灯具毁天灭地的速度。许多城市居民一度认为，这种恶臭、腐败且令人窒息的气味，是实现发展进步的同时不可避免要付出的代价。为了满足对更多光明的渴望，忍受这种痛苦是值得的。但是现在，正如一位专注电力发展的记者的吹嘘之词，公众"对煤气灯的鄙薄之情一如他们当年对油灯的唾弃。在明亮闪耀的新来者面前，老朋友只能黯晦消沉"。[16]

　　几年之后，就连煤气行业中的标杆人物——安德鲁·希肯卢珀都察觉到了不祥之兆，开始拐弯抹角地表示，他的公司经营的不是煤气业务，而是照明生意。他照样游说了州政府和地方政府授予他合法扩展业务范围的权利，将电灯添加进公司的产品目录中。他甚至承认电力照明有利于煤气业务——当人们逐渐习惯了奢侈的强光照明之后，若是他们手中能用的只有煤气灯的话，就会消耗更多的煤气。当然，他那些电力照明领域的宿敌不禁为此扬扬得意。《电气世界》奚落道："这下子，希肯卢珀将军也不能挺直腰杆反对电力照明了。不过，扫罗再度归入了先知的行列[1]……我们也能将这当成希肯卢珀已经彻底自拔来归的显著信号。"将军是个灵活变通的斗士，现下认定电灯并

---

[1] 出自《旧约·撒母耳记上》，以色列人谚语"扫罗也列在先知中吗？"原指扫罗在信仰方面发生了令人刮目相看的变化，现在一般指人在宗教、伦理方面突然发生判若两人的巨大变化。——译注

没有那么糟糕，尤其是他现在已经拿到了辛辛那提市的独家经营权来提供电力照明。[17]

希肯卢珀的妥协只是一种战略撤退，煤气公司与电工学家之间的斗争将绵延数十年。电力照明技术仍然不完善，且比煤气灯更加昂贵，而煤气灯的技术性能却突飞猛进。不过，许多羽翼未丰的电力公司现在面临着"新的情况"：随着不少资本雄厚、颇具政治影响力的煤气公司在希肯卢珀的领导下把业务范围扩展到了电力照明行业，这项新技术在道义层面大获全胜，却也给许多较为小型的先锋电力企业带来了激烈的竞争环境。

19世纪90年代早期，一位著名的英国电工学家前往美国旅行，美国人对这种新技术的危险性视而不见的态度令他大为震惊。他在归国后的报告中提到："在美国（由电力引起的）事故数量和死亡率都很可怕。"还有另外一个人也好奇美国人怎么就受得了这种情况，她指出："你们的街道上到处都挂着电线，很容易发生事故。"这一切，连同新建的13层摩天大楼，显然都是沙上建塔，让整座城市看起来像是系之苇苕的断梗飘蓬，犹如肥皂泡般易碎。[18]

然而，尽管英国电工学家们坚持认为他们"在这方面做得更好"，87 但仍有一些人承认，他们有很多需要向美国同行学习的地方，后者对电灯无所顾忌的狂热在短时间内诞生了丰硕的成果。其中一人总结道："到访美国就像是给蓄电池充电，把能量储存进游客身体里。"

在19世纪80年代，美国那么多小城镇、大商店、铁路货运站和人行道上早就拥有了明亮的照明，欧洲人只能对着这样的咄咄怪事瞠眼咋舌。富有的欧洲人在自己的家中安装了私人照明系统，但美国企业家卖出了数千套这样的私人照明系统，同时在美国城镇建立起中心发电站，有能力向更广大的客户群体提供照明服务。一转眼，距离布拉什早年的实验已经过去了十年，距离爱迪生点亮曼哈顿闹市区仅仅过去了五年，美国的电工学家们就可以自豪地指出："当欧洲许多大城市都还没有中心发电站的时候，本国各地许多小村庄的工厂都已经能用上电灯了，还能操奇计赢地运营着。"1884 年，一位游历过许多美国城市的英国专家，惊奇地发现纽约的主干道已经"全面采用电力照明了"。他回到伦敦后，也到这座城市一段相似路段上游览了一番，却"没能看到一盏电灯"。在见识过美国城市电力照明下的"灯火通明"之后，他不得不承认，生活在伦敦的煤气灯下有点令人沮丧。[19]

来自欧洲的游客们搜肠刮肚，试图找到一个合理的理由去解释美国能够迅速接受拥抱新科技的现象，他们认为，这种现象与美国城市即兴发挥的自然本性相关。在美国，对安全、美学和传统的考量，在卖家对利润的追求和买家对一切闪闪发光的新奇事物的迷恋面前，统统都得靠边站。美国人把他们的街道折腾得伤痕累累，一大堆电线和电线杆随时会突然扬起，把致命的电火花浇在倒霉路人的头上，时常造成电力工人伤亡。尽管存在这样的危险，美国人还是把电灯当成一样"好东西"。"一样东西一旦在美国被证明是好的，立马就会被接纳。'进步'就是这个国家的主题词。"[20]

1890 年，夜晚的布鲁克林大桥。

第四章

工作之灯

　　纽约那座宏伟的布鲁克林大桥建成后不久，社会改革者海伦·坎贝尔（Helen Campbell）拜访了一个居住在肮脏破旧的贫困区经济公寓里的家庭，他们盘踞在大桥下一块大石墩背后，艰难栖身。他们的屋子在大部分时间里都笼罩在阴沉沉、灰蒙蒙的一片阴影中，只在中午的时候能够短暂照到太阳，倘若邻居把洗好的衣服拿出去晾晒，那么就连这仅有的光线也会被挡住。为了在白天看清东西，他们得点上煤油灯，而他们承受不起如此开销。现代最伟大的建筑之一——布鲁克林大桥——将他们变成了洞穴居民。

　　每到晚上，当市政府点亮了大桥上的强力弧光灯时，这一切都改变了，一束人造光芒照亮了这家人的小房间。因此他们调整了作息。每当桥上的灯光将他们从床上唤醒，日落就变成了他们的黎明。他们在"冷硬"的灯光下工作一整夜，为一家血汗工厂缝制裤子。太阳升起时，桥上的灯光熄灭了，他们就上床睡觉，以度过大桥影子下如夜的黑暗。坎贝尔考察了他们颠三倒四的生活，她相信："这是对我们所夸耀的文明最为深刻的讽刺。一次性彻底摧毁了所有的自然法则和自然生活。"无情的工业秩序迫使这个"住在桥下的家庭"（她这么称呼他们）忘记了阳光的真正含义，不得不接纳现代世界的一种"容易致盲且气质冷郁的新型人造光"作为替代物。不过，这家人的看法却不太一样。其中一人解释道："我们确实希望时不时能看到太阳，但是我们会走出去享受阳光，这总比什么都没有强。"无论这个家庭日夜颠倒的作息是不足挂齿的不便，还是对美国文明的嘲弄，他们的故事都表明，电灯正在扰乱人们的生活，它的力量动摇白天黑夜的永恒真理，迫使许多人竭尽所能去适应现代世界新型的人造时间秩序。[1]

纵观人类历史，白昼与黑夜的交替对人类生产活动的安排产生了巨大的影响。大自然的本意似乎就是日出而作、日落而息。这种天然法则在早期农业社会是有意义的，但在 19 世纪的照明革命时期似乎难以为继。19 世纪 40 年代，新英格兰的纺织厂开始通过点燃蜡烛和油灯来延长每个工作日的工作时长，女工们声讨过这种"令人发指的惯例"，她们觉得这种做法"不仅具有压迫性，而且违背了圣经的原则"。一些女工向老板提出，上帝本人在创世的时候也从不赶夜工。[2]

煤气灯和工业生产带来的新压力原本就已经开始模糊白天和夜晚

之间的界限，现在，更加明亮的电力照明灯具可能预示着两者之间的区别完全消弭。一些人开玩笑说，在不久的将来，政府当局可能需要发射大炮来通告"白天"和"黑夜"何时结束，否则谁又能辨别得出现在是白天还是夜晚呢？ ³

后来是煤气灯取而代之，再然后是电力照明，灯具让原本分明的昼夜变得复杂，它在昼夜之间增加了第三个选项——一个被照亮的夜晚，混杂了光明与暗影的元素，无论看上去还是感觉上都不同于人类从前经历过的任何事物。日落和就寝之间这段被照亮的时间，被定义成了一段新的时间，自然规律作用下的时间受到了劳动力和资本的入侵，尔后又遭遇到新一代娱乐企业经营者们的侵占。

在许多行业，企业主们欣然接纳了电灯背后隐藏的经济潜能，想要他们的工厂、磨坊一直运转，商店开张营业，让他们的货物时刻在流水生产线上移动。他们的车间需要大笔开支购置昂贵的机械以及扩建设施，其中就包括新型电动装置，这种电动机使许多领域的生产过程发生了革命性的变化。为了获得最佳的投资回报，企业主需要让这些机器运转的时间尽可能长。正如亨利·福特几年之后的言论——"不能让昂贵的工具一直闲置着。它们应该每天工作 24 小时"。许多资本家很早就意识到，只要适当投资一部分钱在电力照明系统上，他们就可以立竿见影地将一家工厂或者磨坊的生产能力提高一倍，不过这一切的前提是工人们必须配合，一直工作至深夜。⁴

一些工人阶级的朋友预见到了这一趋势，他们预言，电灯似乎只给中产阶级消费者带来了快乐和便利，带给工人阶级的只有更加深重的苦难。工人阶级由于贫穷，不得不在老板需要的任何时间工作，甚

91

至把孩子也送进工厂，这些产业工人发现黑暗给予了他们些许微小的保护，因为那是"工头"唯一无法要求他们干活的时间。如今，大量廉价的人造灯光涌入农田和工厂，威胁着这种上帝赋予他们免受剥削的自然保障。电力照明使得无休无止的工作日成为可能，一位英国评论员面对这样的前景，大声质问："持续不断的照明是否给人类带来了更多的幸福？"[5]

92 　　在工业革命初期的几十年里，工人们主要仰赖阳光来获取光照，他们尽量让自己的长椅靠近高大的落地窗户。一些雇主曾尝试利用蜡烛和油灯延长工作时间，尤其是在阴郁的深冬，但是工人们尽可能避免在夜间工作，在昏暗的人造光线下，特别是当工人被迫腾出一只手提灯的时候，他们的工作效率会下降。煤气灯的投入使用为夜间工作提供了更明亮的照明条件，它的集中供气系统使得照亮整个工厂所有车间和全部楼层区域成为可能，也为日益复杂且需要各部分密切协调的生产过程提供了支持。但是煤气灯仍然稍显昂贵了些，还容易引发火灾和爆炸，而且煤气灯不便于携带，无法适应很多工作场合的应用需求。

　　而只要是安装了电灯的地方，工人们很快就会发觉这种灯具的优越性。新型灯具让他们摆脱了点燃的煤气灯或油灯带来的难闻气味和沉闷环境。在电灯照明的工作环境下，他们头脑更加清醒，视野也更加清晰，也不会再被闪烁的黄色火焰晃了眼。例如，在邮局，一些邮件分拣人员发现他们用不着戴眼镜了，再也不必在煤气灯"半明半昧"的照明下被迫眯起眼睛看东西了。[6]

在一些行业当中，强大精准、不知疲倦的机器可以处理某些传统上由手艺精湛的技术工匠完成的工作。每个行业引入大规模生产模式的时间各不相同，这种生产模式对每个行业也产生了不同的影响，但共同之处是会降低对工匠作业技术的要求，无须技能且工资较低的工厂操作工取代了专业技术工人。然而，机械化也创造了新的技能需求，需要敏锐的眼睛和可靠的双手维护并操作复杂的机器。这些工人欢迎电灯的到来，因为电灯不仅提高了他们的工作质量，而且有助于防范工业事故的发生。曾经有一段时间，在一台强大的机器上是没有任何安全装置的，保护生命，防止肢体损伤的最佳方式就是密切关注自己的工作。[7]

在某些行当，更加明亮的灯光显然是一样大有裨益的生产工具，提高了工人工作的安全性、效率和准确性。例如，多亏了电灯，纺织工人现在能够看清楚手里手工制品的真实颜色了。地图制作商比如兰德·麦克纳利公司（Rand, McNally & Co.）发现，电灯显著提升了打印机印刷黄色、绿色和蓝色时的色调一致性。这项发明就这样推动了镀金时代平面物料在质量和数量方面的革命性发展，满足了一名历史学家所谓的"公众对视觉信息日益增长的需要"。在更加明亮的灯光下，加之蒸汽印刷机以及新的彩色平版印刷技术的发展，印刷厂借此东风，迎合不断壮大的市场，印刷出有丰富图片的杂志、儿童读物、通俗小说，以及广告卡片和多彩的包装，这是刺激视觉兴奋的新世界，在大众消费文化日益盛行的时代进程中发挥着核心作用。[8]

那些不受煤气公司影响力胁迫的报社成为这项新技术的早期使用者，而且他们往往是这项新技术最热心的支持者。许多报纸编辑把自己看作他们城市未来的赞助者，他们利用自己相当强大的影响力鼓励居民签订电力照明合同，鼓动他们到场参观早期的展览。先是安装了弧光灯，后来又换装了白炽灯，报社将自己的办公室变成了灯具的展厅，邀请读者到访一睹风姿。报业商人喜欢新型电灯，它一扫狭小办公室里令人窒息的闷热和煤气灯带来的沉闷气氛，也为排字工人提供了更好的工作环境。排字工人辛辛苦苦地对着极小的字体，忙到深夜，赶着安排第二天的专栏。一位出版商确信新型电灯将促成这个行业的道德革新。在煤气灯时代，印刷工人长时间在狭窄拥挤的空间工作，会觉得"酷热难耐、焦躁不已"，直想要喝东西，这让他们的职业成为臭名远扬的酒鬼行当。一位老板指出，自从安上了电灯，这些现象都销声匿迹了，"极大地改变了印刷工人的习惯"。电灯也为办公室职员带来了很多改善，华盛顿特区一家日报的编辑用笔采集捕捉下了这些巨大的进步效应，庆祝他的报纸"从此彻底摆脱了被迫成为煤气公司的资助者时所忍受的奴役……煤油堵塞的管道中缓慢渗出闪着烟黄色眩光的恶臭液体，此番在煤气公司的包容默许下发生的景象，只存在于记忆中，只是一场噩梦的回忆罢了"。[9]

交通运输业是另外一个较早采用电灯的行业。该行业利用电灯扩大了当时已十分强大的新型铁路和蒸汽船的影响力，也提高了这些铁路和蒸汽船的价值。到 20 世纪初，交通运输业达到了其发展的巅峰，形成了一个全天 24 小时不间断的配送网络——这是现代工业经济的基础。

早在弧光灯应用于其他商业场合之前，英国人就率先在灯塔上用起了弧光灯。弧光灯最早的时候依靠电池供电，因此价格相当昂贵，但是为了保护那么多的生命和财产，他们认为这个代价是值得的。大西洋两岸的发明家们都在努力创造一种电气化的信号浮标，以取代旧的油灯信号。纽约当局试图通过尽可能提升港口照明来减少海上事故。除了这座城市的灯塔，布鲁克林大桥和自由女神像上也都有兼具照明和辅助导航双重用途的电灯。不过，纽约市最伟大的水域照明尝试是建造一座巨大的弧光灯塔，它位于纽约东河上的"地狱门"，那是一处地势险峻的海峡。然而，这一景象虽然令人印象深刻，但效果不佳。领航员抱怨说刺目的强光都快晃瞎了他们的眼睛，这也是水手们经过布鲁克林大桥和其他海岸弧光灯塔时所面临的问题。灯光像黑暗一样 95 对一些拖船操作员造成了阻碍，他们仍然拒绝在晚上靠近"地狱门"。

　　工业革命在镀金时代改变了美国经济，也让整个世界都"动"了起来：数百万的移民横跨大海到美国打工，同时制造商和农民们也在遍搜全球为他们的商品寻找新的市场。随着美国对外贸易和本土贸易双双里程碑式增长，其港口和船运航线的交通量也呈指数增长。到了 96 19 世纪 80 年代初，每年有两万多艘来自世界各地的船只驶入纽约港口。海岸沿线挤满了小型渡轮，大型跨大西洋轮船，拖运煤炭和小麦的本地驳船和运河船，载着从砖块、冰块到热带水果各种玩意儿的多帆单桅小船，渔船队，休闲游艇舰队和许多其他船只。夜晚会给这些拥挤的水域带来特殊危险。油灯和守望者吹口哨之类的传统安全保障措施，没能防止越来越多的事故发生。现代的钢壳蒸汽动力船比以往的任何船只都来得巨大，速度也更加快，但是在黑暗拥挤的海上，它们对彼此而言也成为更加危险的存在。整个 19 世纪 80 年代，报纸上

95

纽约东河地势险峻的"地狱门"海峡上的布拉什弧光灯塔。

时常会报道可怕的船只碰撞事故，并附上生还者生动的描述和长长的遇难者名单。正如一位编辑对此的形容："几乎每周都有成百上千的人像被关在笼中的老鼠一样被淹死。"他为这种现代惨剧提供了一种现代的解决方案："电子光束"作为一种足以"穿透最浓稠的大雾或暴风雨"，"照亮好几百码（1 码约为 0.91 米）开外的远处"的强大灯光，应该代替熹微如"萤火虫"的煤油灯，成为每艘船上的必备设备。[10]

1878 年午夜，一艘美国轮船在英吉利海峡发生撞船事故，多名乘客溺亡。之后，《科学美国人》杂志再次呼吁发明家们为商船发明一种可行的电灯，这项突破性技术不仅有有利可图的前景，还能挽救生命。不久之后，美国发明家海勒姆·马克西姆积极响应了这一号召，开发了一款航海聚光灯，其敏锐程度足以"在大雾中为自己开辟出一条路"，这是利用电灯使海上夜间航行更加安全的诸多尝试中最早的一例。[11]

铁路运营商和发明家也尝试过对电灯做类似的改造，这是他们为打造 24 小时运输网络所付出的努力之一。19 世纪后期，铁路作为关键的一环促进了强大高效的公司发展成长，使得这些公司能够运输大量天然资源，并且能够在全国市场范围内交付货物。为服务于这个流动性日益增强的社会，客运量也大幅飙升。一位美国教授欢欣鼓舞地说道："我们的铁路带着我们装着灵魂的躯壳在地球上东奔西荡。"与其他技术相比，铁路打破了时间和空间的障碍，正如一位历史学家所言，铁路能够"在任何时间、任何季节或任何天气情况下运行"。[12]

铁路公司有很强的财务诱因来保证他们的列车全天候运行，也有很强的动机去打破任何可能阻碍它们提供更快速更高效服务的技术壁垒。这一点启发了发明家们从诸多方面去寻求解决方案，例如乔治·威斯汀豪斯（George Westinghouse）发明的空气制动器，能够保障列车以更快的速度运行时的安全。但是黑暗给铁路公司带来的问题则不同，黑暗所造成的危险限制了铁路在夜间运行，还吓跑了乘客。1864 年，《科学美国人》指出："许多人不愿意在夜间乘坐列车。他们有这样一种印象——列车在夜间行驶更容易发生事故。"该杂志称，夜间乘坐列车旅行不会比白天更加危险，但这仅仅是由于夜间交通稀少，且列车行驶谨慎；死于夜间列车事故的人较少，是因为敢在夜间乘坐列车的人也较少。铁路部门非常乐意投资一款前照灯，以使得列车在夜间行驶更加快捷也更加安全。[13]

在 19 世纪 30 年代，来自南卡罗来纳州的一位发明家试图通过在列车头前面放置一大捧燃烧的松木火炬来解决这个问题。后来，发明家们又试验了更为可靠的鲸油灯、煤油灯和煤气灯。这些灯经由抛物面反射器聚焦，光线至多只能照亮 1000 英尺（304.8 米）远的轨道范围。这样的光线可能能够警示行人远离轨道，但是，"对于火车司机而言，这并没有实际价值"。因为一辆列车的制动距离是这一长度的两倍。在推动列车以全功率满负荷运行的进程当中，要实现更快的行车速度就需要更多的光明。[14]

布拉什推出了稳定可靠的弧光灯之后不久，其他发明者争相想要成为将这一技术成功应用在列车前照灯上的第一人——他们都意识到了一道能够不受火车头无端颠簸影响的电子光束背后的经济价值。初期灯型的表现不太稳定，有时会让急速移动的列车突然坠入黑暗，但是当这些灯具正常工作时，可以照清前方半英里（805 米）乃至更远的轨道，使得列车能够在更快的车速下安全行驶。这项技术在 19 世纪后期继续迅速发展，包括向双灯模式发展：一盏灯负责照亮轨道，另一盏灯则发出警示信号，在 20 英里（32.19 千米）开外的地方也看得见这一信号。但是有很多铁路工人抵制电子前照灯。一些守旧的人担心将发电机安置上列车会提高被闪电击中的风险。然而，更常听到的抱怨来自火车司机——他们诉苦说迎面而来的列车上前照灯太过明亮，差点儿晃瞎了他们的眼睛。更糟糕的是，他们在灯光下难以读取轨道信号，削弱了这个电气设备本身的价值，因为轨道信号依旧是防止事故发生的最为有效的安全保障设施。但是，使用光线相对柔和的白炽灯替代弧光前照灯的尝试失败了，因为白炽灯的灯丝太过脆弱，无法承受列车颠来簸去。20 世纪早期，相对于那些在行驶列车上的人的利益，各个州选择优先保护那些穿越铁轨的路人的安全，开始要求所有列车使用大功率电灯。在此之后，那些技术瓶颈仍然让发明家和铁路工人抓心挠肝、苦恼不已。[15]

乘客车厢里的电灯也是姗姗来迟。美国内战发生之前，当时客运列车上很少提供夜间服务，轨道车厢的两端各有一大支蜡烛用以照明——后来的岁月里，车厢开始使用鲸油灯和煤油灯，稍稍改善了车厢昏暗的照明条件。虽然煤气管道导致空气有毒、温度过热的有关投诉不断，但是一些铁路公司还是安装了煤气管道。在电灯成为船舶和其他大多数公共空间的标配之后，铁路公司依旧不愿意为电灯投入资金，因为难以对付的技术缺陷推高了成本。发明家们提供了六种解决方案，便携式发电机和大型蓄电池兼而有之。有一名发明家甚至为轨道车厢开发出了一款自动投币"售光机"，只需一枚 5 美分硬币就能获得"充足而柔和的光线"，旨在"让人轻松惬意地打发旅途时光"。不过，这个暗设的花哨机关一直没能流行起来。很多年来，白炽灯一直是一种昂贵的奢侈品，专门留给那些愿意为高级灯光支付溢价的乘客"特别"享用。例如，1887 年，总统格罗弗·克利夫兰（Grover Cleveland）乘坐铁路火车游访全国时，他的随行成员乘坐在三节相邻的列车车厢内，这些车厢里精心配备了理发椅、管风琴和吸烟室，所有车厢都由白炽灯系统提供照明，而整个白炽灯照明系统就占据了其中一间车厢的很大一部分空间。[16]

蒸汽船也为夜间航行安装上了电灯。不过，由于灯光太过炫目容易让人辨不清方向，一些江河引航员反对这种改变。19 世纪 90 年代早期，一名乘坐了路易斯安那州汽艇的游客反映说，引航员还是更喜欢在黑暗中择路摸索着行驶，只有在试图寻找一处登陆地点时才会用上强大的探照灯。这些"巨大的光柱"投射进"空无一物的夜色"，使得夜间在河上航行成为真真切切的魔法灯笼秀。他描述道："每一束光都在黑夜中划出一条清晰的路径。当它探照出一片树林、一堆杂乱的黑人小屋或者一处适合登陆的地点时，就构成了一幅真正的舞台画面。"这一新奇的景象在其他内陆水域成为一个旅游景点，乘客们纷纷前来，只为进行"探照灯游览"。[17]

马克·吐温是一名狂热的新发明爱好者，他认为在蒸汽船上使用的电灯与他在 19 世纪 50 年代当领航员时使用的"闪烁不定、冒着烟、滴着沥青又不起作用的火炬篮"相比，可谓是一个巨大的进步。马克·吐温在《哈克贝利·费恩历险记》中写道，在电气时代到来之前，密西西比河上的夜间旅行者需要面对暗礁和隐蔽的沙堤的威胁，以及与其他船只或木筏相撞的危险。"现在这一切都变了，"他在描述 1882 年从圣路易斯到新奥尔良的河流之旅时这样写道，"你一祭出电灯，转眼间黑夜变白天，你也就不必再冒险，不必再忧虑。"马克·吐温认为，他整趟旅程中最精彩的部分是新奥尔良的防洪堤在夜间的景象，河面挂满了电灯，灯光犹如一弯 5 英里（8.05 千米）长的新月。对于新奥尔良的货主和装卸工人来说，这些灯光使港口得以每时每刻高效运转。但是对于马克·吐温来说，这些灯光带来的更多是审美上的意义，而非经济层面的价值。他想："这真是一幅奇妙的景象。太美了！"[18]

电力不仅改变了商品的生产方式，也改变了商品的销售模式。随着时间的推移，商人们越发精通于利用灯光的魅力来吸引顾客。不过，在早期，吸引人群所需要的仅仅只是灯光本身，而且灯光多多益善。约翰·沃纳梅克（John Wanamaker）在镀金时代百货公司发展进程中的许多其他方面作了革新，在灯光应用方面也同样引领了潮流。1877 年，他在费城市场街开设了自己的"大卖场"，采用了来自窗户和天窗的自然光，辅以巨大的枝形煤气吊灯。他还尝试过用灯光来吸引顾客，邀请圣诞节的购物者一睹一场由煤气灯的火焰和彩色反射镜呈现的奢华展示，让他们享受一番沐浴在"明亮恢宏的光芒"之下的美妙感觉。虽然当时公众为这一景象拍案叫绝，但是沃纳梅克却对点燃这么多煤气灯所产生的"空气闷热现象"不甚满意，更何况这些煤气灯也仍然遗有照不到的"黑暗角落"，无法让商品最好地呈现在最多的顾客眼前。一年后，他安装了一套布拉什的大功率弧光灯照明系统，这个系统刚刚荣获该市富兰克林研究所的認可。公眾再次蜂擁至沃納梅克的商店，但這一次很多人都退縮了，因為競爭商家警告人們，新型燈具很容易爆炸，會燒毀整棟建築。那些打賭"沃納梅克的愚蠢行為"最終會釀成大禍的人都輸了個底兒掉。[19]

101　　　　布拉什的照明系統使得沃納梅克在一個屋檐下營造出了數英畝（1英畝約0.4公頃）令人目眩神迷的零售空間，他那些閃閃發光的陳列櫃，就布置在曾經黑咕隆咚的大樓內部甚至在地下室，而煤氣燈在這些密不透風的地方只能煙熏火燎出陣陣黑霧。購物者成群結隊而來，不僅僅是沖著那些裝飾精美的商品，也是為了欣賞這家"奇妙的商店"本身的壯麗美景。在夜晚，這家商店顯得格外"美麗動人"。類似的"大商場"在全國其他城市如雨後春筍般湧現，它們效法沃納梅克，將電燈運用於銷售服務。例如，波士頓的喬丹·馬什（Jordan Marsh）安裝了相當於五萬支蠟燭亮度的電燈，當地的擁躉吹捧這是"世所罕見的絕佳櫥窗陳列展示"。[20]

102　　　　雖然購物者可能無法抗拒新百貨公司在電燈裝點下的恢宏氣象帶來的誘惑，但這項技術也賦予了購物者力量。早在電力時代之前，商店照明環境就是買賣雙方的兵家必爭之地。店主們試圖利用手上有限的工具創造出吸引人的燈光，但是他們也懂得把粗製濫造的劣質商品藏在黑暗的角落裡。正如一本成功的推銷指南中所寫：商品應該放在顧客能看見的地方，但是"不要放在會暴露商品缺陷的地方。商品越完美，就照射越強的光線"。煤氣燈改善了有限的自然光，但它黃色的火焰閃爍不定往往會誤導眼睛的判斷。精明的買家明白，如果他們想要看到真正的顏色和做工質量，就需要把商品拿到窗邊，甚至拿到

1883 年，新奥尔良夜晚的堤坝。

外面的街上。第一家采用这种电灯的大型零售商店承认，这项新技术在这场捉迷藏游戏里给予了顾客优势。他们认为，一家商店既然敢装上电灯，那它就没有什么好隐瞒的东西了。[21]

到了 19 世纪中叶，为了满足不断发展的城市市场需求以及新的运输和通信技术的要求，一些行业以及某些职业要求"夜间工作"已经成为习以为常的事情。每天清晨，有轨电车载着大多数工人上班，也正是这些电车把一群疲惫不堪、脸色苍白的"夜班工作者"送回了家，里面有电报员、排字工人、记者、服务员、乐师、送奶工、面包师、环卫工人、妓女和警察等等。点燃煤气街灯的灯夫在电力让他们的职业走向消亡之前也在此列，他们在清晨走街串巷一圈，把他们的灯一一熄灭后才回家。[22]

其他工作只是时不时需要夜间工作：装卸易腐货物的工人、收割庄稼的农工、开卡车运送农作物到市场的农民、为了赶上最后期限而努力的建筑工人和因为机器坏了被迫加班的工厂工人。许多城市的商店在天黑后还开门营业，商店要求女店员在旺季工作更长的时间，有时要一直忙碌到午夜，直站得双腿隐隐作痛。那些在煤气灯下工作的人抱怨说："干上一两个小时，你就会觉得头都要被烤焦了，你的眼睛简直都要蹦出来似的。"在弧光灯下工作更凉快，但耀眼的强光使得一些人戴上了蓝色太阳镜，不过他们的雇主不赞成这样的做法。一个女售货员想："唯一的安慰就是你和很多人在一起，大家有难同当，不会感到寂寞。"酒店职员也诉苦说他们每晚要站很长时间，他们的眼睛要接受弧光灯频频闪烁的刺目"电子阳光"轰炸。[23]

一位芝加哥眼科医生警告过这种灯光对工人的视力造成了"伤害"。他向一位报纸记者讲述了自己一位病人的情况："电灯的灯光几乎弄瞎了这个人，他本人也由于同样的原因神经受到了重创。"医生建议工人们远离弧光灯，但是对那些上夜班的人而言，这是无法实现的奢望。[24]

一些工人抵制因照明革命而变成可能的夜间工作。新英格兰的工厂女工早年就曾为此罢工，抗议可恶的新做法——"点灯"，但却是徒劳。纵观整个 19 世纪，工会一直在反对夜间工作，为最终争取到 8 小时工作制的大规模运动做出了一些微小的贡献。在许多行业，雇主发现他们只能通过提供额外的奖励工资来利诱工人上夜班。[25]

在劳工领袖和中产阶级改革者意图限制雇佣童工的努力过程中，关于夜间工作的争议也起到了至关重要的作用。在内战发生前的那段时间，许多美国人谴责英国的磨坊、工厂和矿场雇佣童工的行径，但随着工业革命传播到美国，美国人也开始效仿这种做法。北方的一些州确实禁止妇女儿童在夜间工作，但这些规定的执行力度不足，最终还让南方那些更新的磨坊取得了有利的竞争优势。那些地区的儿童获得的保护更少，直到进入 20 世纪前，情况才有所改善。即使一些州禁止儿童在夜间到工厂工作，法律规定中存在的漏洞也使得季节性生产行业可以不顾这些保护性条款雇佣童工。例如，在缅因州，收获季节期间，孩子们可以一直全天候在沙丁鱼罐头厂工作。在天黑以后，只要有船只到达，他们就会从床上爬起来，通宵达旦地切鱼。一名调查人员报告说："在缅因州海岸，一日之计始于罐头厂的哨声，而非东升的旭日。"[26]

随着新机器的出现以及工作日工作时间的延长，生产量提高了，孩子们也在瓶盒厂、煤矿和纺织厂从事夜间工作。南方的工厂周围破败不堪的村庄时时刻刻提醒着这些工人，新技术并没有给他们带来舒适或便利，新技术只是一种经济生产工具，只会加深对他们的剥削。每天天刚蒙蒙亮的时候，工人们就要离开他们那点着蜡烛或者暗淡的煤油灯的家，走上灯火通明的街道，工厂高大的落地窗户里早已亮起的电灯灯光引导着他们前进。对于那些不必在工厂工作的人来说，这一景象可能"确实非常美丽"。一位记者在参观亚特兰大第一家采用弧光灯照明的工厂时提到："一排排的窗户整晚都在黑暗中闪闪发光，光彩夺目。光线给工厂周围的整个景色蒙上了一层怪异奇特的色调。"不过，一名因为家庭贫困被迫在夜间工作的年轻女孩对这一切的看法截然不同，她告诉一名调查员："我第一次去上夜班的时候，长时间的站立让我痛苦不已。我的脚像是被火烧着了似的，疼得我快哭出来了，我的背也一直很痛……我的眼睛在晚上盯着那些纺线看，也疼得厉害。医生说如果我再继续上夜班的话，我的眼睛就要毁了。我盯着纺线看了太长时间，现在我似乎到处都能看到线头。有时我觉得这些丝线好像正在切割我的眼睛。"[27]

中产阶级人士还发现，人造光加剧了在现代社会谋生的压力，尤其是对那些靠双手打磨出被许多人称为"真正的作品"来维持生计的人而言。尽管这类由作家、记者和身负技能的印刷工人组成的群体，无须遭受产业工人面临的其他危险和虐待，但是急速发展的工业资本主义将疲劳困顿加诸他们身上，他们需要抗争、面对的是身心的疲惫。鉴于公众渴望以更快的速度获取更多的信息，他们不得不为了满足这些需要疲于奔命，也在夜间加班加点。这让他们劳形苦心、疲惫不堪。问题早在电灯面世之前就已经出现了。19 世纪中叶的作家们就已经开始抱怨，工作压力不仅使得他们神经衰弱，还是导致他们酗酒乃至短命的元凶。首次推出 24 小时滚动播报的新闻模式之后，新闻记者们每天都忙着为报社印制多个不同版本的报纸，前一晚的报纸才刚"清稿付排、上版备印"，就要开始制作第二天早上的报纸了。纽约知名编辑霍勒斯·格里利（Horace Greeley）在 1872 年去世后，他的朋友记起他曾抱怨过，他"已经有十五年没能睡个好觉了"。他的失眠症的一部分病因是他的身体和精神都必须在夜里长时间在煤气灯下工作。有人在为格里利撰写的悼词中指出，夜间工作"正在杀死我们的文人"。这位伟人英年早逝的事实给予我们的教益就是："一个人在午夜辛勤劳动挣的钱将作为葬礼费用支付出去。"更好的照明条件有利于开展工作，但却使得休息变得更加难得。[28]

这样的问题并不只发生在文学写作行业。19 世纪精力充沛的美国人喜欢吹嘘他们的"不眠不休文化"，但评论家们警告说，美国人其实需要更多的睡眠。对财富的狂热追求导致太多人"夜以继日地劳作、思考、计划、算计"。曾经上帝和自然强制人们享受夜晚的平静，但是，如今在新的经济秩序中，日落而息的行为却像是一种"不可饶恕的罪过"。这样"终日乾乾、彻夜狂欢"的结果是显而易见的——美国城市居民正努力对抗着他们身上普遍存在的神经衰弱、吸毒酗酒、"脑软化"[1]、秃顶、需要佩戴眼镜、早衰早逝等症状。

106

---

[1] 由于各种原因引起了脑组织的液化坏死而遗留的一个病灶。——译注

当然，这一切并不全是在煤气灯下长时间工作造成的。医生们曾痛心疾首地规诫人们少吸烟、不要睡在温度过高和通风不良的房间，也为抵制街头噪声和电话发出的刺耳干扰而呼吁过，更是反对其他一切现代化进程带来的便利和不便对肉体与灵魂造成的伤害。但是专家们一致认为：美国城市居民遭受的许多身心疾病全都应该怪煤气灯干扰了"日出而作，日落而息"的自然秩序。他们想知道，现如今爱迪生推出了一项比煤气灯更厉害的新发明，可以使得"白昼几乎再无尽头"，情况会变得有多糟糕呢？有人形容，这一切就好像是"即将要求这个民族投入全部精力以应对一种新的压力"。[29]

镀金时代的美国人，对那些迅速地改变了他们工作生活方式的新机器，既感到困扰不安，又为之着迷。这些巨大的生产发动机在创造财富的同时似乎也在制造痛苦。在这场经济革命中，电灯系统发挥的作用不亚于新式织布机、熔炉和蒸汽发动机。在 19 世纪晚期的工业革命时期，电灯也和其他机器一样，促进了生产的集约化，催生了一种极具现代性且无休无止的紧迫感。

然而，除却围绕着童工和夜班的争论之外，批判这些变化的人们通常并不会单独将电灯拎出来列为罪魁祸首。许多人在强光下得眯着眼看东西，但是很少有人想要回到煤气灯的照明环境下——在摇曳的黄色灯焰下呼吸它产生的有毒烟雾，煤气灯技术很快就像古老的锥形长蜡烛似的显得古怪离奇且不合时宜。电灯进入了一个又一个行业，迫使工人们相应地调整工作习惯，使得他们的眼睛重新适应新的光照条件——但随后他们就不再关注灯光了。电灯创造了新的工作方式，改变了一整天的节奏，但是也变得更加难以察觉。正如一位当时时代的见证者所形容的那样："任何东西一旦进入了日常生活，很快就会成为被人们忽略的一部分。"电灯在办公室、工厂和仓库里越来越普及，逐渐隐退与背景融为了一体，但是它的力量并没有因为人们的视而不见而有丝毫减损。[30]

与此同时，这项技术显而易见地成了美国城市居民享受休闲时光必不可少的一部分。它可谓是"夜生活"的主要缔造者。而"夜生活"也已经成为现代城市的一个标志性特征，它是一种新的游戏形式，是对"不眠不休文化"下新型工作形式的重要补充。这项技术加快了生产速度，给美国人的眼睛和神经带来了那么多的压力；同样地，也是这项技术造就了数不清的电子游乐设施，让他们得以放松。这些电子游乐设施使得明亮的灯光成为现代美国人追求幸福快乐的过程中不可或缺的要素。

布鲁克林的一座发电站。

第五章
休闲之灯

　　纵观历史，富有的人总能享有人造光线的特权，他们可以斥巨资在深夜点燃蜡烛或者鲸油灯，雇佣仆人在翌日花费大量时间清理维护灯具。在前工业化时期，农民和工匠会更加审慎节约地使用灯具，他们不会为了休闲娱乐点灯照明，灯具是作为生产的必要工具而存在的，是延长工作时间的一个办法（尤其是在日头较短的冬季）。为了避免在蜡烛上花费太多，许多人会在渐暗的暮色中尽量多工作一段时间。一些人把这种做法称作"保留下属于盲人的假期"。19 世纪中叶，煤气灯照明走进了寻常百姓家，至少对于那些在城市中心地区较好的社区里生活的人来说，彻夜长明开始慢慢从难得一见的奢侈享受

109

变成中产阶级承受得起的舒适体验。在商店、剧院和公园，煤气灯逼退了黑暗，丰富了文化生活，它为城市社交活动创造了新天地，不论贫富，所有人都能从中获益。正如罗伯特·路易斯·史蒂文森所言，"日落后的公共散步场所不再渺无人烟，白昼可以任凭每个人按喜好随意延续"。[1]

现在，电灯的横空出世进一步推动了这一趋势，为更加富裕的消费人群提供更加充裕的照明，可供人们选择的夜间娱乐项目也因此越来越丰富多彩。自爱迪生在曼哈顿市中心推出他的第一款白炽灯照明系统十年之后，美国城市居民开始为自己每天都能蹦跶到那么晚的点儿感到震惊，《哈勃周刊》（*Harper's Weekly*）直言："当他们的一整天都能亮如白昼之后，他们早就摒弃了迄今为止对夜晚曾抱有过的任何偏见。"事实上，一位芝加哥记者对"早睡的人一般都更加健康、富有且明智"之类的陈词滥调大加嘲讽。他写道："现在已经不时兴这种'道德谬论'了，尤其年轻人早就不信这一套了。早睡早起的陈旧观念之所以存在的现实基础，是过去人们在夜晚可以进行的娱乐没有现在这么多。"[2]

更加优越的街道照明条件让夜间旅行更加安全，吸引了寻欢作乐的人到越来越多的娱乐场所游戏人间，每一家娱乐场所都灯火辉煌。夜生活的改变始于煤气灯下。大多数剧院都装了煤气灯，但是煤气灯也带来了些许糟糕的副作用，它虽然比蜡烛和煤油灯更加明亮，但也会消耗更多氧气。一位剧院主顾就不大高兴地形容煤气灯拿"致癌的雾气"换走了空气中的氧气。观众们暴露在煤气灯下闷热且有毒的空气之中，严重影响了他们在剧院的兴致。晚上喝得人事不省，早上醒来时带着宿醉忍受着煤气灯烟尘造成的恶心反应，经历过太多个这样的夜晚后，一些人发誓要戒除夜间的一切娱乐活动。[3]

事实证明，火灾是另一个更加危险的隐患，因为开放式的煤气灯灯焰有时会引燃舞台幕布和戏服。1887 年，公众对煤气灯的恐慌情绪达到了顶点，一场煤气灯导致的大火将巴黎的一家歌剧院烧成白地，两百人丧生，火焰吞噬了多名演员和舞者在内的许多条生命。煤气灯爆炸仿佛是往一潭死水投入了一块巨石，把人群吓得炸开了锅，由此引发的踩踏事故还造成了其他伤亡。仅仅几个月后，煤气灯又引致另一场火灾，烧毁了英格兰爱塞特市一家全新的剧院。当演员试图维持现场秩序时，煤气管道炸裂了，烟雾和火焰瞬间充满了整个剧院。一楼的大多数人在遭受了"惨烈的连推带搡"后逃出了生天，但是顶层楼座里尚有一百多人，他们挤塞在狭窄的楼梯上，或死于非命，或不幸被踩伤，或惨遭"炙烤"。

这些耸人听闻的灾难发生之后，大西洋两岸的市民代表呼吁制定新的法规以确保公共安全——增加更多的出口，使用防火窗帘和油漆，最重要的是要用白炽灯替代煤气灯。巴黎市议会给所有剧院、咖啡馆和音乐厅三个月时间把煤气灯换成电灯。虽然美国政府没有实施这样的限制措施，但一些较高档影院的管理者听到风声就迅速采取了行动，安装了电力照明系统，并向他们的客户宣传了这种安全的设备。

这种新的灯具不仅使得剧院更加干净、安全，还有助于剧院扩张。19 世纪末，电灯的照明能力和效率使得城市和私人投资者能够创建大型娱乐商业中心，这些商业广场满足了人们对体育运动和精

110

彩表演日益增长的需求。P. T. 巴纳姆（P. T. Barnum）是最早将光纳入他那铺张华丽的娱乐性表演的人之一，他在自家巡回马戏团里的巨大帆布帐篷下和麦迪逊广场花园的"豪华客房"里使用光线。每次都有成千上万的人聚集在这里观看战车比赛、步行比赛、射箭运动或比赛、赛狗会、越野障碍赛以及"其他需要很大空间的娱乐活动"。1890 年，麦迪逊广场花园进行了重建，成为当时世界上最大的公共娱乐厅，4000 只"极小的电灯泡"照亮了这座孔穴结构的建筑，这栋建筑的制高点是一座塔楼，塔上是奥古斯塔斯·圣·高登斯（Augustus Saint-Gaudens）创作的可爱但颇具争议的女神戴安娜雕像，一项白炽灯泡做成的冠冕照亮了她金色的裸体。有人形容说，整个大厅都成了"电力（照明）的殿堂"，"无论提供了何种娱乐消遣活动，总是能看见精美的灯光效果，所以没有人会感到无聊或者不适"。[4]

　　虽然观众们更喜欢电灯提供的更加凉爽、清洁的空气，但是表演者们一开始还心存疑虑。起初，剧院尝试采用弧光灯时，演员们不仅反对这让人辨不清方向的刺眼光芒，还指出弧光灯的光线会让表演者身上的每一个缺点都暴露无遗。一幅在化妆室的煤气灯环境下画好的妆容看起来还不错，但是放到弧光灯冷蓝色的灯光下，就变得像动画片似的，用一位演员的话来说，这种灯光泄露了"太多关于肤质和肤色的秘密"。演员们拒绝继续表演节目，以抵制新灯具，这样的事件至少发生过一起。老式舞台布景也出现了相似的问题，在煤气灯飘忽闪烁又烟雾缭绕的黄色灯光下，布景看起来很像回事，但是在明亮的灯光下就显得粗陋且不自然了。随着时间的推移，导演们学会了缓和弧光灯光线、调整演员妆容和舞台布景设计。他们放弃布景画，转而

111

使用更为逼真的三维布景，绘制这种布景画面的颜料更适合电灯的灯光。白炽灯泡现世之后，戏剧艺术家迅速接受了它们带来的可能性。大西洋两岸的观众都喜欢发光的月亮、人造闪电的闪光以及"把纸制雪花从舞台上刮下来"的白炽灯暴风雪。这种新型灯泡与煤气灯和弧光灯不同，可以摆放在任何位置，也可以涂染成任何颜色。19 世纪末的舞台艺术家在新技术的加持下，把灯光开发出了更多更复杂的颜色，在舞台上，通过操控多彩的灯光来把握观众的注意力和情绪，已经成为戏剧体验的一项主要内容。[5]

　　有时，演员们也会亲自带动灯光移动变化——在一场演出中，白炽灯让魔鬼的角发出了红色的光芒；爱迪生本人也加入了纽约芭蕾舞团的表演，他操纵着在每位芭蕾舞者额头闪烁的小电灯，这些电灯靠电池供电，创造出了令一些人觉得"眼花缭乱"的效果；另一个剧团在舞台上安装了带电的金属板，当舞者穿梭而过时，电流会通过他们鞋子上的电线形成连接，点亮他们戏服上的白炽灯泡。也许是受到这些精彩表演的启发，伦敦那些"赶潮流的交际花们"开始穿着带电的冠冕和胸针，把小电池隐藏在她们衣裙的皱褶里。得益于新奇又便宜的白炽灯，"只值一便士的玻璃"发出的光亮就足以"让公爵夫人的钻石或红宝石黯然失色"，一经现世便"轰动全场、惊艳四座"。一时间，廉价的电子胸针和别针成为时下最新潮的物件。不过，爱丽丝·范德比尔特夫人很快就以一件饰有电灯泡的镶钻服装艳压群雄、一骑绝尘。她穿着这件衣服出席了她家族的周年舞会，这也是最为人津津乐道的纽约季社交活动之一。

112

113

112

爱丽丝·范德比尔特的"电力的精神",1883年。

对于舞台表演者来说，光是一件强大的工具；对于伦敦的妓女和强盗资本家[1]的妻子来说，光是一种装饰品；早年照明工程领域的先驱们则把电灯当成一种自成一体的独立媒介。一些顾客对电灯的价格望而却步，还有一些则担心它的安全性，但是没有人会质疑它的美丽。照明公司以这样的吸引力为基础，他们竭力打造出了最佳广告——用电灯筹划展示了越发精致壮丽的宏大场面。早在 1881 年的巴黎世界博览会上，爱迪生的团队就树立了这样的标杆。1884 年，美国在费城举办了自己的国际电气展览会，当时展厅里的电灯灯光相当于一百万支蜡烛那么亮。正当参展商竞相吸引参观者欣赏他们的"电力奇迹"之时，这场展览的核心重头戏——一座发光的喷泉，吸引了所有人的目光，它看起来就像"一丛丛斑驳陆离的液态火焰不断变幻着形状"。[6]

在 19 世纪晚期，电力公司与政府官员通力合作，共同举办了世界展销会和博览会，借以展示照明器具的艺术性，并向公众推销电灯。在大多数展会上，电气行业都拥有自己的展厅，但是，展销会本身才是最大手笔的广告，尤其是对那些天黑以后才来的游客而言。在 19 世纪 80 年代初，这项技术还算相当新奇罕见，博览会大可以只靠新技术别致稀奇的特性吸引来一大群人。游客蜂拥而至，只为提前瞧一眼光秃秃的弧光灯发出的刺眼光芒，希望能够有机会近距离欣赏这项技术。1883 年在威斯康星州的一次博览会上，一位参观者说："电

114

---

[1] 强盗资本家通常指借助了技术或商业模式上的破坏性创新，才得以攫取财富的资本大鳄。——译注

灯机械吸引了每一个人。无论一个人是否受过教育，这项伟大的发明都会自然而然地引发他的兴趣。"[7]

每一届大型世界博览会都力争超越其他所有博览会，提供最令人惊叹的电子奇观。例如，在 1888 年辛辛那提的一百周年庆典上，预告会有一座"精灵喷泉"，"她的光辉永远无法被复制"，还有"流光溢彩、花样繁多"的街头灯饰，此情此景简直无与伦比。1890 年，爱迪生那座高达 65 英尺（19.81 米）的灯塔在巴黎首次亮相，吸引了很多人前往参观明尼阿波利斯博览会。该博览会上还有一汪满是彩色灯泡和金鱼的倒影池。这些由新兴电力公司筹划举办的展览活动，取悦了大批游客，同时也强有力地传达了一则信息，即工业资本主义能够支配自然，以及电力将在这个国家不断探索、追求更加美好的未来的过程中发挥关键作用。历史学家大卫·奈（David Nye）认为，这些博览会让数以百万计的人畅想起未来的电气化城市——一个井然有序、优雅精致、光线充足的人造环境。[8]

1893 年，美国在芝加哥哥伦比亚博览会上举办了一场迄今为止最为盛大的灯光秀。西屋电气设立了世界上有史以来最大的发电厂，举行展会的场地上汇聚了比整座城市还要多的灯光。展销会临时搭建起来的学院派建筑给人留下了深刻的印象，建筑的拱门和屋顶轮廓线上镶刻了成千上万的白炽灯泡，仿佛"其顶端有无数颗钻石在闪耀着"。从远处看，它们的倒影仿佛在大盆地湖泊里舞动，尤其当每天晚上喷泉开启时，如斯景象更加让人目眩神迷。这一大墙"发光的水"有 50 英尺（15.24 米）高，就像一块闪闪发光的画布，电工学家们在这块画布上耍着"19 世纪的堂皇把戏"，"用色彩装点水滴，将之化作了一颗颗宝石……水滴像紫水晶、珍珠、祖母绿、绿松石或蓝宝石一般爆裂翻腾着"。一柱强力的聚光灯让人们的目光聚焦在这令人目眩的缤纷灯光上，凸显了雕像和出挑的建筑景观，将它们"从夜晚的灯光下拖到了光华灿烂的正午中……就像黑色天鹅绒上缀着的一点点象牙"。[9]

就像历史学家们经常提及的一点，参加展会的人会心怀敬畏地凝视着芝加哥博览会上"白色之城"里的新古典主义风格的建筑、林荫大道和喷泉，但是他们也会在中途涌向那些更加不拘一格、下里巴人的娱乐项目。比起学院派艺术，新一代娱乐企业家受巴纳姆的启迪更多，他们提供了一种不同的文化体验，历史学家约翰·卡松（John Kasson）将之称作"浮华喧嚣的异域风情项目"。比之气势恢宏的"白色之城"，博览会半途的娱乐场上并没有那么多的灯光，但由电力带来的热闹丝毫不少，娱乐场创造了一个利用光线诱人深入的世界，而且无须消弭所有阴影，为"波斯的爱神宫殿"（Persian Palace of Eros）之类的景点预留下了空间。事实证明，高耸于宏伟的"白色之城"及半途娱乐场上空，由费里斯（Ferris）一手打造的"摩天轮"才是博览会上最受欢迎的景点，每一晚都有超过 2000 只灯泡在上面发着光，"犹如一个火圈"。[10]

各式电力奇观在全国主要博览会上大获成功，娱乐场所受到鼓舞，也竞相增加灯光。一家杂志嘲讽了一个海滨度假胜地的酒店老板，他妄图在"今年夏天大捞一把"——因为他已经在喷泉附近的草坪上安装了一盏电灯，还在首席办事员的衬衫前襟也安了一盏电

爱迪生公司的灯塔在许多博览会上成为人们关注的焦点。

灯。不过，很少有人及得上房地产开发商伊拉斯塔斯·威曼（Erastus Wiman）的宏图大志和勃勃雄心，他把自己的财富押在电气化娱乐勾人的诱惑力上。19 世纪 80 年代末，斯塔滕岛仍然距离大多数纽约人的生活很遥远，但威曼却斥资买下了大片土地，连带着将铁路和轮渡服务也收入了囊中，寄希望于将这个区变成"最伟大国家里最伟大城市的最伟大郊区"，从而大赚一笔。他计划凭借价格适中的电子娱乐项目吸引纽约人来斯塔滕岛游玩。他在海边建造了一个大型综合性娱乐中心，里面有一家不会搬走的马戏团、一个板球场和一个为他自己的"大都会"棒球队营建的棒球场，这个棒球场有时会用以举办夜间比赛和一系列史诗般的夏季盛会。在设施落成后的第一年里，他主持了野牛比尔的西大荒演出（Buffalo Bill's Wild West Show），向正在快速消逝的西部边疆风貌致敬。西部边疆风情将美国人对闪闪发光的奇观场面的现代迷恋和美国神话般的过去完美地结合了起来，这支由 250 名牛仔和印第安人组成的剧团在数百盏弧光灯的光束之下熠熠生辉。他们在 9 盏巨大的聚光灯的扫射下，表演捆绑、射击、摔跤以及放牧水牛、家牛和驼鹿。这场演出在一个晚上消耗的灯光可能比达科他所有的蜡烛和煤油灯一整年释放出的光芒还要多。[11]

　　夏日时节，纽约人会趁晚上买一张威曼的渡轮船票，逃离炎热的城市。他们在前往斯塔滕岛途中，享受着港口凉爽的微风，凝视着这座城市日渐被电线占据的天际线，还能近距离欣赏一番新自由女神像，她的火炬上装饰着一盏强力的弧光灯。但如斯景致只是威曼给客人们上的一道开胃小菜。游客会发现岛上"艳丽的海岸"是一处金光闪闪的仙境，里面到处都是好玩新奇的玩意儿，是一个能够欣然接受威曼所谓"放松消遣之福音"的地方。草坪上一串串彩灯看起来就像是"一条条白花花的宝石腰带"。游客们在草坪上悠然散了一会儿步后，欣赏了一场乐队音乐会，音乐会以一曲小号独奏落幕。不过，当晚活动的高潮是威曼那座巨大的发光喷泉表演。25 人操纵着 15 根水柱喷射器，将水流射到 150 英尺（45.72 米）高的空中，1000 盏带色的爱迪生白炽灯流转的华光为每一束水柱都染上了颜色，弧光灯强力的光照似是在撩拨玩弄着这些水柱。《纽约时报》的一名记者写道："人们看到水正处于劣势之中，这是液态事物很少会遭受的情况。"间断喷发的喷泉看起来就像"炽热的银"融进了"血红色的水柱中，再落下时又成了紫色的水沫"。整个海港都能看到这些如火的水柱，吸引了纽约市民沿着炮台公园（Battery Park）一路漫步。美国人曾在大型的公共展览上看到过这种奢华的灯光秀，伦敦和巴黎也将这样的灯光秀引入城市中最为重要的公共公园。现在，电子照明式喷泉进入了商业娱乐领域，只需购买一张价格低廉的门票，人们就能在任何一个晚上享受到这种令人目眩神摇的灯光。威曼以美国马戏团老板素来喜欢大场面的作风，向游客们保证他的喷泉是世界上最大的，也比欧洲的任何喷泉都要漂亮。[12]

　　整个 1887 年的夏天，威曼的渡轮每晚都要载上一万到两万名付费游客。他们不仅会去参观威曼的喷泉、马戏团和棒球队，还会观看当年最为盛大夸张的表演——《巴比伦的陷落》。威曼坚持认为，这不是普通的烟花表演，而是"一曲波澜壮阔的历史戏剧"。1500 名演员和舞者身着在巴黎设计的精美服装，在一个巨大的舞台上翻腾跳跃，舞台上闪耀着"科技所能实现的最为明亮强力的电灯灯光"。就在 300 名木匠为舞台布景作最后的润色时，一道闪电把"通天塔"击成了碎片，就算是以戏剧性演出著称的巴纳姆也无法料到剧情会有这样一番顿挫波折的发展。演出继续进行，整个夏天，只要买了船票并支付 25 美分的入场费，在这里不分轩轾、无论贫富贵贱都能得到餐饮服务。较为体面的那一拨人声称他们来这里不是为了赶热闹，而是为了接受这堂明亮的历史课的熏陶。威曼夸口说，至少有一千名牧师来看过他的节目并表示支持。其他人则是冲着火球、燃烧的城堡、飞箭和诵经念咒的迦勒底祭司而来。《纽约时报》一位评论家对这部剧的魅力进行了总结归纳，正如他所言："任何事物的衰落，尤其是像巴比伦这样寓意丰富的文明败落，对这个星球上的居民来说永远都有巨大的吸引力。最重要的是，去'巴比伦'很容易。其'陨落'早在9：30 就结束了，如此一来我们就能赶在晚上 10 点之前回到城市。"唯一会批评反对这个节目的可能是大都会棒球队的球员，他们的球场与舞台相邻；整个赛季，任何落在巴比伦布景里的击球都被判定为场外一垒安打。[13]

　　强硬的煤气灯支持派人物希肯卢珀上校，带着他的家人千里迢迢从俄亥俄州赶来观看这些奇妙的表演，并在他的日记里写道，最大的亮点在于"近四百名衣不蔽体的年轻小姐经过培训后所展现的动人舞姿"。1000 盏爱迪生弧光灯和白炽灯照耀的舞台，占地 6 英亩（24281平方米），有一个街区那么大，但是希肯卢珀却对这样的电灯灯光展示不置可否。当然，电灯支持派注意到了这一点。他们把《巴比伦的陷落》吹捧为纽约历史上最伟大也是"最蔚为壮观的艺术杰作"，称它"在很大程度上代表了电灯的胜利"。[14]

119

　　尽管演出节目很受欢迎，而且威曼于次年夏天上演的戏码——《尼禄火烧罗马城》，取得了更大的成功，但是他对斯塔滕岛的规划很快就破灭了。他的建设规划是基于电子娱乐项目能够引来人流这一前提，但是他的发电站在 1891 年惨遭焚毁。1893 年大萧条时期，他被迫卖掉了大都会棒球队，随后又卖掉了他的游乐园。他又因为伪造支票进了监狱，随后不久就去世了，死时身无分文。只有他那一尊了不起的喷泉被保存了下来，并挪到了芝加哥林肯公园里的一处新地方。在夏天的夜晚，会有两万到三万人聚集在那里欣赏这一奇观。[15]

　　尽管威曼的悲惨结局令人唏嘘，但是其他企业家仍然在他的基础上继续着这样的事业——将电气灯光构筑的奇观异景视作商业娱乐的卖点进行推销。几年后，这一发展趋势达到了高潮，科尼岛转型成一个光彩夺目的"欢乐之城"。科尼岛是位于布鲁克林区偏远边缘的一块狭长沙地。1879 年，这里竖起了第一盏弧光灯。这些年来，缺少自由活动空间的城市居民来此地享受海风。弧光灯甚至勾起了一些人在夜间游泳的想法。《纽约时报》认为这是一种"电力带来"的"疯狂狂欢"。但是这个地方也以经常出没小偷和赌徒闻名，"没有哪个体面的人愿意被人看到自己出现在这里"。后来，这一切都改变了。那个时代一些最伟大的娱乐企业家在那片海岸上建起了大型游乐园，他们在科尼岛上点亮的灯泡，其数量之多，甚至站在 4 英里（6.44 千米）外海面上的船只里都能看到。这使得这座岛成为许多移民在新世界看到的第一道景色。科尼岛不再是"社会的疮疤"，而是"世界上最广阔、最好的演出展示场所"。[16]

　　在天气暖和的月份里，科尼岛每天都会迎来大批游客。不过，许多人最喜欢的是这里的晚上，因为一到夜晚，这里就成了"彩色灯光下浪漫的童话王国"。在夏季的晚上，成千上万的人以低廉的价格购买了门票，然后进入三大游乐园之一。他们兴致勃勃地观看重现庞贝城陷落或约翰斯敦洪水的表演，参观仿制煤矿模型和"大城市的下水道"，乘坐滑梯、秋千、摩天轮和环岛过山车。但许多人都说，这里最吸引人之处是能够看到"各式各样的人们"都像孩子一样玩得很开心。绊倒行人的螺旋形滑槽、哈哈镜、喷射出压缩空气吹扬起毫无防备的女性的裙子，以及像"酒桶之爱"之类的游乐设施——公园的设计师巧妙地安排了这种简单的民主交流，从而也为让人们互相拥抱或至少引起彼此的注意创造了大量机会。[17]

　　批评者嘲笑游乐园是"用人造的发明干扰人造的生活秩序"，是新的大众商业娱乐形式严重过剩的表现。但是科尼岛的成功证明，大批美国人会为了看便宜的热闹和稚气未脱的同志情谊而集结排队。这也印证了电灯作为一种工具的价值，它能让人们产生愉悦的情绪和信任感，许多人都无法抗拒这样的体验。每天晚上，科尼岛上都闪耀着数以百万计的灯泡，这样的诱惑是独一份的，刺激着人们的感官，令他们陷入狂热，所有人所有事都变得纤毫毕现。与此同时，灯光给予人们一种安全感，鼓励顾客放开手脚，纵情享受这种方方面面都经过精心设计却会令人神魂颠倒的体验。来自不同社区、不同行业的美国人暂时从阶级、性别和种族的窠臼中解放了出来，没有恐惧也没有猜疑地混迹在一起。就像城市警察为了驱赶罪犯竖起了明亮的路灯一样，科尼岛的璀璨灯光似乎也使犯罪和危险变得不可想象。一位游客对此这样评论："在眼前光线这么明亮的公共场合里，还能动心思抢

121

122

夜晚的月亮公园，约 1905 年。

劫或哪怕只是搞个最温和的小骗局的罪犯，其敬业精神配得起拿走他们的赃物。"[18]

这些娱乐中心当中，最大的就是月亮公园，它将发电机本身打造成了一种展品，表达了其对教育的一种认可，反映了游乐园对电子博览会所开创的照明奇观艺术的感激之情。嗡嗡作响的机器在铺着白色珐琅瓷砖、涂着金色油漆的环境里闪烁着，一位戴着白手套、穿着铜纽扣制服的电工监督着它。他随时准备给所有愿意聆听的人上一堂有趣的课，讲解一番这个正在震动的神秘力量，它为园区内所有的娱乐项目提供着动力。

科尼岛的成功让全国上下的电力公司都产生了浓厚的兴趣。游乐园为周末和夜间来游玩的客人提供了电动推车服务。虽然夏日白昼的日照时间往往会长到影响电力公司的效益，但是科尼岛却使得夏季的夜晚产生了对电灯的需求。不久之后，许多其他城市的拖车业主和公用事业公司也纷纷出资建造了他们自己的"微型复刻版科尼岛"，每一座都充分利用了大量五彩缤纷的灯光以吸引顾客，营造出"合家欢乐的安适氛围"。《电气时代》（Electrical Age）指出："美国人民素来喜欢吹弹歌舞、逗笑娱乐的活动，而目光长远的企业和人们早就意识到了这一点，要赚大钱就得迎合人们这种追求快乐的本能。若是没有电灯的帮助，他们是没有办法实现大规模成功的。"[19]

在短短几年之间，各大城市公园和公开展览也迎来了同款电灯，并受到了人们的热烈欢迎。这种灯光不仅被引入新的大型娱乐商场，还走进了"三流理发店、廉价小餐馆、露天花生摊位和平价拉格啤酒吧，在这些地方也能看到民众聚集"。拱形购物游廊街和电影院也会

123

1904 年，科尼岛上的电灯冲浪浴。

用"多彩的灯光组成的漂亮星座图案"来招揽手里有几个闲钱的顾客。在纽约劳动阶级聚居的包厘街就能看到世界上最光彩溢目的区域之一。[20]

除却这些娱乐场所，新的公共照明系统也孕育出了城市人民丰富多彩的夜生活。夜幕降临后，邻里街坊待在门前露台和人行道上也越发有安全感了。年轻的男孩子在路灯下打曲棍球，街头艺人、传教士和街头摊贩吸引人群在夜间驻足，公园和林荫大道也延长了开放时间，为人们求偶、散步行了方便。在冬季，城市滑板公园很晚才关门，有人这么评价——"没有电灯的平底雪橇滑行场是不完整的"。在亚特兰大，年轻的女士们请了一位"教授"在桃树大街的电灯下教授她们"如何在轮子上保持平衡的艺术"——也就是骑自行车。在圣路易斯，灯光照耀下正进行着一场"大型双骰子游戏"。由于灯光明亮，警察在试图抓捕他们的时候就打草惊蛇，多数赌徒见势不妙老早就给逃了。在洛杉矶，禁酒主义者们利用两盏电灯吸引群众参与他们的街头路演活动，不过，听众基本都对这个所谓的"神圣事业"嗤之以鼻，而且在一位记者看来，这些人本身似乎"就迫切需要被施以最为严厉的禁酒措施"。[21]

世界商品展览会、游乐园和娱乐区为电气化娱乐发明提供了试验场，创造了一种涉及新兴的城市夜生活文化方方面面的美学观。就在爱迪生在门洛帕克的演示结束了几个月后，一些波士顿棒球迷就想着要把这项新技术应用到美国的棒球运动当中去。1880年9月的一个晚上，两支来自市内百货公司的队伍在南塔斯克特海滩上的白炽灯光

包厘街区的电气化夜生活，1891 年。

下对战。一些观众认为光线"非常强烈，但也还算赏心悦目"，而球员们将之比作在月光下比赛。三年后，印第安纳州韦恩堡的新的珍妮电力公司希望在它家更加明亮的弧光灯下举办一场比赛，以招徕人气，它在场地周围装配了 20 只电灯，吸引了好几千名观众前来观看一支职业棒球队和当地卫理公会学院的校棒球队之间的比赛。支持者们将韦恩堡误传成首个在"人造太阳的光芒下"进行棒球比赛的城镇，他们预计这一"历史性"壮举将使韦恩堡的名字"传遍世界上每一个有人的角落"。不过，大多数人认为这个尝试是"一场彻头彻尾的失败"。纽约的一位体育记者语带讽刺地建议马球场效仿韦恩堡，让蜂拥而至的球迷们看一看他们喜爱的球员"手提着灯笼在球场上左顾右盼找球"的样子。[22]

　　在 19 世纪后期，公众对棒球热情倍增。球迷们乐意在球场上花钱，但是比赛只能在白天进行，只有那些被一名历史学家称作"富裕、失业或正在上学的孩子们"的群体能够到场观看。球队老板意识到，如果他们能挑个凉爽的晚上举行棒球比赛，由于那个时间段大多数人都下班了，必然能赚得盆满钵满。1893 年，一位体育记者推测，只要有人想出了在棒球运动中恰当地应用电力的办法，"这项运动将具有不可估量的盈利可能性"。在全国各地，想要再额外多赚点门票钱的球队会举办夜间比赛作为创新之举。一些球队甚至会尝试使用磷光球。不过，大多数球迷都把夜间棒球赛当成一场"闹剧"。因为投手不得不放慢速度，让击球手有机会看到球，而外野手们则需要艰难地应付阴影和刺眼的光线。爱迪生也曾尝试解决这个问题，但是未果。在康涅狄格州哈特福德市第一次尝试举办夜间棒球赛后，当地报纸的报道是这么描述的："只打了几局，没有人知道比分。"在 20 世纪 30 年代技术进步之前，夜间棒球一直只是职业棒球界那些没什么影响力的小联盟玩的新奇玩意儿。[23]

当有人建议在灯光照明下举办赛马比赛时，就有保守的"王者运动"[1] 保卫者挖苦过这个想法。1881 年，当时电灯技术尚处于起步阶段，纽约一家赛马公会的一位会长就宣称："简直没有比之更加荒唐、无益的做法。""我们为什么要在大晚上遛马？我们明明可以随时挑个白天骑马。"十年后，圣路易斯的一条赛道号称首次成功实现了电力照明的合理应用，赛道沿途密集地安装了白炽灯泡，转弯处也满是聚光灯。观众们前来观看第一轮选拔赛，只为检验灯光效果到底如何。他们离开时还热烈地讨论着他们所看到的"极为美丽"的景象，对此赞不绝口。有人这么形容当时的场景——被照得通亮的跑道构成了一幅"引人注目的画面"，而赛马骑师们身上花哨艳俗的丝绸衣服在灯光下尽显华美。每一场比赛的最后一个转弯看起来都比以往任何时候更加激动人心，马匹从远处的阴影中凸显，在灯火辉煌的大看台前疾驰而过。在这个视野更加清晰的区域，当骑手们飞速冲过终点线时，他们的表情似乎都清晰可见。[24]

大多数运动项目都曾做过类似的尝试，起初见识了这些奇观的观众们的反应也大同小异。他们发现，在灯光下观看一场体育赛事，并不仅仅只是白天同一件事的昏暗模糊的复制品。强烈的灯光和对比鲜明的阴影给熟悉的场景带来了一种新的感觉，多了一种生动的戏剧效

---

[1] 指征战，后指赛马、打猎等运动。——译注

果。随着 20 世纪早期技术的进步，许多人都说他们更喜欢观看夜间比赛，这一发现在当时实属出人意料，不过，在夜场比赛带来的新鲜感消失殆尽很久之后，许多人似乎依旧保持着这样的偏好。

电灯颇具趣味性的表现勾勒出了一幅朝欢暮乐的新城市景观——游乐园和体育场馆、剧院和商业区等地方被划出来专供人们休闲娱乐。这些光辉灿烂的美国生活一角只是最为鲜明地展现了 19 世纪晚期整个文化氛围中传播的一种新美学观念。这束光同样也与美国人的节日观念交织在一起，它作为一个重要的视觉维度，将人们在一整年里难得让自己放下手中的工作、纵情享受的那几个日子标记出来。德国人在常绿树上点蜡烛的传统，已经成为维多利亚时代大西洋两岸人民庆祝圣诞节活动的重头戏，这种古朴但危险的做法让许多家庭在欣赏他们的圣诞树之余，不得不先备好毯子和水桶。[25]

爱迪生公司伟大的灯光设计师路德·施蒂林格尔（Luther Stieringer）很快就发现，利用白炽灯泡，也许能将圣诞树变成一种更安全且更加奢华的装饰。在 1884 年的波士顿博览会上，他在一棵 45 英尺（13.72 米）高的树上满满当当地挂了 300 多盏彩灯，这些灯由 24 条不同的电路控制，通常可以伴着音乐的节奏以各种不同的组合方式点亮和熄灭。这种"奇异美丽"的效果震撼了观众们，他们认为这样的景色是独一份的，尽管他们不会一直这么觉得。每逢新的节假日，精彩就会加码，灯光设计师们在短短几年内陆续增加了更多精致的闪光灯泡、旋转的树架以及壁炉边冰冷但逼真的人造火焰。一名旁观者感慨："这样的幻象太完美了，即使知道这是骗人的把戏也丝毫无损房间里的欢乐气氛。"就像巴纳姆的精彩表演和科尼岛一样，明亮的灯光很快就赋予圣诞节与日常生活时空相隔离的特性，每个家庭在圣诞节里都能分享到一种孩童般的快乐，明亮的色彩为他们带来了精神上的放松。商家们很快意识到，他们可以利用灯光为顾客提供相同的体验。他们用精心设计的橱窗陈列来吸引顾客，并用充足的彩色灯光来装点店铺，让顾客分不清庆祝和购物的区别。[26]

电灯从没有在 7 月 4 日 [1] 成功取代烟花，成为美国人放出明灭闪耀光芒的选择，也许是因为这个节日与美国工业化前的岁月之间的羁绊。但是到了 20 世纪早期，美国人已经开始将电力的乐趣融入跨年夜的庆祝活动，将其加入饮酒、抛洒五彩纸屑和吹喇叭等传统项目中。在 1906 年的最后几秒，时代广场上镶满 125 盏爱迪生电灯的电子球首度降下，但在此之前，狂欢者们用聚光灯、日本灯笼和其他电子灯光表演来庆祝新年。事实上，市中心灯火通明，人们为了庆贺午夜的到来，不得不先关灯几秒钟，然后再在关键时刻开灯以示隆重。喜欢摆阔的餐馆为顾客准备了一些特别的服务，为节日大餐增添了一些情趣。顾客在灯光重新亮起时能看到一面展开的美国国旗，或者一位穿着丘比特服装的年轻女子，手拿一只象征丰饶的山羊角，不断抛掷里面的鲜花。[27]

灯光在政治运动中也发挥了越来越重要的作用，那些镀金时代的民主狂欢激发了众多美国人的激情。1884 年，詹姆斯·G. 布莱恩（James G. Blaine）竞选总统时，纽约人民参加了该市历史上规模最大的游行之一。夜幕降临许久之后，成千上万的人挤满了人行道，《纽

[1] 美国独立日。——译注

约论坛报》（*New York Tribune*）称这一奇观"惊艳眼球、震颤人心"。来自全国各地的乐队和游行者手持常见的火炬、彩灯和冒着火花的罗马蜡烛，但所有的评论员都认为，在这"接连迭起的辉煌光芒"当中，最引人注目的是来自爱迪生公司的游行队伍，他们每个人都戴着发光的电灯头盔。这支队伍在爱迪生这位伟大发明家的带领下，拖着一台蒸汽发电机前进，每个人肩上都有一根电线连接着头盔和这台发电机。当他们经过检阅台时，他们头盔上的灯泡闪烁着，而他们的蒸汽机同时还起了第二重作用——拉响了一架蒸汽笛风琴，为他们的候选人演奏了一曲小夜曲《征服者万岁》（"Hail the Conquering Hero"）。爱迪生从这一场宣传中获得的好处可能比布莱恩还要多，布莱恩在几天后的选举中败给了格罗弗·克利夫兰。从那时起，电灯吸引注意力和激发热情的力量，使它成为政治竞选运动的重要工具。等到了世纪之交，威廉·詹宁斯·布赖恩（William Jennings Bryan）为总统竞选进行了精彩壮观的拉票宣传活动，在几场重要的演讲活动中，他使用了各种噱头：大量的聚光灯、照亮的肖像画和用白炽灯泡拼出他的名字。[28]

电灯振奋人心的力量毋庸置疑，只是有些人担心人们会对这种刺激上瘾。酒吧里令人心醉快活的灯光和烈酒相辅相成，中产阶级禁酒主义改革者担心，工人阶级男性会经常受酒吧里此种氛围诱惑而沉溺其中，远离家庭。在劳累了一天之后，当酒吧的灯光亲切地向人招手时，谁又能忍受晚上和家人挤在一间狭小而阴暗的公寓里，只有一盏煤油灯或者一根冒着烟闷闷燃烧的脂油灯芯来照明？因此，城市改革

130

爱迪生公司的"手电筒游行"（1884 年）。

者进一步推动了照明普惠大众的进程，只有当工人家庭能够享受舒适明亮的房屋、具备安全照明设施的游乐公园，以及有"光线充足的阅读空间及俱乐部聚会室供工人们使用"时，社会才可能在对抗酒类贸易的腐败影响方面取得进展。当纽约大都会艺术博物馆等大型公共机构安装上第一盏灯时，其提升文化的使命所影响的范围得以扩大，惠及更多白天辛勤工作的工人，为此改革者们纷纷拍手叫好。[29]

19 世纪晚期，美国城市电气化夜生活带来的诱惑，促成了另一个令人担忧的趋势：在农村地区，抛弃自己的农场和小村庄到城市去追寻新生活的人源源不断。许多人进城是为了挣钱，但也有很多人过来不是为了发财，而是为了追求更加丰富的社交生活。有人曾言："无论是对于寻欢作乐的人来说，还是之于追求'谈笑有鸿儒，往来无白丁'的交往层次的人而言，乡村地带都是沉闷无趣的。因为在当今这个时代，城市既是智慧的中心，也是财富的中心。"尽管所有人都知道，镀金时代的城市拥挤不堪、污染严重、腐败堕落，但是这些城市提供了越来越多在美国罕见或者从未有过的服务——不仅仅是扩展了晚间娱乐活动的外延，还涌现了各种伟大的图书馆、演讲厅、艺术博物馆和民间团体。正如一名亲历者对此的描述——"娱乐的欲望"在其中确实起了一些作用，但是也有来自乡村的迁移者们的功劳，他们也在争取"更好的社会环境、教育条件和宗教氛围"。[30]

这种趋势与这个国家长期以来的信念相悖，即美利坚合众国的命运掌握在拥有土地的独立农民手中。小教堂的讲坛和演讲大厅里的政论专家们秉承总统杰斐逊的政治传统，继续谴责着城市对国家道德和身体健康的腐蚀破坏。据乔赛亚·斯特朗（Josiah Strong）所言，快速发展的工业城市"对我们的文明构成了严重威胁"。另一位改革家查尔斯·洛林·布雷斯（Charles Loring Brace）也坚定地认为，帮助城市里大量陷入困境的贫困儿童的最优办法，是把他们重新安置到农村去。将孤儿从"大都市的黑暗之地"解救出来，再由"优良的乡村家庭"收养，阳光和新鲜空气是治愈这些孩子的一剂良药，他们在进行体格锻炼和高尚的体力劳动之后，将会成长为有担当的公民。这样的措施对一些人来说是有效的，但是社会工作者惊奇地发现，许多贫民窟居民不太乐意搬到农村，而且每年还有成千上万的农村男女朝着反方向迁移。正如一位城市问题专家所言："所有阻止城市发展、企图遏制人口向城市流动的努力都是徒劳的。这个时代的伟大社会运动是大势所趋、势不可当的。"[31]

不仅在干旱肆虐的西部和贫困的南部地区，而且在曾经相当繁荣的新英格兰和中西部地区，都发生了农场被废弃、村庄人口减少的现象。许多从农村迁往城市的移民并不贫穷也不绝望；相反，他们是相对更加富有、更有抱负的人，以及充满希望的年轻人。一些评论家将农村人口减少的趋势归咎于媒体。城市报纸和杂志将强大的新印刷机和铁路网络的影响力延伸到了遥远的乡村。虽然农民的儿女们发现，在城市报刊的版面上，他们常常被揶揄为"乡巴佬和土包子"，但是他们也窥见了城市里有一种"更加精彩的生活"正等待着他们——午夜开放的花式舞会、球赛和游乐园，整夜灯火通明的豪华酒店和林荫大道，以及那些在农民和乡村居民就寝许久之后才会挤满食客的餐馆。电灯的灯光感召着许多美国乡下人，这些农村人追随着光芒到更加刺激的现代世界里寻找乐趣和机遇。一位在那段时期移居城市的年

1890 年，散步者在纽约麦迪逊广场享受灯火通明的夜晚。

轻女性这样总结她的感受："即使有人拿着一张我平生所见最好的农场地契给我，条件是要我回乡下生活，我也不会接受的。我宁愿在城里挨饿。"

有很多原因促使美国文化权威从农村"腹地"向城市中心转移，城市电气化的夜生活带来的诱惑只是其中之一。但是，也许比起其他事物，电灯是更能够凸显这种变化的一个明显标志，电灯光束的延伸轨迹划出了美国农村的过去和城市的未来之间的界限。一些美国乡下人涌入城镇是为了享受电气化文化所带来的一切乐趣。还有另外一群人赶到城市里是希望能够帮助创造电气化娱乐项目。这些男男女女跟随着爱迪生的脚步，自信自己拥有伟大的发明创意，很快就能给世界带来惊喜和快乐，也许还会让他们发财，这一点同样很重要。

第六章

有创造力的国家

　　1884 年，费城富兰克林研究所组织了美国第一场大型电力展览会，其规模相当于三年前的巴黎博览会。其他欧洲国家的首都已经效仿法国举办过此类技术博览会，而且每一次都确认了美国在电灯照明这一新领域的领先地位。这个国家蓬勃发展的创造力令许多欧洲观察家震惊且警觉，他们眼睁睁看着美国公司为欧洲的城市提供照明服务，市场上充斥着由美国佬的作坊和实验室开发的一系列"新想法和新应用"。现在，富兰克林研究所将邀请全世界的人来到费城，以考察当前这些技术的进展，并感谢美国发明家在塑造世界电气化未来方面所发挥的重要作用。[1]

富兰克林研究所成立于 1824 年，旨在鼓励工匠和科学家之间进行富有成效的交流。该研究所效仿欧洲类似的科学协会机构，开办
136　　讲座、课程，出版期刊，经营图书馆，通过向做出技术创新成就的"杰出工人"颁发奖章来鼓励实用技术领域的创新。其中就包括查尔斯·布拉什。他在 1878 年因在发电机改进方面的成就获得了富兰克林奖章，这是对这位年轻发明家的宝贵认可。长期以来，富兰克林研究所赞助了"科技与机械"每个领域的展览，但 1884 年的博览会是它第一次"完全电气化性质"的博览会。[2]

那年秋天，这场展览迎来了超过 30 万名参观者，他们到场游览了一圈专门建造的大型哥特式尖顶大厅。他们欣赏绝缘导线、管道、铁路开关、电子医疗器械、警报器和钟表的展览。他们看到了缝纫机和管风琴上的新型电动机，以及通过电流加热的鸡蛋孵化器。一名宣传员解释说："从未在美国见过有哪个展览会集结了这么多具有实验性、实用性和装饰性的电子设备。尽管这场展览规模宏大，但或许可以认为，它只是即将到来的电气时代的一个起点。"每天晚上，大厅都会熄两次灯，以展示发光的喷泉，"女士们都很喜欢喷泉喷出的五彩水流碰撞成棱柱状的水花"。[3]

这场电力史上的特别展览，标志着这个行业的飞速发展，其中包括在短短几年内就成为明日黄花的样貌古怪的发电机和蓄电池。自布拉什首度点亮克利夫兰市的一个公园，仅仅过去了七年，而距爱迪生在纽约建立第一个中心发电站也就过去了两年。曾经看似"不切实际的远见卓识"，如今已经成为现代生活中不可或缺的一部分，似乎没有人能够看到这场电力革命的尽头。

137

1884 年国际电气展览会，这是美国首次开办以这项新技术为主题的展览会。

这场展览会发挥了宣传作用，尤其为了对学童群体有所裨益而花费了一点特别的心思。不是所有人都很欣赏展会的这些做法，因为孩子们拿走了大量宣传册（虽然他们本来也无意阅读这些册子），未经允许就在走道里乱涂乱画，还擅自去拽汽笛；甚至还有一个小孩把钉子扔进了一台发电机，把机器弄短路了。这些孩子面对这些难以理解的电线、开关和电池组成的展览，以自己的方式在电气的未来里自得其乐，但是他们似乎都认为，这场展览只是他们"在费城搜奇选妙的黄粱一梦"。一家天主教期刊的一名记者就更加夸张了，在详尽描述了展会上的各式奇观之后，他总结道："我们也许可以抬头向上帝看齐，让我们的心里充满难以言喻的希望。"4

很少有欧洲公司接受该展会的邀请，他们不觉得自己能在被美国公司主导且受高额关税保护的美国市场分一杯羹。欧洲的电工学家确实参加了该活动的科学家及发明家代表大会，美国东部城市接纳电灯的速度之快触动了他们。一位英国著名科学家报告："电灯在美国的发展蒸蒸日上，比国内的情况强多了。"很多欧洲游客夸大了电灯对美国市场的入侵渗透，认为只有在美国，"电灯已经成了常规，而非例外"。5

尽管事实证明，这次所谓的"国际"展主要是美国自家的事情，但还是有八家不同的照明公司利用此次机会展示了他们的技术，积极在全国乃至全世界范围内寻找兴趣浓厚的客户。爱迪生的竞争对手之一韦斯顿公司（Weston Company）吸引游客们来到了一个"人造洞穴"，那里四季奔泻不止的瀑布进射出彩色的光芒。查尔斯·布拉什不仅展示了他的弧光灯，还邀请参观者进入一间样板会客厅，由他的新搭档英国发明家约瑟夫·斯旺发明的白炽灯为这间房提供照明。不过，爱迪生的展示一如既往技压群雄。他在自己的样板房里颇具特色地摆放着用灯光照亮的鲜花花束，旁边站着一个戴着爱迪生电气头盔的保安。他在展览大厅的中央矗立了一座"爱迪生金字塔"，塔上镶满了 2600 盏红、白、蓝三种颜色的灯，他的电工们按着各种各样的模式操纵着这些灯泡，让整个结构上下旋转。今天，任何一场狂欢嘉年华会的娱乐场里都能看到类似的表演，但是这样的表演在 1884 年可谓石破天惊。

在 11 月的闭幕式上，参展商们在会场周围组织了一排游行队伍，自称"神秘的电气性能卡祖笛"[1]。他们收拾好自己的展品之后，本次展览会的一个重头戏开始了。在以往的几次展会中，评委们仅在展览进行的那闹哄哄的几周里粗略检查一下设备就颁发了奖项。富兰克林研究所反其道而行之，决定发起电力照明领域第一个客观的消费者调查，对爱迪生和他的对手们的竞争性权利主张进行独立测试。研究所略过展览会上的电子瀑布和金字塔闪耀出的灿烂光辉，设计了一套测试方案以计量每台发电机的效率，看看谁的灯泡寿命最长。来自四家竞争公司的灯泡在一间由保安人员日夜把守的房间里进行了对决。

今天，我们把灯泡当成最为标准化且可替换的家用物品之一，但是在 1884 年，多年来还从未有过完全相同的两只灯泡。能工巧匠手工吹制每一只灯泡，其他人则还要干一项精巧的细致活——将脆弱的灯丝紧紧地扣到插在每只灯泡抹灰基底上的铂制夹子上。为了防备专

---

[1] 常用于庆典或特殊节日时吹奏的玩具笛子。——译注

利侵权，每家公司采取了不同的设计、使用了不同的工艺，但这就导致每只灯泡里的灯丝燃烧状况不尽相同，薄弱点会恶化，还会熏黑玻璃灯罩内部，而且灯泡发光的时间越长，灯泡的亮度衰减就越严重，通常在照明 100 小时后，灯泡功率就会下降 20%。富兰克林研究所频繁对灯泡进行测量比较，以了解这些灯泡在这数天时间里的表现情况。作为推销商品的宣传点，爱迪生向顾客保证，他的灯泡能够持续照明 600 小时，但是在 1000 小时之后，他的 20 个测试样品灯泡除了一只灭了以外，剩下的都还继续发着光，而超过一半的竞品灯泡都已经灭了。虽然爱迪生的灯泡功率不及其他对手，但这并没有阻碍他最终取得胜利。他的竞争对手对这个结果发出了强烈的质疑，宣称这个测试打从一开始就存在缺陷。[6]

140　　　尽管这些互相竞争的电力公司在费城展出自己的产品，为争夺专利权和市场份额展开了激烈的斗争，但是许多参观博览会的人似乎可以抱持一种更加冷静达观的观点。这些展品似乎证实了大西洋两岸普遍拥有的一个共识，即 19 世纪将作为人类历史的转折点被铭记。技术创造在这一刻成了永恒，它不再是罕见的人类天才的偶然产物，而成为日常生活中的一种现实。新发明似乎正在迅速成为推动人类进步最重要且唯一的动力，随着人类逐步在战胜"野蛮的自然力量"的道路上取得了越来越多的令人印象深刻的胜利，这些发明发挥的威力每年都呈指数级增长。这一切是全体人类共同的胜利，因为每一种新机器和新工艺都增加了"人民的福祉，提高了人们生活的舒适度，提供了更广泛的知识"。作家们总是不厌其烦地分类梳理，记录自己这一生中所邂逅的那些最重要的发明。举例来说，其中就包括"缝纫机和割草机、蒸汽发动机、电影胶片和甘油炸药、凿岩机和轮转印刷机、硫化橡胶和酸性转炉钢、石油钻探和燃烧的水煤气、摄影术和留声机、电灯和电冶炼技术、电报和电话、分光镜和数以百计的其他发现和发明"。19 世纪的美国人审视所有这些他们祖父母那一代人所不知道且不曾想象过的事物之后，只会好奇：接下来还会有什么？[7]

这些是属于科学家和发明家的胜利勋章，与将军和政治家无关。一位记者称这些人为 19 世纪文明世界"最值得尊敬的英雄，也是必不可少的统治者"。托马斯·爱迪生是这个实用知识的新贵阶层中最伟大的一位，他的人生经历读起来就像是镀金时代的美国人最喜欢的故事：自食其力，白手起家，飞黄腾达。正如这些故事中常见的桥段，"他从一个一贫如洗的穷小子，一路赤手空拳打拼成为一名富室大家，那些不擅经营金融贸易的人被他取而代之"。尽管许多人很佩服美国最有权势的一些实业家、金融家和强盗资本家身上的"运气和魄力"，但这些人常常让人又敬又畏。而发明家的传记是一个更加符合道德规范的故事，叙述了"不知疲倦的发明家不断迸发奇思妙想"的扣人心弦的故事，又或者是讲述了一位品性顽强的天才耐着性子哄骗大自然交出"黄金秘密"的童话。[8]

发明家们的故事极尽可能地在工业资本主义的新兴秩序上蒙上了一层人性的外衣，这些故事聚焦于巨大的创造力、天才得到的回报以及发明对人类舒适生活的贡献，而不是贫富差距、权力不公这些更加令人不安的方面。爱迪生可能确实是"19 世纪白手起家的电气之王"，但他似乎是一位谦逊仁慈的君主。记者们发现他没有住在美国

141

新港的某栋豪华大厦或者第五大道上的宫殿里，而是寓居门洛帕克市那些简陋的农场建筑里。他在那里穿着油腻腻的工作服辛勤劳作，搞一些无伤大雅的恶作剧，大口嚼着雪茄，赞美馅饼的口感。没有人怀疑他的胸怀沟壑、雄心勃勃，但他的野心似乎全是为了发明，为了人类的福祉想方设法创造发明以征服自然，而不是为了个人显达或攫取权势。爱迪生曾告诉一名记者："我唯一的抱负就是有朝一日能够在不考虑成本开支的前提下工作……我不想要富人家常见的玩具。我不想要骏马或游艇——我没有时间。"爱迪生的很多竞争对手也曾和记者说过类似的话；他们也是自学成才的机械师和商人，靠创造而不是耍心机获得了成功。但是，没有一个人能像爱迪生那样引发公众无限遐想。[9]

在费城的展览上，一名雕刻家试图用青铜记录下爱迪生不断创造的新传奇。他创作了一座雕像，描绘了这位发明家发现电灯奥秘的"那一个瞬间"。为了表现现在我们一提到电灯泡就会联想到的那种"尤里卡"（eureka，意为"我找到了"）体验，艺术家展示了爱迪生连接两根电线的场景，大概是为了给他的第一个可以正常工作的灯泡输送电流。这种认为爱迪生发明白炽灯是天纵奇才灵光一闪的看法，遭到了其他电工学家的奚落。一份杂志语带嘲讽地建议这位艺术家，如果他还在忙这码子事，不妨再做两件雕塑，刻画一下爱迪生发明电报和避雷针的样子。就连与爱迪生最为亲密的实验室同事，也对这位伟大的发明家周身"神功圣化的光环"直摇其头。[10]

虽然不太情愿，多数电工学家还是对爱迪生取得的成就致以了钦佩之意。但他们也知道：电力照明背后的科学原理已经在许多国家经

那些庆祝 19 世纪结束的人们喜欢将许多改变他们生活的发明分门别类。人物前额突出的灯泡为下一个世纪的科技奇迹指明了道路。

过了数十年的摸索实践；照明系统的关键组成部分同样来自许多人的洞察力和辛勤工作；爱迪生自己的发明在很大程度上要归功于他在门洛帕克组建的团队成员的才能和奉献精神；他的几个竞争对手几乎在同一时期开发出了可以正常使用和工作的照明系统，甚至有一些人比爱迪生更早拿到关键专利，或者至少在那一连串法院还需要很多年才能解决的诉讼里，他们主张事实如此。[11]

对于发明者、投资者和专利律师来说，谁能赢得宝贵的白炽灯专利是一件非常重要的事情，但对大众而言，这无关紧要。他们无法抵挡爱迪生传奇经历的魅力，很快就开始把所有的白炽灯当作"爱迪生的发明"。公众喜欢将这位发明家视为一名孤独的天才和民间英雄。但是，在美国工业革命期间投入最多金钱和精力的人都明白，发明创造是一个复杂的社会过程，公共政策可以鼓励或者遏制这种过程的发展。因此，立法者、学者和教育工作者调查了技术创新的动机，希望更加了解这些创新是如何发生的。很多人觉得美国提供了研究这个问题的最佳案例。欧洲人通常会承认美国人有非凡的发明创造才能，尤其是在创造节省劳力的设备方面。这个国家虽然没有诞生过多少哲学家，正如一位英国人所言，"但她或许有数以百计的实干家。一个美国佬如果有了一个主意，他就会付诸实践。他不满足于读一篇文章，让别人来研究完善他的理论"。英国人作为工业发明的先驱，仍然生产着更好的产品，向世界销售着更多的产品，但是他们也忧心忡忡地承认，"现在我们了解和接触到的所有新发明都源自美国"。[12]

尽管美国在高等教育方面与欧洲国家存在很大差距，但是这个年轻的国家已经成为许多领域技术创新的领头羊，还是所有新兴技术青睐的热土，上至强大的节约人工的工业制造流程，下至省时的家居小工具，不一而足。正如一位教育家所言，由于成千上万的美国工人正专注于学习掌握"自然界未经探索过的可能性"，"极其强大的创造力"已经成为这个民族的典型特质。为什么会这样呢？[13]

爱迪生自己也不知道这个问题的答案。当记者问他为什么美国人看上去比英国人更有创造力时，他给出的答案是英国人不怎么吃馅饼。他提出的稍稍靠谱一点的观点就是，发明天才无非是"勤奋工作、坚持不懈，再加上基本判断力"。无论这些特质有多么可敬，无数和爱迪生一样拥有这些品质的男男女女终其一生都未能申请过哪怕一项专利。还有人花费时间与他共处，希望发掘出他成功的秘密。这些人注意到爱迪生博览群书的习惯、"对逻辑推演的非凡耐心"和进行"无休无止的实验"时表现出的精密计算能力。[14]

许多人认为，美国之所以有这么强悍的创新能力，是因为其不断扩大的市场和长期的劳动力短缺现象。劳动力短缺导致众多工人接触到了那个时代的新机器，鼓励人们找寻更多的技术捷径。许多19世纪的第一代技术是欧洲人创造的，但是这些创造者享有丰富的廉价劳动力，这使得他们缺乏投资更多新机器的经济动机。有人如此评价："一个人会有动力发明机器来节省劳力，是因为他雇到劳力的难度太大了，或者说他雇佣劳力的成本太过昂贵。"许多人发现，这种创新的驱动力在新英格兰出生的那些"有创造力的动物"身上表现得尤为强烈。一位英国人指出："不论这个人的教育背景如何，从事何种职业，他的大脑潜意识里总是在思索一些省时省力的法子，而且这些想法很快就能付诸实现。"同样，一些人认为，美国家庭主妇之所以创

145

造了这么多有用的家用工具，也是因为她们不像欧洲人那样能够享受到现成的廉价家政服务。相当确切地说，这个问题迫使妇女只能诉诸自己的设备。[15]

还有一些人则将美国的创造力归功于美国更为平等的教育制度，它为许多公民提供了基本的公立学校教育。欧洲的大学或许在纯科学研究领域更占优势，但是那个时代多数最为重要的发明都来自劳动人民——农民、工匠和制造商，他们努力解决日常生活中实实在在的问题。有一些人哀叹，美国的公立学校仍然停留在提供传统的阅读、背诵和简单的算术课程的水平上，没能为良好的机械教育[1]打好基础。但是，美国工人有读写能力，可以利用越来越丰富的通俗易懂的科技文献，且至少拥有实用数学的基本知识。也许比任何学术技能更重要的是，这种广泛的教育促进了思想独立和自信，许多人认为这是"自由和接受过教育的美国人"的标志。正如许多人所言，美国的机械师与欧洲同行不同，他们是思想家。"他不满足于继续沿用之前几代工人的做法……他满怀热忱和激情，对细节熟稔于胸，认真热切地考察摆在他面前的问题的方方面面，他会考虑周全，带着清晰的判断力和坚定的决心动手解决难题"。[16]

在许多城市，这种知识普及也得到了科学社团和志愿组织的支持，这些组织鼓励激发公众对科学技术领域最新突破的兴趣。这些俱乐部建立了科学图书馆，举办了一些"主题有趣且实用"的讲座，吸

---

[1] 传统教育区分自由人与匠人的教育，也就是"博雅教育"与"机械教育"。机械教育即匠人教育。——译注

引了数以百计的人前来听讲，演讲主题从"电力推进"到"霍皮蛇舞"（The Hopi Snake Dance），包罗万象。其中一些机构发展出了更为专业化的"电子俱乐部"，为年轻人提供这门新科学的夜间课程。一些规模较大的俱乐部里还有设备齐全的实验室，成员可以在那里试着做自己的实验——这里有一个有抱负的电气发明家尝试一个新创意可能需要的所有东西。[17]

在这个越来越倾向于把文化特质与遗传特征联系在一起的时代，很多人将美国善于创新的能力归功于"种族"天赋的一种表现。这种生物学层面的不可抗力令美国人成为"一支伟大的实干主义大军"。那些遵循这种思路的人认为，美国白人的血统可以追溯到盎格鲁－撒克逊族和北欧的日耳曼部落。他们认为这种玄妙的传承是美国人"身体力行、积极作为、渴望功成名就"的根源。既然美国人正在横扫整片大陆，发明似乎是他们下一个要征服的领域，也是他们宣泄渴望"征服自然"的天性的出口。[18]

这些对美国创新能力的成因解释各有各的拥趸，但是人们更加普遍地认为，美国公民之所以能创造出这么多非凡的技术发明，原因在于美国大众化的专利法律。"人类开始考虑一种积功兴业的新力量，"专利局负责人指出，"任何解释这种变化的说法，若是忽视了一个世纪以来专利法律对这种力量的促进作用，都是站不住脚的。"谁又能知道在历史长河之中有多少伟大的创意"埋没在餐巾纸里"或者被匠人们小心翼翼地奉为不可外传的行业机密？但是在美国，非同凡响的"不拘一格"的专利法律为需要公开专利的能工巧匠、机械师和

147

农民们提供了保护，让他们可以暂时以此获利，同时从更长的时间维度上造福整个州。[19]

美国宪法的起草者们承认，专利法律对全国经济发展产生了积极影响，授权国会"保护作者和发明者在有限时间内对其作品和发现享有独家排他性权利，以促进科学和实用技术的进步"。即便如此，开国元勋之中最具发明才能的几位仍然对专利在自由社会当中的价值表示怀疑。现行的英格兰式制度影响了美国人对此事的看法，议会给了国王权力将专利授予一件新产品"真材实料的第一发明者"。虽然国王本应利用这一特权鼓励英国人创造或者引进有用的进步事物，但他反而经常借此准予亲信进行贸易垄断以扩充国库。美国革命支持者们对这样的滥权渎职十分敏感，他们试图找到一种更加激进、民主的方法。有人认为国家不应干涉思想自由。本杰明·富兰克林拒绝为自己许多实用的发明申请专利，他觉得一样实用装置如果能够提升人类福祉，就应该"慷慨大方地"赠予全体人类。他在自传中写道："既然我们因为他人的发明得益良多，那么我们也应该为自己的发明能有机会为他人服务而感到高兴。"[20]

托马斯·杰斐逊也赞同这样的观点，也没有为自己的发明申请过专利。但是，造化弄人，国会任命他接手这个国家第一个专利审查委员会，这是一份委任给国务卿的工作。杰斐逊仔细审查了美国的第一批专利申请，有一段时间他甚至把专利模型藏在床底下，他很快就发现专利非常有利于"催生发明"。他依旧担心这套体系会被滥用，因此制定了一套严格的专利授予准则，这套规则对美国科技发展产生了深远的影响。他坚持主张审查人员仔细检查每一份申请，审查员理应仅向身为新发明成因的个人授予专利，并且只将专利授予具备明显用途的新设备。1836 年修订的专利法采纳了这些创始原则，一位历史学家称该次修订创立了"世界上第一套现代专利制度"。[21]

在这一套制度下，追求专利成为 19 世纪许多美国男人和女人长期关注的焦点。因为美国的制度也会对已有发明的实际改进之处授予专利，每一位操作机器的农民和机械师都能看出机器的局限性，但这些局限性不只是他们烦恼沮丧的根源，还是进行改进的可能，甚至可能是一笔财富。英国政府对专利许可收取高额费用，这既是"错综复杂"的官僚体制的一部分（有利于富人和有关系的人），也是为"高价值、资本密集型发明"支付的一部分代价。而美国政府对每份申请只收取该价格十分之一的费用，并一视同仁地为来自工人阶级的申请者举办相同的听证会。这些人可能缺乏科学训练，但是他们知道如何"将他们的想法转化为实物"。一位专利局官员解释说，就算仅仅是为了"那一点点微不足道的回报"，即使是"出身最卑微的公民"，也能有把一个好主意变成一桩有价值的生意的希望，并在一定时间内受政府保护进行垄断经营。正如一位历史学家对这种情况的归纳，美国的专利体制重新定义了天才："大多数人都可能成为天才，天才也并非独指少数人稀有的天资。"[22]

政府的专利审查员不会对一项发明在市场上成功的潜在可能性做出任何判断。申请人只需证明他或她是最初的发明人，且该设备可实际使用即可。直到 19 世纪 70 年代，这些要求还意味着发明人要提供详细的设备规格，并且把可以正常工作的设备模型放置在专利局供公众检查。就像美国政府通过设置极高的关税壁垒以支持国内产业一

149

美国专利局，既是促进发明创造的发动机，也是一处旅游景点。一位记者称其为"完美的人性学校"。在这里，"天资被发挥到了极致，贪婪则被抑制在了最低水平"。

样，专利权暂时为发明者及其投资者提供了保护，使他们免受自由市场的压力，同时也使他们的详细见解成为公开记录，供所有人效仿。发明者若想获得成功，需要有效地利用这段有限的垄断时期，为开发可行的商业产品奠定基础。专利局把对一项发明价值的最终判断留给了市场，市场给予一些人丰厚的回报，对另一些人则给予了微薄的回报，但最终成千上万的人希望破灭，这些人把梦想寄托在一个可能只配"写在餐巾纸上"的想法上。

尽管在许多旁观者看来，专利体系是构成美国式民主的重要制度之一，是鼓励发明创造、促进繁荣发展的发动机，但是镀金时代的其他人则呼吁改革这套制度，甚至取消专利。一些人抱怨专利给许多发明者造成了技术和经济层面的障碍。发明者在创造一种新设备的过程中，常常觉得不得不"绕过"先前的专利进行发明创造，这种绕道的做法有时会激发新的伟大见解，但更多时候只是浪费时间，要累赘地再为已经解决的技术问题想出一个多余的解决方案。还有另外一些人认为，19世纪发明专利泛滥，只助长了工业革命时期让人类化身机器附庸的倾向，批量生产的产品涌入了市场，这些产品价格低廉但质量低劣，还抢了工匠的生计。就像资本主义一样，发明过程本身也是一种创造性破坏，总是让经济陷入持续的动荡。仅举一例，电灯威胁到了煤气和煤油生产商的生计，还让点灯者这个职业濒临灭绝，一如他们的电灯技术使美国一度辉煌无比的捕鲸船队停泊搁置[1]。新发明

---

[1] 电灯淘汰了鲸油灯。——译注

对美国大多数重要行业也产生过类似的冲击。[23]

151　　许多农民也对专利制度抱有不满，像铁丝网这样重要工具的发明者，因为这种制度被赋予了垄断权。农民们为了减轻劳动负担而购买的每一件新设备，几乎都得支付专利费，他们要么很容易惹上官司，要么被迫给钱。这些年来，邮购公司和旅行推销员使得各种获得了专利的省力设备充斥了农村地带，从玉米剥苞叶机到预设马蹄槽模板，应有尽有。但是，客户不平则鸣，他们发现这套制度迫使他们额外支付专利费，这是一种可能极为残酷的敲诈行为，而且往往带有欺诈性质。即使这种收取专利使用费的做法是合法正当的，消费者也会认为这是一种不公平的税收而心存不满，因为这些款项流入了那些迢遥之远的公司的腰包之中。专利制度似乎是城市精英们又一番滥用权力的表现。农民协进会会员和民粹主义纲领经常呼吁废除专利制度。

　　发明家之中同样也有人持反对的观点，这些人觉得自己万事俱备、智珠在握，只差足够的资本将他们的想法推向市场。除非将专利卖给一批愿意为了分一杯羹而承担财务风险的人（地主、银行家、供应商和销售代理商），否则专利将毫无用处。一旦发明上市，如果发明者没有将专利权利出售给制造商，他就不得不利用法律手段保护他的知识产权。即便是爱迪生这样成功的发明家，也会因为这套制度而感到糟心，这套制度迫使他们在专利局和法庭上花费大量时间和金钱捍卫自己的权利。一位发明家总结分析了症结所在："如果花费甚巨得来的专利权还是只能让你自己去打一场大型诉讼官司，那么还要它做什么呢？"[24]

　　不过，尽管有着这样那样的担忧，许多美国人还是认为他们的专利制度是本国具备非凡创造能力的一个根本原因。虽然镀金时代很多白手起家的故事肯定了努力工作和坚毅高洁的品格，但也有一些不同的故事突出了那些"改进了捕鼠器"（对广泛使用的设备做出微小但重要的改善）的男男女女生活发生的巨变。有人说，专利法律创造了"获得财富和权利的机遇，这种机会是天底下绝无仅有的。贫穷的机械师在灵光乍现的一瞬间，产生了一个想法，经过自己开发研究之后，他可能就此跻身巨富之列"。传说第一个把橡皮擦安在铅笔尾部的人已靠这个想法赚得盆满钵满，富得能给他的马儿钉上金蹄掌。这是一张"彩票"，让每一个"脑筋清楚"的劳动者都有机会用大脑赚到比出卖劳力所得更多的钱。《科学美国人》认为，在这方面，专利制度是最伟大的美国大学，远比任何学校的教师的做法都更能激发"思维活力、热忱、耐心和生产力"。[25]

随着美国的发明创造力在 19 世纪爆发，专利局也面临压力，该机构做了一些改革，内容包括增添更多更有专业教育背景的检察员，以应对电力等专业领域诞生的创意所涉及的越来越复杂的技术问题。为了迎接并适应技术不断发展带来的新挑战，美国人调整了他们的专利制度，尽管如此，其他国家仍认可美国专利制度是一套成功且成熟的体系，引进了该制度并根据各自国情进行了相应的修改。一支热切渴望了解并掌握西方技术现代化模式的日本代表团，于 19 世纪 80 年代游访美国，试图探寻其经济实力突飞猛进的秘密。他们总结道："我们发现，秘诀就是专利制度，而我们也将引进这套专利制度。"[26]

公众对于专利制度优劣的争论，和当时最大最重要的社会冲突息息相关——整个工业领域日渐紧张的劳资关系。社会主义者控诉，虽

152

153 然发明者创造的机器引发了那个时代伟大的工业革命，功在千秋，但是贪得无厌的公司企业很快就懂得如何控制利用这种创造力为"少数人的富有"服务，而不是用以造福大众。他们预言了一个禁止以营利为目的的社会主义制度，在这样的体制之下，工人们会变得更有创造力，因为他们将享受到更好的公共教育，有更多的闲暇时间"任凭思想自由驰骋，取得更多的成果"。社会主义者坚持认为人们进行发明创造是为了满足一种天然具备的创作欲望，也是出于帮助他人的愿望。但是资本家买下专利权，通过收取高额的许可费用、威胁起诉他们的竞争对手等手段以限制竞争，从而有效地垄断了知识，以保障这一家公司的个体利益。在爱德华·贝拉米（Edward Bellamy）的畅销小说《回顾：2000—1887》（*Looking Backward，2000-1887*）一书所描绘的社会主义乌托邦中，19 世纪的时间旅行者发现，在 2000 年这个更美好的世界里，发明天才们革故鼎新仅仅是为了有机会为人类服务，以获得更多时间捣鼓发明，梦想摘取这个社会的最高荣誉：骄傲地佩戴上标志着发明家泽被黎民的红丝带。[27]

批评社会主义的评论家嘲讽道，这么看待发明过程简直天真得无可救药，这种观点反映了社会主义者"对现代工业世界一无所知"。无论工业资本主义有怎样的缺陷，评论家驳斥道，它都不应该因为没有支持鼓励发明家，或是无法为发明家们提供将其创意推向市场所需的资源而受到指摘。评论家承认，或许有少数怪咖进行发明创造纯粹出于热爱，但对大多数人来说，搞发明"就是为了搞钱"。还有人说："现实生活中的发明家之所以卓尔不群，通常是因为他们对金钱的疯狂欲望，以及极尽放肆地高估了他们的发明最终能给他们带来的财

富。"他们警告，如果没有了营利的动机，社会就会失去许多新发明，从而扼杀科技进步。²⁸

在工业领域，这一点似乎在美国表现得最为明显，政治民主和自由经济市场好似释放了许多人对财富、名声和权力的欲望。许多人认为，因为美国的经济制度不仅将发展的果实赐予了一小撮受过教育的精英和世袭贵族阶级，还给予了所有那些借市场之手为同胞服务的企业家，所以美国人的技术创造力正在迅速赶超旧世界 [1]。专利局则是实现这一宏旨的关键机构。美国的技术人才利用自己的野心和天赋造福人民，而专利局则为他们服务，是他们的看门人。在已经变样了的美国梦里，一些人甚至开玩笑说，一个真正的美国人如果没有至少一项专利权傍身，他会死不瞑目的。²⁹

等到 1884 年费城博览会的时候，专利局的审查员们发现，发明者们提交的专利申请几乎要把他们淹没了，这些申请涉及各色电子设备，尽是些"现代奇迹的新用途"。19 世纪末以前，政府把所有的电子设备都归类为"哲学仪器"，是供实验室使用的工具和玩意儿。但是现在，每年都有数以百计的美国人走上台前，拿出新的电气发明，希望通过在这个新兴行业发光发热来获得利益和名声。³⁰

一些关注发明家们最新的专利申请的人抱怨说，有太多的人都研究了差不多的问题。如爱迪生或亚历山大·格雷厄姆·贝尔这般伟大的发明"队长"，会为世界带来一项概念突破——然后，在之后的数

---

[1]　指欧洲、亚洲和非洲。——译注

年里，一群"士兵"就沿着这条日益拥挤的道路前进，逐步改进这项新技术。有人在对政府关于新专利的每周简报进行调查后发现，"瓶塞占据了成千上万人的思维，试图改进缝纫机的人名更是不计其数"。但是，美国专利制度支持这类针对现有机器进行的更加细微的改进，而且这种支持获得了丰厚的回报。当人们使用这些开创性的新技术时，发现了这些技术效率低下的地方和不足之处，并且觉得自己可以试着改善这些细节。虽然其中有许多不被市场认可的发明，但是这些发明的确足以推动一个可持续发展的新技术运转。

在电气领域，发明家们找到了让发电机和电池更加高效强劲的方法，还建议优化电线形式、绝缘材料和计量仪表，使用更加精准的电流调节器和一系列新型固定式照明装置以及反射镜。白炽灯成为一个不断推陈出新的技术领域。到了 1893 年，压制而成的黏胶纤维环更加便宜且产出质量统一稳定，取代了爱迪生的竹丝灯芯。这种技术由英国发明家约瑟夫·斯旺首创。制造商生产的灯泡具有多种多样的装饰形状，从星星到蜡烛火焰，再到长串的"豌豆"，还有磨砂、镀银或染色的灯泡以及安有多根灯丝的灯泡，这种灯泡可以进行调节，以释放出不同程度的光照。正当灯泡失窃成为酒店普遍存在的问题之时，又一名发明者申请了一种锁定式灯座的专利。制造商们开发出了大规模生产技术，产出的灯泡一致性和质量都得到了提高，同时也逐步将灯泡的售价从 1881 年的 1 美元一只降低到了 30 年后的仅仅 17 美分一只。电力工业对自然资源日益增长的需求也刺激了相关领域的快速发展和发明，包括电力在冶炼过程中，其新的应用方式促使美国铜产量激增。1882 年，许多人赞美爱迪生发明的照明系统每一个细节看上去都非常完美，但是实际上，他推向世界的只是一份累世功业的最初草稿，仍然有无限改善的空间。这份永远不会停歇的工作激发了越来越广泛领域中越来越多的创造力。[31]

大多数美国发明家都把他们的精力投入对现有技术一点一滴的改进上，而仍有一些人梦想着取得重大的技术突破。每隔几个月，美国各地都会流传这样的报道——预言美国人很快就能在青天白日之下见识到一样新事物，这是属于某位媲美爱迪生的发明新星的创意，他即将改变现代生活，与此同时一些幸运的投资者拜他所赐即将成为大亨。例如，在缅因州斯考希根县的一个小镇，当地的一家报纸报道一名年轻人发明了一种新的弧光灯，"他相信这将彻底变革全世界的电灯照明"。虽然没有说清楚这到底是场什么样的变革，但是他在公开场合的展示就给当地投资者留下了深刻印象。正如那位记者所言，"这项发明在识货的地方引起了相当大的轰动"，支持者们确信他们掌握了"这个国家的最佳电灯"。不过，这位仁兄的"电气宏图"和许多其他所谓的发明一样，只是昙花一现，转瞬即逝。[32]

业内人士有时会嘲笑这位心怀希望的发明家，他把自己的秘密机器当成宝一样藏着掖着，还确信自己能借此一举成为百万富翁。一位编辑一针见血地总结道："如果他确实是个老实人，那么他也是个傻瓜。"他们特别喜欢嘲讽那些似乎对热力学基本定律一无所知的天真发明家，天真发明家们要么号称设计了"150%效率"的发电机，要么试图为一款"改良啤酒龙头"申请专利，声称这款龙头能利用地球本身无穷无尽的电力。但多数观察家都以开放的心态来看待这种现象。在那些年里，美国的工厂里已经出现了太多令人惊叹的设备；太

156

157

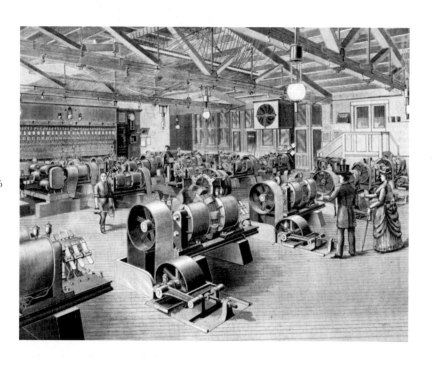

多持怀疑态度的人后来都不得不为曾经笑话某位年轻发明家的狂悖之言而道歉。公众不但没有讥笑那些心怀云霓之望的发明家们的新发明,反而热情地排起了队,等待亲眼见识最新发明的机会,希望自己能够第一眼看见那些正构筑着他们未来的机器。[33]

第七章

观察发明，发明新的观察方式

在 19 世纪后期，美国人几乎可以在每一期报纸上读到有关新发明的报道。一流的报纸和月刊都自视一所"教化百姓的大学"，为读者提供发明家的长篇个人介绍、科学新闻摘要和每日最新技术突破的报道。一些报刊会罗列每月发布专利的简要描述，尽管这几十年来，随着新发明的数量呈指数级增长，这种操作变得非常不灵便。1872年，《大众科学月刊》（*Popular Science Monthly*）创刊发行，标志着公众对科学技术新闻日益高涨的热情。该期刊面向非专业人士，登载来自欧洲的最新科学观点，并向读者提供从化石到消化不良的原因等各种信息。主编在创刊号上解释说："任何关心最前沿的科学发展方向，想知道哪些旧思想正在消亡、什么样的新思想正在被接受的人——简而言之，只要是想要对当代思想界动向有所了解的人，都应该关注科学探索的进程。"[1]

想要了解更多信息的话，还可以去读一读每周发行的《科学美国人》，该杂志是许多有志向的发明家的最爱。或者，一名喜欢探险的年轻读者可能通过研读富兰克林研究所期刊上的一篇文章，获取了足够的知识，去尝试创造自己的蒸汽发动机或发电机。电力电报这类新行业的从业工人们，会去钻研图文并茂的贸易期刊，刊物内容涵盖了对科学技术最新进展的详细讨论。甚至像《格迪女士图书》(*Godey's Lady's Book*)这样的流行杂志也满足了读者对"进步事件"的渴望，上至天文学家对火星地质的最新推测，下到采矿事故的统计数据，种种信息均告知读者，而且从来不会放过有关电灯和电力领域最新发展的任意细节。正如另一家杂志的编辑所言："现在还对电力或真或假的规律与真理都不感兴趣的人，他的思想一定是非常局限的，他的眼界也毫无疑问非常有限。"[2]

随着电力的新用途成为每日新闻的主要内容，许多美国人蜂拥去参观各种技术和贸易博览会。有些展览展示了电气研究的成果，比如 1884 年的费城展览。还有一些展会涵盖内容更加丰富广泛，其中的集大成者莫过于由纽约市鼓励科学和发明美国研究所主办的年度博览会，从 1829 年起，每个夏天，美国研究所都会把它所谓的"美国工业艺术领域各色成果"汇聚一堂，"呈现它们最佳的一面，这将是一个有趣又富有启迪意义且盛大的奇景"。它一年一度的博览会旨在"鼓励探索和改进的精神"，为发明家们提供了分享自己想法的论坛，他们可以在这里与科学界及工业领域的各色人士交流学习，让"整个国家"都关注到他们的发明成果。[3]

160 许多美国人在这些展览上第一次近距离看到了那些正在构建现代世界的发明——蒸汽发动机和车床、电报和电话、电力织布机和电动印刷机。正如历史学家艾伦·特拉亨伯格（Alan Trachtenberg）对此的评价："这些博览会是一种教育，教人们明白机器作为工具在美国特色的进步道路上起到了多么关键的作用。"我们可以从 1878 年纽约博览会的广告中一窥工业机械带来的热潮："起重机与空气压缩机械！伟大的蒸汽泵和真空泵！奇妙的（会说话的）电话机！大量有趣的操作！"每年，披红戴绿的男男女女缕缕行行挤满了展馆通道。这里有手工打造和机器制造的实物，以及即将取代多种手工物件的机器们。他们就在这些物什发出的嘈杂刺耳的声音里寻找新的感悟。他们一路巡游，欣赏着精致奇特的贝壳工艺品和木雕作品，还有假牙、可以调节的钢琴凳、针织机和蒸汽动力型印刷机等展品。有一年，他们观看了一台由蒸汽驱动的大功率钻机在展厅地板上挖出一口自流井的过程，还观赏了最新款雾号角的演示展出，他们全程捂紧了耳朵。他们见识了最新设计的透气袜带、鸡蛋搅拌器、衣物绞干机和葡萄干去籽机——这是一场关于精巧独创的机械的全方位展示，在美国人民无时无刻不在找寻工具让工作变得更加轻松、让生活变得更加惬意的过程中，他们学着将所有这些机器应用到日常生活的方方面面。[4]

在 19 世纪 80 年代早期，电力照明公司的展台是展会上最受欢迎的地方。人们蜂屯蚁聚只为观看从发电机上噼噼啪啪爆出的火花，为将展厅化作"仙境"的电之力量惊叹不已。早在电力革命之前，照明就已是集众家之所长的领域了。博览会上展示了数十种专利改良版油灯，发明家们甚至对古老的蜡烛也做出了重大改进，开发出了编织式的灯芯和更加清洁便宜的燃料，例如石蜡。纽约博览会上展出的第一批电灯产品之中有一款"手电筒"，这支现代手电筒的始祖因评委觉得"极具创意"而脱颖而出。[5]

当政府利用专利制度鼓励创造发明时，这些私人机构则采取另外一种策略来取得"精巧的物件和发明"——倚仗金钱奖励的诱惑，或者为展品支付"额外费用"。一些人嘲笑这是"大规模批发奖章"，但是展会组织者认为，这种方式能够有效激发个人的主观能动性和创造力，这个过程最终将"为国家创造巨大利益"。评委们每年都会仔细审视展出的数千件新产品，询问发明者，并对产品的独创性及市场潜力做出合理推测。他们会不屑一顾地拒绝一些申请参展的作品。其他的产品，他们声称相对"够资格代表该州技术水平"，可能也只是拾人牙慧地主张了一些屡见不鲜的功能。那些被裁定为"极为新奇有趣"的物件会携美国研究所授予的特别嘉奖荣归故里。可能是少许金钱奖励，有时也可能得到潜在投资者和制造商的青睐。[6]

如果说这些博览会是为了"传道、授业、解惑"，那么其各自的"课程"范围则千差万别。科学家、工程师和技术人员参观了这些展览，政府官员借机对电气技术进行回顾总结。其他人从这些博览会里汲取了爱国主义精神：美国的技术实力越来越强，物质生活也呈现出一派欣欣向荣的景象，这一切似乎印证了美国民主体制的优越性。正如纽约市长在1883年博览会开幕式上的致辞："哪里有思想自由、言论自由、行动自由和新闻自由，哪里就不会有不可逾越的藩篱阻隔在劳动者与知识分子或富裕阶级之间。在那里，没有最与众不同或最有用的发明或发现，只有更好更多的发明或发现。"发明似乎是一种平等的艺术。该研究所还希望这些展览能够激励劳动者和妇女们自己动手创新，当他们回到家里、农场和工作室后，会努力效仿他们在展会上看到的东西。《科学美国人》分析认为，展览参观者们离开时肯定会更加由衷地认同"现代科学研究精神"。[7]

但许多前来参加这些博览会的人并不想接受科学、政治或发明方面的教育。他们只是想开开眼界，见识一些新奇的事物。在镀金时代，快速的技术变革使人们迷失了方向，扰乱了人们的生活，但这种"困惑"的体验并不总是那么令人不快。展会的组织者明白，这种迷惘的感受能让他们的门票更加好卖，因为有越来越多的观众发现那些新的小玩意既刺激又有趣。正如一位博览会游客说的那样，"无论是文明世界中的思考者还是不用脑子的人"，都会被这些新技术铺张的展示吸引。[8]

虽然专利发明的数量连年增长，但是公众对新技术的渴望不知纪极，难以满足。参观者们抱怨说展会老是拿一些差不多的老东西糊弄人。即使是人们眼中一度显得非常神秘、新奇的大功率发电机，到了 1887 年，其吸引力也不及"乡村集市上一场南瓜展"了。展会组织者也知道，要维持参观人群的兴趣，需要提供更新奇、更壮观的展览。19 世纪 80 年代末，当美国研究所建立了一整个专门陈列电灯和电力最新改进发展的展示大厅时，参观者们似乎对这些技术展览失去了兴趣——晦涩难懂的综合复合体取代了新的奇迹。展览结束后，展会主导者哀叹道："尽管对学生和科学家来说，这依旧是个盛大而有

162

趣的展览，但是我们不得不遗憾地表示，这对普罗大众没有什么显而
易见的意义。"相反，在那名大声叫卖一种号称"令人千杯不倒"的
专利药物的商贩周围倒是聚集了不少人。他们也更喜欢看"捣碎者
马斯登"和他的新款碎石机，或者观看"解剖神庙"，那是一座 5 英
尺（1.52 米）高的哥特式大教堂模型，由一位厨师用鸡、鹅和其他
家禽的骨头做成。一位记者埋怨："这场演出缺乏此动彼应的行动。
人们希望看到电力有所作为。"公众买门票是来看科学技术奇迹的，
不是来看科技化作的平凡现实——他们想看的是闪电，而不是灵光
一现。[9]

　　到了 19 世纪末，正是美国技术革命的成功（其成果普及渗透到
了日常生活的方方面面），导致了大型科学机械展览会日渐式微。尽
管新发明彻底改变了人们的日常生活，但是展览会的赞助商们仍然会
艰难地筛除那些兜售普通专利装置的小贩，努力吸引那些真正新颖的
发明，这些发明能够给予参观者们想要的感觉——被一种见识过之后
依然迷惘无知的感受反复拉扯。然而，游客们觉得，年度展会展示的
往往都是些由商业上的骗人把戏带来的世俗乐趣，与你在城市的任何
一条林荫大道、流行杂志的页面，乃至从乡村市集上叫卖的小贩那里
能找到的东西没有多大区别。美国研究所一年一度的纽约展会，是同
类博览会中规模最大的展会，在整个 19 世纪 90 年代它一直如火如荼
地开展着，但是参观者们抱怨说："只要是消息灵通的人，几乎认得
出或者熟悉整场展览里的每一件东西。"[10]

　　一位科学教育家在对美国非凡的科技创造力进行反思后提出，最

163

好用一项发明能激发出多少其他的创造发明来衡量这项发明的"伟大程度"。按照这个标准，电灯是最伟大的发明之一。一些最重要的电灯发明不适合在博览会上展出，而且往往没有资格去申请专利。它们涉及电灯的新用途范围，没有一个发明者能够预料到，一种扩大视觉感知的工具会应用到如此广泛的领域当中去。即使是爱迪生也无法想象，警察、城市规划者、工厂主和娱乐业者们想出的多种多样使用新型电灯的方式。许多其他领域的专家也出于各自的目的改造了这项发明，成为一个范畴广泛的创造过程的一部分，这个过程或许可以被称为"基于电灯泡的社会发明"。[11]

　　例如，摄影师们几乎立即就意识到了新型电灯在改善他们的技术和生意方面的潜力。在没有电灯的年代里，专业摄影师们得仰仗阳光对他们的感光底片进行曝光。他们把工作室设置在建筑的顶层，就在天窗之下，但是他们每年仍然有许多时间会因为突如其来的天气变化（下雨、阴天，甚至城市里长期存在的烟雾尘土问题）无法营业。摄影师们很快发现，利用反射镜折射电灯灯光进行照射，就可以在白天黑夜任何时间完美地替代太阳光的光线。以此为生的手艺人和业余爱好者们反复调试了电灯和反射镜，在兴趣小组和行业期刊上分享他们的成功经验。

　　19 世纪的欧洲人和美国人，长期以来都想要看到人类认知的世界版图中残留的空白与缺失之处，去了解，然后去征服，电灯也在一定程度上满足了这一令他们神魂颠倒的旺盛需求。教授们为了探索观察夜晚的云层，把电灯带上了热气球。勘探洞穴的业余探险者们利用电灯来了解地下洞穴的构造分布，不久之后，企业家们又在"卢雷"[1]和"猛犸"[2]等大型岩洞安装了强大的照明系统，每年吸引成千上万的游客来参观这些"供展示的洞穴"。还有人则投入大量精力，利用电灯的灯光刺穿黑暗，揭开深藏在海底的秘密。正如一位海洋历史学家所言："在19世纪中叶之前，我们根本不知道自己对深不可测的广袤海洋有多么无知。"最早尝试将电灯应用于深水勘探的是一个建于法国尼斯的水下观测站，该观测站带领八名旅客领略了地表之下100多英尺（约30多米）处的风光。阳光几乎无法穿透海水抵达这么深的地方，但是游客们却可以透过厚厚的玻璃窗凝视一片被强大的电灯光束照亮的海底。[12]

165

而关于海底更深处的大多数信息，人们就只能"瞎子摸鱼"了。英国和美国的探险队利用铅垂线测绘海底地图，自然学家则通过挖掘海底淤泥，惊讶地发现了不计其数的新物种，这些奇怪生物生活的地方，没有一丝一缕阳光照射得到，水压极高。当挖掘上来的淤泥带起移动缓慢的海底居民时，摩纳哥的阿尔贝亲王希望能发现更多东西。这位亲王是新兴的海洋学狂热的业余爱好者，牵头对洋流进行了一系列开创性研究，他收集的海洋生物藏品之多之全举世闻名。为了从深海打捞到某些最为难得的生物样本，他在索具上装了一只电池供电的白炽灯泡作为诱饵。这种"电子捕鱼具"经过专门设计，可以应对具有腐蚀性的盐水和高强度的压力，事实证明，这款渔具"为了学科发展的至上追求"，"成功钓起了不少稀有罕见的鱼类"，令人类对深海

166

---

[1] Luray Caverns，美国东部最大的洞穴，位于弗吉尼亚州佩奇县卢雷镇。——译注
[2] Mammoth，位于美国肯塔基州中部的猛犸洞国家公园，是世界上最长的洞穴。——译注

摄影师们接纳了电灯，并尝试着用各种方
法将电灯灯光漫射到他们的拍摄对象身上。

的了解加深了很多。[13]

　　同一时期，另外一项"去看去征服"的尝试也获得了公众的高度
关注——各路探险家争相要成为第一个踏上北极土地的人。爱迪生本
人密切关注着这场比赛，还提出了一个没什么用处的建议，即探险家
们可以坐在 500 英尺（152.4 米）长、重达 8 吨的铁制雪橇里，沿途
拿杆子支撑着自己穿越崎岖不平的北极冰原。尽管探险家们对爱迪生
的计划并不太感冒，但他们的确很欢迎电灯来作为他们重要的探索工
具，早期探险家也利用电灯找到了正确方向，让自己穿过了北极的大
雾和冰雪。挪威探险家弗里乔夫·南森（Fridtjof Nansen）在 1893 年
的一次探险活动中携带了一只靠风车驱动的座舱灯，用这盏灯防止千
篇一律得可怕的北极夜晚摧毁队伍的士气。之前的探险队曾尝试通过
"戏剧表演和音乐娱乐"抵抗无聊和沮丧的情绪，但是这种手段远没
有爱迪生发明的技术解药那么奏效。"电子照明是一个极为重要的体
系，"南森在他的探险日记中写道，"灯光能对一个人的精神状态造成
多么大的影响啊！"然而，最终他却不得不离开光线充足的船舱，坐
着狗拉的雪橇前往距离北极极点不到 230 英里（370 千米）的地方，
那也许是 19 世纪的探险家最靠近极点的一次。[14]

　　医生们也马上发现了新型电灯在治疗技术方面可能具备的潜在价
值。又一个领域因为电灯照亮了曾经看不见的世界而得到了深远的发
展。电灯增强了显微镜的作用和聚焦一致性，这反过来又有助于验
证疾病的生源说。传统的显微镜早就已经揭示了水和有机物中的微生
物。英国科学家约翰·廷德耳（John Tyndall）用一束电灯灯光证明

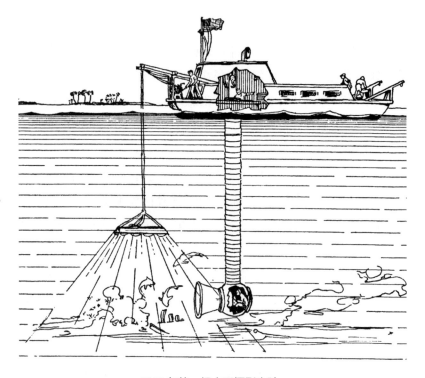

1915 年的一场水下摄影实验。

了空气中也存在着一大堆有机孢子、细菌和其他"极度微小的固体颗粒"，这一惊人的发现让许多人感到不安，但是却为路易斯·巴斯德（Louis Pasteur）的生源论提供了实证支持。在卫生官员看来，电灯的力量确实可以有效揭开这个隐秘世界的面纱，因为他们试图宣传一些激进的新思想，这些思想多是关于霍乱和斑疹、伤寒之类毁灭性城市灾害的源头与预防。在展览会和演讲厅里，科学家们通过弧光灯照亮的幻灯片把显微镜下的画面投射到屏幕上，让在场的观众震撼不已。正当 19 世纪的科学试图让公众去接受一个人类感官之外的世界之时，电灯这项新技术恰好为新观点提供了一些人们看得见摸得着的实证。在看了细菌幻灯片演示之后，一位观众形容道："一滴水所呈现出的那些怪物，即使穷尽人类想象之极限，也难书其可怖之一二。毒蛇、鳄鱼、比圣乔治所屠的那条还要可怕的恶龙，随着液体元素打着转，让所有观看者心惊胆战。"[15]

外科医生也几乎马上就接纳了电灯技术，这也是 19 世纪末医学实践变革进步的一部分。正如他们自己所言，"我们把病变部分放到距离灯光越近的位置，就越方便诊断"。几个世纪以来，医生们一直试图使用蜡烛和镜子反射光线照亮人体最黑暗的角落，在天窗下施行手术。专家建议，由于"北面来的寒光"带给外科医生的热量最少，在病人身上投下的阴影最少，因此应该尽可能选用这种光源。医生们还装配了一套设备以集中蜡烛或煤油灯的灯光光束，使得光线足以照透肉体，显露出肿瘤、炎症和碎骨裂片的阴影——这是一种不太精准的诊断方式，但是在无菌手术出现之前的那个年代，这种诊疗手段要比探查性手术安全得多。

一些欧洲医生最初尝试使用电灯来改善手术效果时，用的是一种比较简陋的灯具（电池上连着一根烫得发红发光的电线），这一方式对医生和病人来说都存在明显的隐患。白炽灯泡用起来更加凉爽、灵便、亮堂，医生们几乎立刻就拿它们对"喉咙、鼻腔、膀胱和人体内部的其他部分"的活体组织进行了首次清晰的观察。仪器制造商们在短短几年内制造出了一系列专业手术灯，每种灯都足以应对各种不同外科手术的特定需求。医生们通过将白炽灯泡的灯光聚焦照射进人体的每一个口子里，提高了诊断能力。一些医生为了诊断轻微的胃病，会要求患者吞下一枚豌豆大小的小灯泡，然后通上电流，"观测"光线如何透过人体的"包膜"。牙医也获益匪浅，他们发现白炽灯的灯光足够明亮，也不太热，正好能用在牙齿和牙龈上，不然也没法照清深藏在表面之下的缺口。[16]

19世纪末，德国科学家威廉·伦琴（Wilhelm Röntgen）发现了X射线，这是一种更加强大且神秘的"不可见光"。它使得许多诊断方法黯然失色。对于存在一种光线可以窥视衣服下面光景的消息，公众反应紧张，但是医学专家们欣然接受了这个发现，它第一次为外科医生"将要探索的未知国度"提供了"一张地图"。这种新的光线连同渐渐改进发展的麻醉药与消毒方法，为现代外科在之后的岁月里取得的惊人成就奠定了基础。[17]

还有人认为，光本身可能是一剂良药。在电灯出现之前不久，大西洋两岸的一些养生时尚人士确信蓝光具有独特的治疗功效。他们建议那些罹患19世纪晚期流行的神经疾病和抑郁症的人们把他们的透明玻璃窗换成蓝色的。一位南方的牙科医生还信誓旦旦地说，能够用蓝色电灯光进行"无痛拔牙"。

美国卫生改革家约翰·哈维·凯洛格（John Harvey Kellogg）对这种"蓝光狂热"嗤之以鼻，不过他本人却率先将纯白色电灯应用到了医学领域。现在一提到凯洛格，一般都会想到他是玉米麦片的发明者。他当年在密歇根州巴特尔克里克市经营着一家基督复临安息日会健康水疗中心，为包括 J. C. 彭尼（J. C. Penney）、约翰·戴维森·洛克菲勒（John D. Rockefeller）和总统威廉·霍华德·塔夫脱（William Howard Taft）在内的达官贵客提供服务。当他的兄弟威廉靠卖麦片发大财的时候，凯洛格却投身于治疗技术，撰写通俗的健康指南，警告人们手淫的危害，鼓励读者遵循严格的养生法——简单食物、淡水和大量锻炼。在他的"卫生实验室"里，凯洛格试验了电灯的补益作用。如果说新的城市环境扰乱了人们的睡眠模式，使人们的神经受到损伤，导致新一代的美国人躲到疗养院寻找治愈方法，那么，他偶然发现，电灯在很大程度上催生了这些现代疾病，但也可以用来治疗这些疾病。[18]

医学界早就认识到阳光的治疗作用，德国科学家威廉·西门子（William Siemens）发表了一份研究报告，声称电灯的灯光可以刺激植物的生长，该报告广受认可。凯洛格按照这种思路得出结论，电灯"差不多就是一种复苏的阳光"。他的想法并不科学，但更富有诗意，他把煤炭解释成由亿万年前的原始植物收集的太阳光的一种压缩形式，这种能量会在煤炭在蒸汽锅炉中燃烧时释放出来。蒸汽带动发电机，输送电能，产生新的光，"从而完成了功效价值的循环"。那么，坐在电灯下，就是沐浴在不知多少万年前的具有治愈效用的阳光

170
171

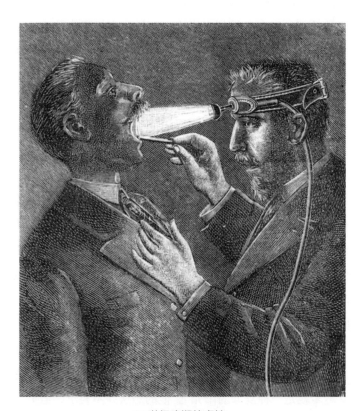

19 世纪晚期的喉镜。

之下。[19]

凯洛格用他所谓的"电灯灯光浴"将光线照射在数千名患者身上。晒灯光浴的人坐在一个小柜子里，柜子里布满了镜子，镶嵌着60只白炽灯泡。患者通过这种方式，沉浸在具有疗愈作用的"光之海洋"之中。凯洛格声称："投射在裸露的身体表面的光线，将以新的力量激活神经，驱散危害健康和生命的无数不良影响。"[20]

凯洛格承认，他发明的白炽灯灯光浴的绝大部分效果来自灯泡的辐射热，而不是光芒本身。电灯灯光浴柜就像水疗中心早已流行许久的传统蒸汽浴和热水浴，也是一个出汗的好地方，刺激皮肤，加速呼吸，在某种程度上促进内部器官的"新陈代谢"。凯洛格声称，身体沐浴在白炽灯炽热的光芒下，可以预防疾病，改善肌肤状况，"滋养"身体，而且这还是"最惬意的减肥方法"——尤其是当沐浴者在电灯灯光浴之后用盐或冰冷的手套轻快地按摩身体时。其他医生也纷纷效仿凯洛格的做法，其中一些医生声称他们已经成功将电灯应用于治疗梅毒、肺炎、铅中毒、糖尿病、风湿病和"血液病变"。[21]

尽管事实证明这种电灯灯光浴在欧洲的医院和疗养院更受欢迎，但是鉴于俄国人和土耳其人都有自己的特色沐浴方式，凯洛格还是非常爱国地将他的发明命名为"美国浴"。据说，每一个装配完善的欧洲贵族家庭中，都有一只藏在浴室角落里的"电灯灯光浴柜"。这种设备在高级水疗中心很成功。在这些地方，那些身患各种疾病的人把希望寄托在这种非常现代的疗愈舒缓方式上。[22]

在19世纪末20世纪初的世纪之交，受苦受难的病人们接受了凯洛格的"光疗法"和许多其他的"自然疗法"。他在推销电灯灯光的

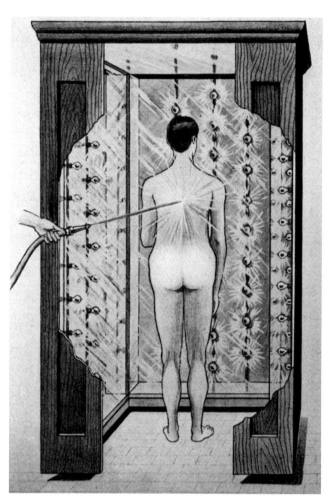

凯洛格建议采用电灯灯光浴加冷水冲洗的方式治疗某些疾病。

治愈能力时所用的话术，完美地融会贯通了两种看似互相矛盾却又都深入人心的医学观念。一方面，镀金时代的美国人确信，他们得病是因为生活在一个人工打造的环境中，许多人希望能从一些像光之类的"自然"之物里找到解救之法；另一方面，许多人也同样相信科学提出的最新疗法，希望借助科技的力量以前所未有的方式摆弄人体来重获健康。凯洛格成功地把白炽灯泡的药用功效兜售了出去，这一事实反映了这种集自然之力与最新机器的优点于一体的疗法有多么大的吸引力。

但是在 19 世纪 90 年代，比起电灯的治愈能力，更多的美国人是被电灯巨大的破坏力震撼。达官巨富可能会龟缩在凯洛格的水疗中心，沐浴在白炽灯泡的疗愈之光下，但是这项新技术在美国每个城市的街道上，都引发了一连串触电导致的失火或死亡事故。这让很多人开始反思，这样的进步，代价是否太高昂了。

第八章

发明一种职业

1887 年，数百名电工学家齐聚波士顿，参加全国电力照明协会（National Electric Light Association）的第四届年会。在过去的十年当中，电气公司如雨后春笋般出现在美国的各大城市乡镇，该协会就是为这些公司的经营者而设的同业公会。这个新兴产业的从业者们已经敦促建立这种合作交流有好一段时间了。早年间，这个行业的主导者是一群"精明冷静的商人"（他们想要掌握所有可以让自己领先竞争对手的信息）、一些小心谨慎地保护着自己商业秘密的发明家和不愿让外界干涉他们事业的电力工人。一位记者形容这些先锋人士都是"各自奋战的独行侠"，"彼此之间都不认识，也对他人的经营之道知之甚少，也没有前人的经验可供参考，更无意互相结交"。由于第一代电工学家从未经过任何形式的正规培训，也缺乏相关执照，他们的生意经是从工作实践中摸索出来的，许多人身上的烧伤疤痕可以证明这一点。[1]

但公用事业部门一致认为，是时候加强整个行业的合作沟通了，以便减轻行业发展过程中的阵痛。有了数百万美元的投资，并且抱有得到更多投资的希望，电力照明和电力行业迅速成为一门大生意。虽然煤气灯照明仍然占有最大的市场份额，但是在电灯诞生的第一个十年结束之时，已经有超过 25 万盏弧光灯和 300 万盏白炽灯被售出。现在，大多数正在兴建的大型建筑都同时配备了电线和煤气管道，白炽灯取代煤气灯似乎只是时间问题。那些电气行业从业者也许正在为自己亲身参与了"本世纪最非凡的发展历程"感到庆幸，但许多人坦承，该行业庞大的能量经常导致混乱。竞争激烈的电工学家们需要团结起来，制定一套共同的安全准则和测量标准，对恶性竞争的市场强制施行一些合理规则，并通过游说政府促进他们的共同利益。[2]

从一开始，电力行业期刊就非常鼓励这种专业化进程，帮助读者认识到这是一项事关己身、匹夫有责的共同事业。其中六家报刊分布在全国不同地区，报道最新的研究结果，为互为竞争关系的发明者和公司之间的纠纷提供仲裁服务，提倡采取安全措施和支持推行培训计划，分享有关合同制定和灯具安装的信息。在与煤气行业的战争当中，它们是勇往直前的游击队，发表了一切所能找到的关于煤气爆炸或导致窒息的事件，大肆宣扬电力发展进程中的重要事件，例如维多利亚女王和中国皇帝几乎同时决定在自己的宫殿里安装新型电灯。[3]

175

因此，在 1884 年，当一些较大型的公用事业公司的领导人决定组建全国电力照明协会时，这些杂志社都拍手叫好。正如《电气世界》杂志对当时情况的描述，太长时间以来，电工学家们"只会互相对抗争执……除非偶遇，他们从不见面，也几乎不会像朋友似的好聚好散"。全国电力照明协会致力于将这群多疑的个人主义者转变为专业的战友，举办年度会议，鼓励"不太严谨但是有趣的讨论"，并就该行业的方方面面发布正式报告——主题涵盖来自欧洲的最新科学发现、专利法律改革、互相比拼不同发电机设计上的优缺点，以及为他们的产品创造消费者需求的新思路。

在早期，这些会议上讨论的技术议题表明，即使只是维持一家小型发电厂的正常运作，也需要电力公司的管理者具备广泛的实际操作知识，燃煤蒸汽机和发电机都需要定期进行专业维护。发电机的轴承需要上油，庞大的皮带需要仔细调整，如果不重视这两点，就会导致机器运行效率低下，浪费公司的资金，还会诱发发电机自身受损的风险。因为发电机转速每分钟达 600 次，围绕发电机的工作必须得小心进行，处理不当可能会产生致命的电荷。操作员还必须注意任何可能引起电流波动的小故障：电流过低会导致照明不稳定、光线暗淡，让客户不满；但是电流过高更糟糕，会烧坏整条线路上的灯泡，熔断安全保险丝，使整个系统停止运行——这种情况非常常见，因此大多数电力用户在手边常备着他们的煤油灯。电工学家还需要知道如何安装维护电线网格，这些电线从电站沉重的铜制干线分支出来，沿着数千米的电线杆或管道，穿过成百上千的保险丝、开关和灯具，然后进入路灯、家庭和企业，构成各种各样的配置。最后，公用事业管理者还得决定每个灯泡的更换时间，因为在早期，这些灯泡都是由公司提供的，而不是消费者自己购买的。随着时间的推移，大多数灯泡没有坏掉，倒是变暗了。继续使用这些光线暗淡的灯泡，在短期内或许能为公司节省资金，但长期代价是打击客户对电灯的热情。[4]

　　每一个技术决策都必须考虑到成本。用一名与会者的话来说，毕竟电力公司的老板进入这个行业"不是为了荣耀"，而是为了利润，只有当他们提供照明的成本不比使用煤气灯贵多少时，他们才能与之竞争。多数从业者反映，生意越来越红火了，但是业务扩张也带来了更多的技术挑战，因为公司需要生产更多的电力，并且有效地把电力分配到一个更加广阔的范围内。电力公司的老板们必须从工作中学习所有这些知识，而且他们很快就认识到了，要建立并经营一个能与迅速更新换代的电力技术保持同步的电网有多么困难。许多人注意到，电气设备的发明者和制造商都干得不错，但那些在照明工厂承担着日常业务运营压力的人往往很难盈利。所以大多数人在参加年度大会时都带着这样一个问题："成功运营一家电力照明工厂，还要能赚钱、分红，最好的方式到底是什么？"[5]

　　大会组织者知道如何在确保与会代表们有足够时间吃喝玩乐的同时，把这群满腹狐疑的对手和相互竞争的电力公司变成一个兄友弟恭的"电力行业互助会"。电力行业的与会者们除了射箭和打靶外，还玩起了棒球。在两局的比赛中，瘦子击败了胖子。这群人就像其他的大会代表一样，也会抽出时间来玩那些所谓的"秘密游戏"。和许多其他行业一样，这种在陌生城市里寻欢作乐的机会有凝聚感情的团结作用，它鼓励成员们将彼此视作为共同事业——美国的电气化——

一起奋斗的伙伴。

在展厅里，全国电力照明协会成员参观了国内许多新电气制造公
178　司的展品。推销人员吹嘘着他们的电线或灯具的特殊优点，同时通过
分发免费雪茄和纪念品徽章来招徕生意。转回会展现场，来宾们享受
了大量电气化的推广宣讲。演讲者们在热烈的掌声中，对他们搞煤气
的商业劲敌大加蔑视，并描绘了一幅振奋人心的电气化未来图景。"要
我说，就该给我们机会，让我们享受到最先进的文明，"一位工业领
179　袖高呼，"赐予我们健康壮硕的身体，不要再给我们黑暗。要给我们
光明！更多的光明！给我们电灯！它是富人的光，更是穷人的光。它
照亮城市中心，更照亮城市郊区。事实上，它是所有人的光。"⁶

然而，当300名电力照明行业从业人员汇聚堪萨斯城参加1890
年年度大会时，近期发生的一系列火灾和事故动摇了他们对行业未来
的信心，这些事故引发了公众的强烈反感。当年的大会一如既往以主
办城市市长的热烈欢迎拉开了序幕。市长身为东道主，按惯例说了一
大通电工学家们已经听过好多次的溢美之词。市长告诉他们："你和
你的同行们所取得的成就几近奇迹，为你们国家增光添彩，也为你们
自己赢得了不朽的荣誉和名声。"他最后说道，全国人民都在用"好
奇的目光"关注着，屏息以待这些电工学家接下来会创造出什么样的
奇迹。⁷

但是，当会议正式开始后，行业领导人承认，公众现在的感受是
恐惧多于尊重，愤怒多于敬畏。从现实来看，电力是一个强大但"危
险的仆从"，有些人强烈质疑它是否弊大于利。报纸指责电力公司释

制造商在全国电力照明协会一年一度的会议上展示他们的电器产品。

放出了一种他们似乎无法控制的破坏性力量。协会主席认为"目前所遭受的这种抗议"是不公平的，毕竟在蒸汽动力和煤气灯的发展初期，死了更多的人。另一位勇于发声的人士竟敢让政府去调查这个行业的安全记录，宣称电工学家们"除了敌人歪曲事实的描述之外，没有什么可害怕的"。尽管如此，与会者还是达成了共识，认为他们不能忽视正在全国范围内普遍蔓延的"耸人听闻的骚动"。一些城市受此影响砍掉了他们的电线，一些城市开始讨论政府对电力所有权的问题。与会代表们明白，这个年轻的行业正面临权力危机——如果他们不在未来强行对电力照明与电力制定规则，那么规矩将由别人来定。[8]

该行业最近所遭受的挫折当中，有一桩颇为尴尬的事：波士顿市中心的一大片地区被烧成了一片白地。1889 年感恩节那天，波士顿时间电力公司的电线过热，引发了一幢塞满干燥易燃货物的建筑物起火。日落时分，大火已将该市的大部分商业区化为灰烬，两名消防员丧生，造成了价值数百万美元的财产损失。就在一周前，《波士顿先驱报》（Boston Herald）还声称该市市中心的建筑是防火的，但事实证明，这些建筑敌不过被消防检查员斥责为"极其疏忽大意、不负责任"的电气工艺，他总结道，这场"灾难本来是可以避免的"。[9]

检查人员坚持认为，政府现在应该更加积极地监管电力公司，是时候结束横冲直撞野蛮增长的先锋时代。这个市场太过自由，以至于已经变成"彻底的无政府主义"。保险公司、消防队员和市政领导都赞同这一观点，市政府给了电气控制委员会更多的权力来管理电力

线路。市政工作人员开始移除大量还悬挂在空中但是已经不通电流的
电线，以及悬挂在电线杆和建筑物上可能对消防员构成危险的通电电
线。他们还实施了新的规定，要求电力公司安装最新的保险丝升级他
们的系统。任何缺乏这些安全装置的照明设备都将面临市政府的"停
业令"。[10]

与此同时，电线继续搞着破坏，在波士顿周围又引发了几起火
灾，造成了轰动社会的事故。例如，在博伊尔斯顿大街上，一根电
线坠落到一双马儿身上，将它们击倒在地。《波士顿环球报》（*Boston
Globe*）坚持认为："这事儿永远行不通。"他们合理地建议，应该强
制要求电力公司确保悬挂电线牢固，以免"砸到人的头上"。公众的
恐惧和愤怒在一场立法会议上掀起了一阵狂风暴雨，市民们要求制定
新的州法律，要求照明公司对其造成的任何破坏负责，并加强政府对
该行业的监管力度。电力公司努力游说，终于成功地否决了大部分提
议，但是他们知道，这场论战远远没有结束。[11]

美国主要的电力行业从业者没有全盘否定所有对其业务施加更合
理规则的努力。他们同意政府对他们的电线进行更多的检查。但是公
众越来越害怕且厌恶他们提供的服务，这让他们十分担心。当波士顿
市长在大火发生后不久就又授出了额外的街道照明专营权时，市民们
发起了抗议，说他们"不需要更多的电线"。因为拿到了该市照明订
单的是一家纽约公司，市民们表示极为不满，他们警告道："纽约的
电气施工是出了名的差劲，而且公众还对它们举世震惊的致死人数记
忆犹新。"[12]

纽约的众多致死事件中最骇人听闻的一桩，就发生在波士顿大火前一个月。电报线路工人约翰·菲克斯（John Feeks）在清理电线杆上已经不载电的线路时，触碰到了一根与显然正在给大功率弧光灯供电的电线交错的线路。虽然他当场就死亡了，但是在之后的半个多小时里，他的尸体一直高高地挂在街道的半空，缠绕在电报、电话和火警线路交织而成的电线网中。成千上万的纽约人注视着菲克斯的伙伴们奋力解救困于电线网中的尸体，眼睁睁看着火花从这名线路工人的嘴巴和鼻孔里喷射而出，火舌舔舐着他的四肢。挤过去近距离观望的人多得不但连两旁人行道都站不下了，还阻塞了车辆通行，警察不得不强行驱赶着人群后退。与此同时，附近的窗户后面和屋顶上也都是人，"他们被迫观看这个让他们心生恐惧的景象"。由于事故发生地点距离市政厅不远，所以人群里也有许多官员。其中一名官员声称他打算立即拆除他所负责区域里的所有电线。[13]

不知谁把一只锡制饼干盒钉到了那根"致命的电线杆"上，翌日，富有同情心的纽约人民排着队将捐款放入那只盒子里。擦鞋为生的男孩们也捐了几个一角银币，工人们拿出的是两角五分，就连一名盲人乞丐也掏出了两分钱。他们总共筹集了两千多美元，帮助如今全市知名的年轻女士"寡妇菲克斯"。

其实，在这起事故发生之前，市长就已经策动了针对电力公司的小规模突袭活动，意图执行一些早已成文的法律，这些法律要求公用事业公司把他们的电线埋起来，但是他的尝试没有取得多少成效。全国各地其他城市的领导人也投身于类似的"电线战争"。芝加哥市电工学家们向那些"随意在房屋顶上"草率搭设绝缘不良电线的弧光灯照明公司宣战。截至 1884 年，铺设在街道地下的管道长达 11 英里（17.70 千米），包含超过 200 英里（321.87 千米）的电线。一些电力行业界的领军者抱怨这些限制性规定拖慢了他们的业务增长速度，使得芝加哥成为一个"黑暗之城"。市长对此回应说："芝加哥想要电力照明，但是不想要死亡。"克利夫兰的消防部门在一群普通市民的帮助下，拆除了电线杆和危险的电线。他们宣称"即使是电力照明公司也必须尊重无辜市民所拥有的某些权利"。费城市长还对架设在地面之上的输电线发动了一场民粹主义战争，威胁要亲自砍倒它们。[14]

1889 年新年前夜，在圣路易斯市，电力公司管理人员与市政官员齐聚一堂，为该市大片区域举行首次照明仪式。当电灯顺利无阻地亮起时，他们纷纷鼓掌。然而，电话用户几乎在同时发出了怨言，纷纷表示听到他们的线路发出了轰鸣的嗡嗡声，就像蜜蜂的蜂巢。拜绝缘不良的电线干扰所赐，电话网络现在充斥着"电流"。一些总台接线员遭受到严重的电击，其他人也觉得他们随时会遭遇同样的电流攻击。杂散漏泄的电流流进了警察局的公共电话亭，一名巡警接听电话时，电话突然迸发出一丛蓝色火焰，还射出了金色的火花，直到他拿一桶水浇上去才熄灭。调查人员认为，问题出在照明系统的豆腐渣工程上，另外，问题还可以追溯到那些仍悬在城市街道半空中的、长达数百千米的不载电电缆上，这些电缆的部分锈蚀断裂导致的短路也是诱因。电力公司同意等到晚上 11：30 之后再开启路灯，这一临时解决方案保证在晚上 11：30 之前市民可以正常使用电话。电话公司为了保护自己的生意和客户，向市政部门施压，迫使其将所有电气线路

AN UNRESTRAINED DEMON.

《法官》(*Judge*) 杂志在其封面上描绘了约翰·菲克斯之死。一位纽约的电气专家对这幅图表示不满，认为这是对白炽灯照明的恶意中伤："这幅图片无视事实，简直是无中生有、纯属捏造。"

埋入地下，无视圣路易斯市电工学家发出的警告。电工学家们称此举是"史上最大的错误"。[15]

　　虽然纽约市通过了一款法律，该法律规定电力照明公司必须将电线埋入地下，但是这些公司对此"嗤之以鼻、不屑一顾"。电工学家们认为，即使安全掩埋电线在技术上行得通，地下管道也造得太少，根本不够用。电力公司为了降低成本以便与煤气公司竞争，不顾一切地想要把埋电线的成本转嫁到纳税人头上。他们认为，如果该市想要将电流线路埋设到地下，就应该带头挖开马路，铺设管道。此前，这些公司坚称他们的电线本来就应该悬挂在空中，这样至少能密切留意它们。死于架空电线的人如此之多，以至于该市的验尸官不得不公开表态这些线路给市民健康带来重大隐患，但是照明公司拒绝做出让步。[16]

　　该市市政府无视电力公司对埋设电线的抗议，开始挖开路面、铺设管道，但是进展缓慢。电工学家们将之认定为一种"政治操作、渎职行为"，尤其是他们发现签下了整个工程合同的公司属于一位拥有广阔人脉的政客。一些人反对说，挖开人行道既对交通造成了麻烦，也对人民的健康构成了威胁：美国城市街道下面的土壤是有毒的，数十年来泄漏的煤气和污水浸透了这些土壤，据估计，通过地下管道输送的煤气有 10% 渗入了地下。医生们确信这个项目将会导致霍乱肆虐，他们警告道："埋设电线也意味着不得不埋葬许多市民。"[17]

　　主张将电线埋入地下的人坚称已经在技术层面解决了该问题，许多想要进入地下管道行业的企业家也是异口同声。但是，即使是在那些已经铺设了管道的街道，电力公司也毫无作为，"通风管道里除了吹过的风以外什么也没有"。也有专家赞同照明公司的观点，即埋设电线解决不了问题。尽管发明家们提出了数百种保护地下电线的专利方案，接受委任调查此事的委员会还是发现，这些方案里没有一个能够很好地避免冷热造成的线路损耗、防止下水道气体和蒸汽溢渗以及防范挖沟机铲刀意外造成的破坏。当一些公司尝试着进行弧光灯线路埋设实验时，他们发现电流泄漏会降低发电机的效率，有时还会引燃泄漏的气体。人行道会突然爆开，将沉重的铁制人孔井盖喷向空中。平时，坏了的电线漏出的电流还会煮沸那些渗入地下管道里的水，蒸汽会间歇性向上，从铺路的薄片石之间喷发出去。有故障的地下电线还会把电流导上有轨电车的轨道，造成行人和马匹严重触电。在镀金时代，这座城市的居民需要同时面对来自高空的电击和脚下的爆炸。[18]

186　　菲克斯之死引发了公众愤怒的情绪，受此影响，纽约市长誓要找出为此事负责的那家公司，并以过失杀人罪起诉该公司的所有者。然而，大陪审团调查很快因为困惑而停滞不前，这进一步证明了这座城市线路系统之混乱。人们花了好几天的时间来确认那根电线杆上各种电线的归属，但是最后谁也说不清楚那根电线杆本身是谁的。两家弧光灯照明公司是主要嫌疑人，但是他们表示完全不知道关于他们家的线路发生过短路的任何信息。他们将矛头指向了纽约市电气检查委员会，指责该委员会成员都是些"无能的政治打手"，官僚作风的散播者，他们阻碍了照明公司对电线进行妥善维护。简而言之，电力公司认为是监管过度导致了线路工人菲克斯之死，而非缺乏监管。

首席电气检查员无法找到罪魁祸首，就直接归罪于该市最大的两家电弧灯公司，事后，他们又宣称这两家公司需要为把 500 英里（804.67 千米）绝缘不良的"致命"电线悬挂到纽约人民头上负责。市长下令城市巡查员检查所有电线，并拆除所有绝缘不良的电线，以及那些地下已经铺设有管道的街道沿路的架空电线。7 名工作人员在圣诞节前一个黑暗无光的星期里，拆除了数千米长的电线和数百根电线杆。这些公司为了确保工作人员的安全，甚至不情不愿地暂时切断了许多绝缘良好的线路。这座城市大部分地区的居民发现自己被迫陷入了政府主导的灯火管制，曾经明亮的街道如今变成了"幽暗的洞穴"。店主们掸去老旧的煤油灯上的灰尘，而百老汇剧院里的煤气灯又开始闪烁起来了。有人估计，当时有超过 150 万人"在一团漆黑里度过了他们的夜晚"。当黑暗的街头发生了两起抢劫案之后，一位记者就扬言这座城市已经"落入了暴徒手中"。市长下令增加警力巡逻，还发誓在能够确保电力照明系统的安全之前不会让电力公司开灯。电力公司称这一要求"简直荒谬到了极点"。"去年，这座城市有 35 人死于煤气事故，"纽约一家电气行业杂志的编辑抱怨道，"但没有一家报纸用足够的篇幅提及这个事实。他们的专栏总是在写一起触电致死事件的怪诞猎奇细节。"电工学家们承认，菲克斯的死非常不幸，但是"人们不会因为铁路车辆偶尔会撞死粗心的过路人而要求它们停运"。[19]

纽约市民却不是这么看待这件事的，他们越发将自己的怒火发泄到了电力照明公司的"杀生罪业"上，这些"傲慢的企业"把利润看得比什么都重要，甚至人命都比不上它们赚钱重要。多年来，该行业在主张其"不应为线路工人之死受到惩处"特权的同时，一直躺在巨额利润上饫甘餍肥。《纽约论坛报》由此得出结论——将一家电力公司的经理送进监狱，会是一桩大快人心的幸事，也是这一整个社区永远的福报。一本大众杂志的封面生动地记录下了公众的愤怒焦虑的情绪。《法官》杂志用一幅卡通画描绘了可怜的线路工人被困在致命的电线网中，即将被蜘蛛般"不受约束的电之恶魔"吞噬的场景。[20]

爱迪生在这场争论趋于白热化的时候亲自加入了论战。他作为美国最受尊敬的电气专业权威，却只为这场争端提供了一个新的视角。他赞同他的电工同行们的看法，即将电线埋入地下并不能解决问题。爱迪生的系统在市中心区域采用了笨重的铜制总输电管道，由于这种电力线太大无法挂到电线杆上，所以打从一开始，他就费了很大的力气和金钱把自己许多电力线路都埋到了地下。然而，他发现现在尚不具备成熟的技术保护这些线路。因此，他认为，鉴于电力弧光灯公司的电线携带高压交流电，埋在地下可能比悬在头顶上更为致命。他预测，这些线路的绝缘层必然会损坏，而且会对原本无害的电话线路和电报线路造成干扰，将致命的电击输送到各个家庭、商店和办公室。"如果纽约市有一家硝化甘油工厂正在营业，"他说，"而人们希望消除危险，那么没有人会建议把工厂埋到地底下。"[21]

在发出如此严重的警告之后，爱迪生针对这个问题提出了一个有利于他自己的解决方案，他敦促市政府全面禁止大功率交流电电线（AC电线），无论这些电线在地面上还是在地底下，都得换成更加安全的低压直流电线。简而言之，爱迪生建议所有公司使用他开发的系统，这种系统运行所需的电力"极其微弱，甚至徒手去抓握发电机本

188

百老汇大街上的电线杆和电线正在被拆除。据《纽约时报》报道:"在一场漫长而乏味的争吵之后……纽约人即将看到他们最愚蠢的梦想之一实现。"

1889 年，纽约市正在将电线埋入地下。

身都不会受到丝毫影响"。借由此举，爱迪生不仅剑指弧光灯照明公司，还意在电力照明及电力行业里的那些实力强劲的新对手：正在开发中心电站的西屋电气（Westinghouse）与汤姆孙－豪斯顿电气公司（Thomson-Houston）。它们的系统会产生高压交流电，并使用变压器降压供电，以供每个客户安全使用。截至 1889 年，这些交流电系统已经开始挤压爱迪生的中心发电站生意，交流电系统更加高效、灵活，可以为更大范围的客户提供服务。爱迪生曾考虑过使用交流电，但最终放弃了这个想法，他认为交流电存在难以逾越的技术障碍，而且很难确保安全。他以全国弧光灯电线已造成"近百人死亡"为例，声称这是禁止所有交流电系统的"无可辩驳的论据"。[22]

爱迪生居然试图用约翰·菲克斯的死来搞臭高压电流的名声，这激怒了乔治·威斯汀豪斯和他的合作伙伴，他们公开向城市电气控制委员会发表声明，指斥爱迪生的系统"极度危险"，还宣称爱迪生关于交流电源的观点是"大谬不然、大错特错"。他们要求与爱迪生来一场公开的技术对决，针对直流电和交流电的优缺点进行较量，将由一个公正客观的专家小组评判其胜负。当一名爱迪生的支持者向威斯汀豪斯提出"用电来决斗"的时候，这场争端变成了一场闹剧，在他的建议中，将由他来承受爱迪生直流电越来越大的电击，由威斯汀豪斯来承受交流电的电击，第一个忍不住喊"够了"的人必须"公开承认自己错了"。[23]

公众很少会去关注互相竞争的公司和他们雇佣的专家之间你来我往的激烈对决，他们各执一词的主张技术专业性极强；公众也很少会把目光投注到城市检查员和弧光灯照明公司之间的争端。报纸继续刊登了一轮又一轮的指控，和市民一起嘀咕这种"电力照明混乱"。那年冬天，对触电的恐惧刺痛着许多纽约人的神经，让他们觉得毛骨悚然、焦躁不安，担心自己"在毫无察觉的情况下惨遭一个无形媒介的毒手"。正如一位记者所说，"（由于担心触电，现在）人们几乎不敢把钥匙插到自家门上"。这段经历让一些有影响力的声音怀疑，电力到底能否被合理地控制。《哈勃周刊》的编辑发出警告："关于电力的法律显然没有得到充分理解。而那些自称专家的人把电力卖给了公众，却似乎在控制或压制电力的危险方面无能为力。"由于相互竞争的电力公司互相拆台，推卸电线事故的责任，电力行业的拥趸担心公众会对新技术丧失信心，也忧心电力公司股票价值会下滑。[24]

市政府和电力公司之间的僵局没有持续太久。许多报纸在电线拆除过程中呈现出一派欢呼雀跃的姿态，但是他们很快就渴望迎回原来的照明灯，并发声谴责市长狂砍电线的行为。《纽约时报》写道："显而易见，破坏性工作正干得热火朝天，但是有什么正在进行的建设性工作吗？还是我们要坐在黑暗中，承认电力照明路灯是一个失败？"《纽约太阳报》（New York Sun）同样也为电灯的消失而哀叹。人们会选择由昏暗的煤气灯照明的街道，而不是明亮的电力照明下的街道，因为电力照明的街道会"使他们面临猝死的危险"。但当这座城市的主要街道回归煤气灯照明时，每个人都真真切切地想起了电力"显著的优越性"。"我们必须有电灯，"《纽约太阳报》总结道，"我们不能没有它。"[25]

十天来，一些参与调查菲克斯之死的大陪审团成员，努力听着城市检查员与照明公司双方令人困惑且互相矛盾的证词，艰难地让自己保持清醒。最终，他们没有找出事故的责任人，只能再次要求将电线铺设到地底下并进行更加严格的检查。州议会举行了听证会，研究电力引发的危险，专家们在听证会上确认："各种不负责任的人搭设了这个城市里的电线；任何一个有一点多余电源的人都会装上一台发电机，通几条电线，而这些电线一般根本都不绝缘。"立法者们提出了一系列新的法规来应对电灯的危害。

　　大自然也为促成城市将电线埋入地下做出了自己的贡献。多场冬季暴风雪对电力系统造成了严重的破坏，在几个小时内摧毁了数百万美元的资本投资。由电力公司仓促搭建的电线，在冰雪的覆盖之下，接连掉落。电线杆也紧随其后倒下，街道上到处是破碎的木材和"乱成一团麻的电线"。一月份那场严重风暴后，纽约市为了减少发生火灾的风险，关闭了所有"混乱"的电力服务，使整个城市陷入了比之前市长与架空电线开战之时更加深重的黑暗之中。那场暴风雪唯一的受害者是一匹马，这匹马儿死于一根载电的电线，不过倒下的电线杆砸烂了房屋、路灯柱和树木，好几个星期之后照明才得以恢复。电力公司面对巨大的损失，承认"这才是将电线埋在地下最有力的理由"。[26]

　　因此，当电工学家们在 1890 年齐聚堪萨斯城举行年度大会之时，他们这一行正处于四面楚歌的境地：交流电和直流电支持者们之间的冲突，他们的交锋可能会决定整个行业未来的走向；在技术尚未成熟之前就遭遇将电线埋入地下的政治压力；公众对电力以及兜售电力的公司越来越不信任。每有一位线路工人在工作中丧生，或者杂散漏泄

1891 年 1 月的一场风暴破坏了纽约市和东海岸的电力供应。为了防止发生更多事故，电力公司不得不彻底切断供电，使城市居民陷入了黑暗和孤独之中。

的电流导致起火，抑或城市在暴风雨中陷入黑暗，公众的恐惧和怨恨就会升级，然后引发新一轮要求加强监管的呼声。电力行业期刊反对这类干涉，因为这些胡来乱搞都来自一些对电力公司所面临的技术瓶颈和经济压力几乎一无所知的人，期刊还指责新闻媒体把其中的风险夸大了。但一些行业领袖也渐渐承认，他们受到的批评是有道理的，或许，被许多电工斥为"愚不可及的反电力运动"，并不总是由无知的卢德派领导。电力公司在全国各地为了特许经营权你争我夺，到处悬挂电力线缆，互不相让，却忽视了公众对安全和美观合理正当的诉求。这些相互争斗的企业迫切地想要"击溃竞争对手"，但它们不去想方设法赢得公众的信任和支持，而选择雇佣缺乏资质的人员，使用不合格的材料，在暗中贿赂官员并影响市议会的决策。一位行业领袖认为，是时候让电工学家们承认，他们那些无法无天的做法已经"出乎意料且极大地阻碍了电力照明的发展"。除非电工学家们采取措施解决这些问题，重新迎回公众对电力的信心，否则他们只会招致"非难和于己不利的立法"。[27]

194

　　更糟糕的是，许多城镇对电力照明的成本费用越来越不满。十年前，电力公司刚刚进入这些城市时，市政领导人为了打破煤气公司的垄断，颇为热切地授予了这些公司特许经营权。许多官员天真地以为新型照明会形成很大的规模，很快就会将成本降低到"几乎免费"的程度，因而忽略了那些怀疑论者的警告。后者预言电力公司终结煤气公司的"暴政"之后，只会开创自己的"暴政王朝"。正如其中一名灾祸预言家[1]在 1881 年道出的不为人所相信的预言："没有丝毫理由相信，电力会比煤气产生更好的道德影响力，而我们知道许多相当仁慈友爱的基督教徒，一旦进了煤气公司就立刻化身成为性情最残酷无情的掠夺者。我们有什么理由指望电力照明公司会比煤气公司强呢？"十年后，许多人都认为，电灯公司是在利用他们的城市特许经营权窃取暴利。[28]

到了 1890 年，思想进步的改革者们敦促地方政府自己来进入照明行业，安装经营政府的公用事业设施，以解决电力的安全和成本问题。他们指出，欧洲有许多由城市政府经营电力的成功案例，那些公用事业设施得以高效运行。他们认为，在自由市场上竞争的私营公司无法以合理的定价提供基本的城市公共服务，而"市政所有制"是公众获取清洁用水、排水管道、消防服务、电车公交以及煤气和电力照明的更好方式。[29]

一些新近爆出的令人惊诧不已的政府丑闻，使得许多美国人对于把更多的税款交给城市政客管理的做法抱有疑虑。没有人能够忘记 19 世纪 70 年代初特威德集团（Tweed Ring）对纽约市公共财政的劫掠之行，这只是众多辜负公众信任的滥权行为中最臭名昭著的一桩罢了。运营一个像发电厂这样复杂的综合性技术系统，需要技术专长和商业头脑，而在那些被城市机器政治胡作非为的世界吸引的人身上，这些才能十分少见。对市政所有制持不赞成态度的人担心，让市政府

[1] 原文 Cassandra 为希腊女神卡桑德拉，特洛伊国王的女儿，拥有预言灾祸的能力，但是从来没有人相信她的预言。现在多用于代指那些不为人所信的吉凶预言者。——译注

进入照明行业只会让腐败的政客中饱私囊，把行业美差送给他们那些没有能力胜任工作的朋友们。这些懒惰的"藤壶"[1]牢牢地吸附着国家这艘笨重的船，"拿着钱却不干事"。30

但是在19世纪后期，新一代社会主义者和进步经济学家提出了一系列想法，帮助市政府更好地管理纳税人的钱。这就涉及将许多民选政客手中的决策权转移到技术专家手中，而这些专家比起自身利益可能对科学更感兴趣。他们认为，"市政腐败的真正根源"在于那些富商，他们利用自己的影响力收买政客，通过报纸和其他"不道德手段"操控舆论，从而获得回报丰厚的特许经营权。诚如一位城市改革家对此的评价，那些在城市特许经营权下经营的私营照明公司"从来都不懂得知足知止。他们不停寻找新的利益，他们为此需要对政府官员施加影响"。按照这种观点，公用事业采取市政所有制并不会助长腐败，而是腐败问题的解决方法。31

爱德华·贝拉米的小说《回顾：2000—1887》激发了一场名为"民族主义者"（Nationalists）的改革运动，该运动的核心目标就是要求电力照明和其他公用事业采取市政所有制。贝拉米设想了一个未来乌托邦，它建立在技术和社会主义相结合的基础之上。成千上万的美国人为了实现这个愿景，在19世纪90年代初在全国各地成立了"民族主义者俱乐部"。他们对社会纷争和浪费行为等似乎是工业资本主义特有的困局做出了反应，发誓要努力建设一个工业全盘国有化的未

196

---

[1]　一种常寄生在沿岸码头、船底、海底电缆和海洋生物身上的节肢动物，往往会对寄生的宿主造成很大的危害。例如固着在船体的藤壶会使船只航行速度大大降低。——译注

来，所有的行业都会转变为和谐的政府垄断企业，只为"有机统一的全体人民"服务。电灯和电话都是了不起的发明，贝拉米写道："但它们给人民带来了什么好处呢？"美国的技术创造力只起到了将财富和权力集中在少数人手中的作用，形成了一个工业暴政，使大多数劳动人民的生活条件变得更加糟糕。如他所言，"弧光灯不但照亮了腌臜污秽和悲惨的场景，还揭露了人性的堕落。这些景象在我们祖辈的牛油蜡烛时代从未见过"。[32]

尽管贝拉米的"民族主义者"希望有朝一日所有的经济领域都采用公有制管理，但他们认为，联邦政府应该从着手接管商业基础设施（铁路、银行和煤矿）开始。这场运动在州及地方一级政府层面取得了更多成效，倡导者敦促政府拥有自己的公用事业，从而走上"民族主义"道路。得益于公众在波士顿火灾后对电力公司的愤怒情绪，在马萨诸塞州，"民族主义者"在与州议会、法院历时两年的艰苦斗争中赢得了胜利。根据《市政照明法案》，该州的城镇可以尝试自主运营自己的煤气公司和发电厂。贝拉米认为，当市民们万众一心、团结一致打造自己的光明时，他们不仅打破了自私自利的公司桎梏，更重要的是，他们开始"按照市政自立自助的思路考虑问题了"。[33]

贝拉米的民族主义运动在几年间渐渐偃旗息鼓，尽管其对政府拥有关键产业的呼吁继续存在于人民党和社会主义政党的政治纲领上。与此同时，许多对激进政治不感兴趣的美国人也支持市政部门拥有自己的公用事业。城镇经常通过建立自己的水厂来探索并涉足这一领域，到1890年，数百个城镇认为向电力这个新领域扩张具有经济意义。就在几年前，这项技术还只是一种古怪的新奇玩意儿，后来成为最有钱的人才有幸享受的奢侈品，而现在，它已经是城市居民眼中的一种公共必需品了，重要得不能任由那些追求利润的公司随便处置。数百个城镇的市民怀疑私营企业在获取巨额利润的同时，走捷径危及了人类的生命财产安全，于是他们纷纷创建了公共所有制的照明公司。[34]

　　拥护市政所有制的人士印发了一份手册，说明了运营公用事业所面临的经济和技术挑战，旨在向公民提供其所需要的信息，以便公众在知情的情况下对电气化工程做出明智的决策。有人对此评价道："人民从未有过这样一番大显身手的机会。"新技术的复杂性和电力公司自私自利的搅浑水做法让市政部门晕头转向，城镇一直在为电力照明买单，其付费标准不是"基于城镇能购买到的照明效果"，而是"基于照明公司能搜刮到多少油水"。改革者们汇总整理了一些统计数据，显示了各个城镇为了获得照明向私营公司支付的钱，价目差异巨大。当地方政府官员开始比较每年的电费账单时，许多人震惊地发现，他们比别人多花了很多钱。他们觉得自己受到了欺骗。[35]

　　照明公司为如此之大的价格差异给出了自己的理由。最初的一些装置已经老旧过时了，而且效率低下；各地的煤炭和水电价格也有相当大的差异；有些城镇希望街道一整夜灯火通明，另外一些城镇只需要在午夜之前提供照明，还有许多节俭的城镇签订了"按月相盈亏安排照明时间的计划"——满月之夜不使用电力照明。考虑到这些和其他可能的因素，照明公司及其用户必然会对一个城镇到底需要多少照明以及这些照明价值几何产生分歧。但是，据许多尝试过采用市政所有制的城镇报告，他们用较少的钱享受到了更多的电力照明，同时还消弭了电力公司那些"精明狡猾的人"对当地政治的腐蚀影响。[36]

公共事业市政所有制化运动得到了新一代学院派经济学家的热烈支持。这群人组织成立了"美国经济协会"。这些特立独行的社会科学家向自由市场资本主义的正统观念发起了挑战，宣称"竞争并不总是一件好事"。电力领域的混乱局面就是一个典型的例子。在一些城镇，多达 24 家同业公司在这个领域抢夺生意。其结果不是价格降低，而是偷工减料、暗藏安全隐患的工程，经济压力导致服务质量差、价格高，最终小公司被规模较大的竞争对手吞并。即使在一些城市，这块业务由几家公司瓜分，它们最终也会收取相同的价格。而这就是价格操纵的证据。经济学家理查德·埃利（Richard Ely）将电力照明行业称为"自然垄断"，在这个领域里，价格最低、服务最好的产品不是由自由市场众多对手竞争产生的结果，而是由一家规模足够大的公司提供的，因为这样一家公司可以产生更大的规模经济效应。埃利认为，市政府不应该把这种宝贵的照明垄断权拱手让给私人公司，而应该将其据为己有，通过雇佣自己的电力专家运营市政发电站来节约税款。[37]

这种言论激怒了 1890 年聚集在堪萨斯城参加年度大会的电工学家们。他们要求知道"是谁这么有能耐，居然提出要将电力照明厂市政所有制化"，然后他们自己答道：像理查德·埃利这样的人，"就是在白日做梦，满脑子空想和理论"，是"冒充经济学家"的学术暴发户，这些多事的人"没有一天供应电力的实际经验"，待在自己的象牙塔里，却敢指摘私人照明公司不是搞公共慈善的大善人，来自政府的业余选手或可亲自涉足这一行业，提供更好、更便宜的照明。政府的经济学论文忽视了"这一代实践者和最优秀科学家的实际经验", 而这些实践者和科学家,"不仅将这一课题作为研究对象,而且通过 多年来每天晚上都在进行的试验来验证这个课题"。[38]

私营电力公司甚至谴责所有那些"轻率愚蠢的改革者"与美国价值观相悖,正是这些被改革者批评的私营企业,正在把美国变成一座照亮个人自由和工业创新的灯塔。电力公司的人指责市政所有制是一种政府"家长式管理"的形式,配不上拥有自由的人民,是向社会主义迈出的危险一步。面对这一番所谓的家长式作风的指责,理查德·埃利的回应是"这种说法最适合用来吓唬那些没脑子的人"。如他所言:"国家机关并不是什么凌驾于我们之上、只为我们做某些事情的东西。这是一种合作。为我们自己提供电报服务更能体现出一种自力更生的精神,这总比说这番话要强:'我们的政府治理能力太不可靠、效率太低,以至于我们自己都不敢相信自己。难道没有一些富人好心地为我们提供一个好的电报系统吗?顺便,请给我们便宜的价格吧。'"埃利宣称自己是真正的民主之友。他认为那些不够信任民主政府的资本家"不能算是真正的美国人"。这样一来,应该由谁来提供电力照明的争论,就升级成美国价值观的交锋,同时也成为更广泛意义上的镀金时代"战争"中的一场小"遭遇战",这场"战争"聚焦于大型公司对经济的影响。[39]

即使在推动市政所有制的进步运动趋于白热化的阶段,地方政府也只掌管了全国电力事业中的一小部分。不过,这样的威胁确实让私营企业更愿意接受一种不那么激进的解决方案——他们开始称之为政府对该行业的"合理"监管。理查德·埃利等公用事业改革人士为

199

那些继续依赖私营合同提供照明的乡镇和城市提出了一系列构想，以提高服务质量，同时控制成本。而在那些实施了这些改革的城市，企业会通过公开投标的方式争取合同。获胜的公司享有暂时的垄断地位，免受恶性竞争的侵扰，同时它需要同意公开账目以供公用事业委员会审查，并接受市政府雇用的技术专家对其线路进行检查。正如一位进步经济学家所言："公开垄断企业的账目并公开进行审计，检查垄断企业所提供服务的质量和安全，对人民来说是至关重要的明智之举。"[40] 如果一家公司不能以合理的价格提供良好的照明服务，改革者希望公民有权通过全民投票来废除合同。

进步的改革派人士为了捍卫这些新规定，举了欧洲的例子。那里的政府在控制电力工业发展方面发挥了更积极的作用。国家法律鼓励市政当局拥有自己的公用事业，并由顶尖科学家和工程师制定所有电力工作的相关标准。欧洲人很好地防止了新技术"煞了"他们的漂亮建筑和城市林荫大道的风景，他们在早期就把大部分电线都铺设在城市中心的地下。美国的进步人士中有不少人都在德国的大学接受过培训，并且熟悉伦敦的做法，他们将欧洲提供电力照明的方式视作兼具理性与公益属性的典范。[41]

但是，美国的电力公司从欧洲的例子里汲取到了截然不同的教诲。正如他们一再声称的那样，美国拥有比世界上任何地方都要多的电灯，电工学家们将美国得到的如此深仁厚泽，归功于他们自身的发明才能和创业精神，以及较少的政府干预。对美国的企业家来说，英国电力发展速度之缓慢似乎特别有启发性。一些人将之归罪于贵族阶

级在"审美方面的保守主义"和煤气行业过度膨胀的财富和政治影响
力。其他人则剑指政府，认为其在电气化发展初期的几年里放任了行
业里不计后果的投机行为，政府此番作为也应为英国电力照明发展缓
慢负有责任。许多倒霉的英国投资者急于在这场看似淘金一般的热潮
里抢占先机，而忽视了头脑更加清醒的"科学家"发出的警告，即电
力照明技术需要数年时间和大量资金才能完善。正如一位英国人所
说，"股票经纪人"反而从工程师手中夺过了缰绳，"随之而来的揠苗
助长式野蛮发展以毁灭和崩溃告终"。这次科技泡沫几乎没有产出电
灯，反而催生了人们对于这个新行业注定是个败局的深重疑虑。正
如有人对此的评价：无辜的人觉得被灼伤了，"就把错都怪在了电灯
头上"。[42]

　　作为回应，议会针对电力照明实施了严格的规定，包括价格控
制、检查要求和安全标准，该标准明确要求在城市范围内埋设电线。
美国的电工学家和他们的许多英国同行指责政府的干预拖慢了英国电
气化的步伐，给一个适合自由市场竞争的领域强加了不必要的规则。
更糟糕的是，英国法律规定，地方政府有权在 21 年后买断任何照明
公司的特许经营权，从而变相拒绝了私人投资该领域。结果，英国拥
有在电力科学方面领先世界的一流专家，但在实际安装灯具方面却远
远落后于美国。诚然，美国为了取得该领域的领先地位付出了非常高
昂的代价——不受监管的市场引发了一系列令英国工程师们震惊的事
故和火灾，不过，美国各地的大城市和小乡镇都享受到了电气化带来
的舒适惬意，而在整个欧洲，电灯的广泛使用，仍然是未来才会实现
的事情。[43]

城市改革者并不是唯一一个向美国电力行业施压的群体，尚有其他人要求美国电力行业制定更加严格的安全标准。公用事业公司或许会把进步的经济学家视为天真又多事且非常不了解市场现实的共产主义人士，对其言论不屑一顾，但对火灾保险公司的担忧却不敢轻视。当业主开始在工厂、磨坊和商店安装电灯时，保险公司不得不努力应对这种新技术带来的火灾风险，并利用自己的影响力制定了电力行业的第一个安全标准。

美国内战结束时，火险行业中一些最大型的公司同意成立全国保险商委员会（National Board of Underwriters），从而使该行业在美国经济发展中有了举足轻重的地位。这个初具雏形的"托拉斯"组织尝试将电力价格固定下来，但是没有成功，不过，该组织还致力于在许多方面改善消防安全。为了公共利益和自身利益，委员会游说各个城市政府改进了消防部门的供水系统，并为这些部门提供更好的培训和装备。委员会还起草了一份建筑规范法典，迫使警方对纵火犯采取更为强硬的态度，并鼓励安装喷淋灭火系统和电子火警报警器等发明。事实证明，推进立法机构通过消防安全法案的过程缓慢而艰难，但是保险公司发现可以凭借市场的力量"让美德产生利润"：给予那些留意这些新规范的业主较为低廉的保险费率，拒绝承保那些无视这些规范的业主。这样一来，全国保险商委员会不仅自视为一个保护保险公司私有利益的贸易组织，而且也认为自己是一个公共服务组织，支持任何可能解决可怕的城市"火灾烧损"问题的改革措施。[44]

当工厂和商店初次安装电力照明系统时，保险监察员由于缺乏对电力的了解，很难评估这种系统的风险隐患。然而，随着火灾焚毁的建筑物越来越多，制定出一套更加明确的安全准则显得更为迫在眉睫。早年间安装了电力照明的磨粉厂中有三分之一发生过起火事件，虽然大部分都只是小型火灾，但其中也有几场极具毁灭性的大火。尽管如此，保险公司制定出一套电气安全规范来指导监察员行事绝非易事：互相竞争的电力公司严格保护着产品的相关信息；经验丰富的电工学家厌恶保险公司的技术菜鸟任何多管闲事的过问。在新英格兰地区，一些电力公司比较有远见，确实意识到与保险公司合作对双方都有好处。他们组建了一个"电气交流"论坛，鼓励电工学家们就该行业实际操作中的最佳范例交换意见，保险公司利用这些信息起草了最初的一些生产安装安全指引规范。[45]

但是到了19世纪80年代末，人们急需一套更为严格的安全规范，这种需求已经到了刻不容缓的地步。由于重大火灾事故出现了惊人的增长（包括摧毁了大半个波士顿的那场大火），许多保险公司面临破产。城市火灾频发的因素有很多，但是保险公司认为电力是罪魁祸首。一家保险公司的总裁宣称："我们正面对着一个目前尚无人能够理解的神秘元素。"保险公司具备强烈的动机去改变这样的现状。全国保险商委员会收集了电气引发的火灾的相关统计数据，与电工精英们合作起草国家安全标准。长期以来，电气设备制造商各自都有自己的一套标准，电工们在安装时无惯例可循，客户无法得知他们的产品是否安全正确地安装妥当了，而大部分试图评估火灾风险的保险监察员仍然两眼一抹黑，无从分辨哪些是安全的电气设备，哪些是极有可能会烧毁城市街区的危险系统。[46]

全国保险商委员会印发了有关电气事故起因与预防的图解手册，

同时保险行业期刊也刊载着最新的事故报道。很多电气系统采用了木制绝缘装置，当电线过热时，绝缘部分就会起火；纺织工厂把电灯挂在垂落的电线上，这些线路上会积累污垢和尘土，然后会突然起火；当水沿着墙壁从细小的管道裂口渗出滴落下来时，绝缘不良的电线会爆出火星；电工要么没有安装保险丝，要么使用不合格的保险丝；电火花一旦点燃空气中飘浮的泄漏煤气，就会继续引发壮观的爆炸。

电力公司一直强调，由他们的产品所引发的火灾数量实际占比其实仍然很低，随便哪个合理的统计记录都能表明蜡烛、油灯和煤气构成了更大的威胁。但是这个新兴产业却承担了更多的责难，就因为它试图让客户放心将这种强大且可能致命的力量引入他们的工厂、办公室、街道和家庭，试图向客户们保证这么做是安全的。业内人士认识到，无论公众越发严重的电力恐惧症是否理性，都严重阻碍了他们的业务扩张。为了平息人们焦虑的情绪，越来越多的电工学家同意与保险公司的"风险评估人"开展合作。在 19 世纪 90 年代，他们逐步建立了安全规范和标准，并对他们的系统进行了更新升级，这些提升反映出了对绝缘、保险丝和其他安全设备的快速改进。[47]

到了世纪之交，电气行业试图进行自我合理化改革，于是催生了全国标准电气规则会议（National Conference on Standard Electrical Rules）——这是保险业者、电气专家、建筑师、工程师和制造商共同努力的结果。在他们将第一套电气厂房建筑安全标准写入法律之后，他们的"国家性规范"指导了数百个城镇和城市。保险公司还资助了保险商实验室（Underwriters Laboratory）的研究。保险商实验室是一家检验公司，是消费品安全领域的先驱。威廉·梅里尔

（William Merrill）于 1893 年创立了该实验室，他是一位年轻的电工学家，曾受训于麻省理工学院，后来受雇于保险公司，负责确保芝加哥世界博览会上照明系统的安全。长达一年的博览会直到结束都没有发生电气事故。保险公司继续支持了梅里尔的检测工作，包括测试各种电线、开关、灯具和电器的安全性，以及对电气设备引发的火灾成因追根溯源等等。电气设备造成的火灾隐患第一次得到了细致科学的检视。20 世纪初，保险商实验室发展成一个全国性组织，它在芝加哥设有一个防火实验室，在全国各地都有分支机构。它是世界上第一个这样的实验室：向制造商提供安全认证服务，以向制造商的客户们保证，一样电气产品通过了严格的独立测试，不太可能在跟随人们回家之后成为一个破坏因素。[48]

　　城市改革者、保险推销员和公用事业公司一致认为，该行业需要的不仅是明确的电力安全指导方针，还需要更好的电工学家。1889年的波士顿大火发生后不久，麻省理工学院校长弗朗西斯·沃克（Francis Walker）告诉美国人，他们有充分的理由对电力的危险产生"恐惧"，因为在该领域的工作者中，少有人兼具科学训练背景和实践经验，而这正是安全运行一个电力系统所需要的。沃克把大多数第一代电工学家分为两类，一类是"热情充沛又满脑子想法的怪人"，另一类是空有实践经验却不懂电力基本原理的笨拙的工人。19 世纪 80年代末，公众强烈反对使用电力，许多行业领袖达成了这样的共识：只有在新一代专业的电力工作者的帮助下，才能实现电力行业的光明前景。这些电力工作者将充分学习最新科学理论，并接受建造与运营电力站点的实操演练。麻省理工学院、康奈尔大学、哥伦比亚大学和哈佛大学纷纷响应，为此设立了第一批电气工程研究生项目。1882 年，爱迪生建立了他的第一座发电站，美国尚未有学校教授电气工程，他被迫创建了一所自己的公司学校来培训员工。20 年后，全国有 49 所大学提供这一领域的四年制学位学习，为两千多名学生授业。[49]

206　　第一代受过大学教育的工程师加入这个行业时，这个行业正逐渐被企业兼并改变。这是 19 世纪 90 年代一场更大规模的经济集中和合理化运动浪潮中激起的一朵小浪花。1892 年，J. P. 摩根策划成立了通用电气公司（General Electric），这是一家资本雄厚的公司，将爱迪生公司的许多资产和持有专利与汤姆孙－豪斯顿公司更为高明的管理方法整合在一起。汤姆孙－豪斯顿公司是爱迪生的主要竞争对手之一，也是交流电源领域早期的佼佼者。在汤姆孙－豪斯顿公司总裁查尔斯·科芬（Charles Coffin）的管理下，通用电气很快就占领了电气制造业的大半市场。大多数规模更小的公司要么被通用电气吞并，要么为西屋电气所吸纳。1895 年，为了避免发生更多花费甚巨的司法诉讼，两家公司达成协议，将联合经营它们重叠相似的专利。到了 1900 年，第一代电气先驱所创建的各类生产企业已经演变成"电气托拉斯"双寡头垄断，控制了整个 20 世纪电气技术的发展。[50]

　　通用电气并购案把爱迪生从这个他为之呕心沥血的行业里边缘化了。而通用电气对他的回报则是让他摆脱了多年来为了将他的照明系统推向市场而承担的财务压力。一如既往，爱迪生把这笔钱投资到了后续的发明里。那时，一家新的"发明工厂"已经取代了他在门洛帕

克的实验室，这是一家位于新泽西州西奥兰治市的大型实验室，专为
"快速低成本地进行发明开发以及商业化孵化推广"而设计，"在这些
方面，这家实验室可谓卓然不群、一骑绝尘"。除了进行从矿石分离
到雪茄包装纸漂白等各种实验外，爱迪生的研究团队还进行了 X 射
线实验，改进了他的留声机和活动电影摄影机，并继续完善着他的直
流电照明系统。[51]

随着时间的推移，19 世纪 90 年代的公司合并浪潮改变了电力领
域的发展历程。通用电气和西屋电气以爱迪生在门洛帕克率先开创的
团队模式为基础，开始了自己的研发业务，成立了自己的实验室，工
作人员都是来自大学新开设的科学工程专业的优秀毕业生。到了 20
世纪初，这些拥有大学教育背景的专家团队与公司的制造商和销售团
队协同工作，引领了电力照明与电气行业的发展。独具匠心的机械师
和创业冒险家屈服于有资质的专业人士，他们的工作不受自己的发明
灵感所引领，反而受制于公司经理的市场战略。[52]

甚至在这一切发生之前，爱迪生呕心沥血成就的电力革命就已经
从他身边轰鸣而过。到了 19 世纪 90 年代早期，对科学和数学有更强
理解力的科学家和工程师们，已经带领着工业走向了一个新的方向，
这个方向并不符合这位伟大发明家的心意，甚至令他难以理解。爱迪
生坚信他的竞争对手生产的高压交流发电机既效率低下又太过危险，
他没能好好利用自己在照明领域的领先地位，坚持使用直流发电系
统。随着转向支持交流电成为科学界的共识，许多爱迪生的用户被抢
走了，爱迪生试图通过打舆论牌，利用公众对高压电线的恐惧来赢得
这场"电流之战"。一位盟友为了更加生动形象地论证爱迪生的观点，

邀请记者观赏了乔治·威斯汀豪斯的一台交流发电机电击很多不幸的流浪狗和农场动物的过程。在爱迪生急吼吼地妖魔化交流电的过程中，他促使纽约市做出决定，使用电椅处决了一名被定罪的杀人犯，此举透支了爱迪生在科学界的一些珍贵信誉。[53]

爱迪生此时已经人到中年，大多数时候，他只是眼睁睁看着竞争对手解决了交流电带来的许多技术挑战，与以往不同，他成为一个保守的怀疑论者。其他人则发明了发电机、输电线路、变压器、仪表和专供高压交流电系统使用的安全装置，朝着建立现代电网的方向迈出了关键的一步。最值得一提的是，才华横溢的尼古拉·特斯拉（Nikola Tesla），这位曾经的爱迪生公司雇员，率先开发了交流电发动机，展示了一种完全不用灯丝的荧光灯泡雏形，令观众们大为惊叹。10 年前，爱迪生在曼哈顿珍珠街的发电站投入使用，在制造可用白炽灯的竞赛中赢下了一城。如今，他觉得自己在这个他为之付出这么多的电力行业里越来越无足轻重。他向秘书吐露："我现在觉得自己从来就不懂什么是电。"1897 年，他卖掉了纽约爱迪生电力照明公司剩余的股份，宣布退出电力照明行业。[54]

那些年里，经济合理化运动逐渐改变了公司资本主义，随着 19 世纪末行业逐渐发展成熟，电气行业的管理者、制造商和工程师也顺应历史的潮流确立了自己的专业地位。他们在大学里取得了证书，加入了专业组织，为保护自己的利益四处游说。但是那些从事排布线路、维修电线之类危险苦差事的人却没有这样的地位。相反，他们大多都来自所谓的"流动人口"——这些人既没有正经营生也没有固定职业，有啥活就会试着干啥活。有些人会钦佩这些线路工人，他们像水手一样在高高的电缆上作业，凌驾于川流不息的行人汇成的海洋之上。但是其他人，包括一些雇主在内，则很看不起这伙人，他们大都只是临时工，每天的工作报酬约为 2 美元，而他们工作的事故发生率和死亡率却是全国平均水平的两倍。[55]

经验丰富的线路工人不仅感到深受危险的载电电线威胁，还觉得 209 他们职业的技术专业性遭到了无情的贬低。正如这些身经百战的线路老手看出来的一样，"为了工作岗位而毫无意义地盲目竞争，导致行业内普遍定价低廉，这对雇主和雇工都会造成危害，也不利于公众，会毁了我们这个行当，让这个行业恶化衰退"。为了满足市场需求，这些公司雇用了许多生手，这些人对基本的安全操作方法一无所知，却够胆子或者说是别无选择地爬上电线杆悬挂电线。老手们称这些新来的人为"这一行里的屠夫"，因为他们糟糕蹩脚的工作造成了困扰美国城市的许多触电和火灾事故。[56]

就像这些年来劳资冲突当中的其他工人，线路工人转而建立起了工会组织，作为保护自己和生计的方式。有人说："越来越多自学成才的线路工人开始感受到他们的职业尊严。"其中一些人加入了劳工骑士团，另一些人则与有组织的电报工人结成了不稳定的联盟。1891 年，一个小团体为后来的国际电气工人兄弟会（International Brotherhood of Electrical Workers）的前身奠定了基础。和任何其他工会一样，该团体会组织自己的成员为因工受伤的工人提供支持，向已故同志的遗孀支付死亡抚恤金。该组织在 19 世纪 90 年代艰难的大萧条时期，有几次通过罢工成功为工人争取到了更高工资，但是罢工失败的次数更多，包括与爱迪生公司之间的那场激烈冲突。

工会里的工人也赞同雇主的一个观点：他们这个行业的技术水平亟须切实提高。在科技飞速发展的这个时代，当地的工会为了帮助工人们跟上科技发展的最新步伐，投资搭建了黑板、阅览室，提供最新的科技期刊，并组织了相关的课程和讲座。久而久之，工会逐步推动设立了该行业的执照要求和更为严格的安全法规，尽其所能确保再也不会有其他电力行业工人遭遇线路工人约翰·菲克斯的惨剧。[57]

时间到了 19 世纪与 20 世纪之交，电力行业已经趋于成熟，电力不再是一种古怪新奇的玩意儿，而是成为一种大众化的商品，提供这样商品的行业精密复杂且高度资本化，人们只能看到这个行业呈指数级的高速增长。一些曾参加全国电力照明协会年度大会的老前辈深情地缅怀当初，早前的那些年里，随便哪个家伙，只要懂一些电力知识、会一点实际操作技能或者对电力有兴趣，都能够进入电力照明行业。但是大多数人承认，这些专业化及资本化的变革是必需的，这是这个行业继续发展的必经之路，在给予该行业投资者合理回报的同时，能提供更多、更安全、更便宜的照明。

尽管在 19 世纪 80 年代晚期，该行业因频发的火灾和触电事故发展受阻，但这些困难不仅没有扼杀这个行业，反而让它比以往任何时候都更加强盛。公用事业公司的业主和运营者也为将电力照明从一件发明转变成一门能够盈利的生意出了一份力，但是这张不断扩张的输电网络也是由其他机构和互相冲突的势力共同缔造的，许多美国人试图调和互相竞争的发明家和制造商、电灯销售员及其顾客等各方之间

的利益，协调企业自由经营和革新主义者（主张由政府出手保护公众
免受市场混乱和企业垄断的双重危害）两种价值观之间的碰撞。

其他力量也在 20 世纪初一起催生了更加成熟稳定的电力系统：
科学家和记者开发并传播了一种关于电力的通用语言；研究机构和技
术学校把越来越多满腔热情的学生培养成了持有执照的电工学家和工
程师；立法机构建立了监管机构和制定了电气规范标准；专家们、检
查员、公用事业委员会成员和具备公民意识的经济学家，各自做着分
内的工作保护公众的权益；工会试图保护其成员以避免不安全的操作
方式；保险公司向电气产品及服务强制推行安全标准以保护公众利益
及把控自身的盈亏底线。所有人各司其职，一起出力将爱迪生的著名
发明变成了一个更加复杂强大的造物——现代电力网络。

随着企业经理、经由大学培训出来的专家和经过认证的技术人员
对电力的掌控越来越得心应手，电力对于普通美国人却变得越来越难
懂。就像每个其他行业的专业人士一样，电工学家们也讲起了一种晦
涩的行话，"对于创始者之外的所有人来说，这些话就是一个谜"。即
使是他们这一行最基本的单位——欧姆、伏特和瓦特——对大多数人
而言，也犹如看不懂的天书。虽然电工学家们经常拿公众对电力"不
着边际的认知"开玩笑，但是行业里有些人觉得，人们的这种无知没
什么好笑的。记者和政客若是对电力一知半解，必然会对电力公司提
出一些不切实际的要求，并激起民众对他们这种买卖的恐惧和怨恨。
更完善的教育似乎是解决之道，许多行业领袖不仅要求对电力工人和
工程师进行技术培训，还要求在高中课程中增设一门电气科学。这些
人希望通过"更加普及的教育"让更多的美国人有机会自己探究、理

212

211

随着时间推移，各个城市建立了改革者所谓的"科学街"。
路面上车水马龙，而地下铺设的管道，不仅容纳了新的地铁
列车，还包括输送污水、清水、煤气的独立管子和各式电线。

解电力，从而减退公众对电力的非理性恐惧。[58]

　　当然，因为此举能够培养年轻人对这一行的兴趣，将有助于该行业发展，所以这个行业从这所谓的"崇高使命"当中也得到了相当丰厚的回报。到了世纪之交，各个电力行业的从业人数多达近百万人，使得电力照明和电力供应行业成为全国规模最大、发展最快的行业。 213
进步的教育工作者并不太在意能不能为电力公司培养好员工，但是他们都觉得，每一个美国学生都应该至少接受一些基础的科技教育。他们有充分的理由认为，消费者必须具备足够的知识来做出明智的选 214
择，而选民在这个由公用事业公司提供并掌握所有力量的世界里也需要对科技事务有所了解。[59]

　　但是，电气知识的普及是一场漫长而艰苦的战斗。随着行业逐步规模化、专业化，科学知识也变得越来越抽象，技术要求也越来越高，技术专家和普罗大众之间的鸿沟也越来越大。一名电工抱怨道，大多数人只知道电力是一种"神秘力量"，"也不知道这种力量具体从哪里来的，这种力量为所欲为，既能够产生火花，也能够毁天灭地"。[60]

　　尽管人们"非常不了解"电力，但是这个问题仍然对他们有深深的吸引力。在电力带给人们的第一次热潮退去很久之后，大众期刊依旧想要获取关于电气便利化设施的新闻以及电气化未来带来的舒适和魅力生活的各色预测。关于电力领域最新发展状况的讲座，持续吸引着大量人群，尽管其中最受欢迎的往往是那些迎合了人们的猎奇心态而非科普导向的讲座。例如，在波士顿的一次讲座上，电动钢琴演奏的曲调和一场主要看点是发光的头骨跳着康康舞的降神会，让观众

213

Electrical World N.Y.

"THE GENIUS OF LIGHT" STATUE.

当爱迪生在巴黎看到"光之天才"时，他买下了这尊真人大小的大理石雕像，安置在他新泽西州西奥兰治的图书馆里。雕像人物坐在一盏坏了的煤气灯上，头顶着一只正在发光的爱迪生灯泡。

们欢呼雀跃。简而言之，很少有人能理解何为电力——但是这无碍于他们享受电力带来的玄妙乐趣，并沉溺于用各种天马行空的猜想胡乱揣测着它所代表的含义。19 世纪末，大多数美国人认为，电力代表着他们所生活的地方拥有着这个世界上史无前例的、最奇妙先进的文明。

第九章

文明之灯

　　1882 年，马克·吐温乘坐着蒸汽船沿着密西西比河游览。每天晚上当船只的探照灯在河岸勾留时，鸟儿的反应让他惊叹不已。其中一些鸟儿"突然起了调子歌唱起来"，又从树上惊出数百只鸟儿，"在白色的光线中四处晃荡"。对许多生物来说，人造光的力量颠覆了日夜的永恒节奏，令它们晕头转向，比起人类，它们更受其影响。[1]

　　这种新的光线对动物的"奇特影响"也导致了悲惨的结果。不久就有鸟群遭受大规模伤害的报道流传开来，鸟类受此新科技诱骗致死。在得梅因，每天早晨"顽童们"都聚集在电线下，抢着用铲子舀出"一兜一兜"的麻雀，这些麻雀在电力照明公司每晚接通电源时触电身亡。迁徙的鸭子和鹅经常成为猎物，安装在塔楼和高大建筑物上的弧光灯时常让它们迷失方向。在克利夫兰，一群飞鸟接连撞上许多高悬的弧光灯，砸碎了灯泡，撞熄一半的灯光。人们一边从下方碎裂的灯壳残骸中收集起那些尚有余温的尸体，一边"庆幸他们采用了这种新颖而廉价的照明方法，可确保他们不在游戏中出局"。成堆的鸟类和蝙蝠尸体堆积在新自由女神像的基座上，引发一些人呼吁熄灭雕塑上的火炬。可是，工作人员把最有趣的标本展示了起来，然后把剩下的扔进港湾。詹姆斯河上一艘蒸汽船上的电灯"亮着光"，一百多只帆背潜鸭受到诱导碰撞致死。记者对此开玩笑说："乡下的鸭子不熟悉爱迪生的发明。"最严重的事件之一发生在芝加哥交易所上方，迁徙的鸟群被强烈的弧光灯光线引向死亡之途。第二天早上，一名看守发现大楼的屋顶上覆盖着五颜六色的鸟类躯体，或死或垂死，其中有许多是不知名的物种，下面的人行道上也是层层叠叠的鸟儿，这一片尸山骨海，其羽毛"足以编缀装点伊利诺伊州所有女士的帽子"。[2]

　　还有一起鸟类触电事件实在太过耸人听闻，以至于全国的报纸都报道了此事。在加利福尼亚州弗雷斯诺市附近，有两只鹰同时在一根1万伏特的输电电线上落脚，形成的电流短路在一瞬间将它们烧成了灰烬。线路工人发现上面徒留两只"烧得焦脆的"爪子，仍然紧紧抓住电线，下方是一只骷髅头和散落的其他肢体。一些报纸刊载了一位艺术家对老鹰被电击场景的演绎，又影印了老鹰烧焦残骸的照片，以飨读者。[3]

　　事实证明，许多种类的昆虫也很脆弱，它们要么无法抗拒飞蛾扑火自取灭亡的命运，要么死命撞向路灯的球形灯壳直至精疲力竭。当

216

217 联邦政府尝试在国会大厦以及在国家广场上的其他公共建筑上安装弧光灯时，每幢建筑的隐匿角落和缝隙里迅速堆积起"数十亿"只死虫，还有成千上万只虫尸黏在与墙面的"死亡之握"上。一位科学家估计，一盏弧光灯每晚会杀死 10 万只虫子。由于某些物种对蓝光的反应特别强烈，因此弧光灯耀眼的光芒显得特别有诱惑力。据 H. L. 门肯（H. L. Mencken）回忆，19 世纪 80 年代中期，当这些电灯第一次出现在巴尔的摩时，吸引了一种巨大的水甲虫，这些虫子成群结队，差点湮没了灯光本身。每天晚上都有成千上万的虫子陨落在下面的人行道上，被行人踩得嘎吱嘎吱响。这些"电灯甲虫"是由弧光灯本身产出的——得出这个中世纪蒙昧结论的，并不只有门肯的朋友们，圣路易斯一家电力厂的经理也不得不这么安抚他那些焦躁不安的顾客：这些生物"一直都在这里，只是在电灯现世之前，人们看不到它们罢了"。腐烂的虫尸体散发着恶臭，更糟糕的是，有传言说，被电光虫咬一口，"就像被狼蛛咬一口一样危险"。一位教授承认，路过电灯已经成了一桩"大麻烦事"，但他总结道，这是"电灯带来的恶果之一，而我们必须忍受"。[4]

无论灯光在哪里亮起，它们总是会发挥它们的第二个功能——消灭那些（用一名记者的话来说）"丑陋的小尸体"。农民们在田地外围安装了弧光灯，希望能把昆虫从他们的庄稼上引开。在路易斯安那州，一些人指望通过照亮沼泽来控制蚊子，不过他们很快就发现，虽然无害的雄性蚊子难以忍受发电机的嗡嗡声，但是带给人类那么多痛苦的雌性蚊子却不为所动。最后，事实证明，光至多能吸引虫子但不能消灭虫子，大多数人放弃了利用光来控制虫子的想法。

一些人发现，这些奇怪的大规模伤害事件是展开科学研究的大好机会。每天早晨，只需要翻一翻弧光灯下的小虫尸堆，就能发现成百上千种稀有物种，根本不必再去野外冒险了。史密森尼学会（Smithsonian）的科学家们在华盛顿纪念碑脚下收集了一些鸟类标本，希望能够了解夜行鸟类的迁徙模式。这些科学家对动物本能和人类进步之间的矛盾所造成的"大屠杀"感到遗憾，但大多数观察人士对鸟类、蝙蝠和昆虫的大规模灭绝表现出的好奇要多过担忧。许多人抱怨堆积如山的昆虫尸体既恶心难看又散发着臭味，然而他们又对光施加给动物世界的意想不到的力量抱持着极大的热情。他们认为，在人类不断尝试征服和塑造自然的过程中，这会是一样不错的新武器。

当时，美国市场上的商业猎人把旅鸽逼到了灭绝的边缘，野牛和狼也几乎走向了相同的命运。这些猎人欣然接受强光提供给他们的优势：强光吸引猎物，光束会让这些动物晕头转向。第一批号称此举有效的猎人中有一对来自马萨诸塞州，他们来到路易斯安那州，租了一盏便携式弧光灯，在一片藤树丛里拿它照明。在为期两个月的夜间狩猎过程中，他们捕获了数以千计的鸟禽，其中大部分是丘鹬，这在当时是一种珍馐美馔。其中一名"狩猎达人"称，丘鹬往往"十几二十只一起猛扑向那团光"。在 15 码（13.72 米）开外的地方，在"精湛的人造白昼"下，这些小鸟鼓起翅膀看上去"大得像谷仓……枪炮轰、轰、轰地把它们打下来，让国王饱餐一顿"。这两个人杀死了三千多只鸟，把它们从新奥尔良运到了芝加哥。愤慨的当地人开了一枪，射穿了他们的灯，导致电灯出现了一点小故障。造成的损坏只能由电工来修复，他们付了一大笔小费，还拿了一杯烈酒，以安抚这个

218

可怜人的情绪。"我真搞不懂为什么这群人这么珍视那几只鸟，"这名达人感到疑惑，"他们理应折服于我们北方佬的聪明才智和进取心。"[5]

同样，渔民们也认识到了光作为一种诱饵的力量。钓鱼取乐的人们安上了电池驱动的鱼饵（发光的小型"豌豆"灯泡），而打鱼为生的人们则尝试在渔网中安装白炽灯泡。据一份报纸报道："用这种方法捕获量大得惊人，以至于对于鲑鱼捕捞业来说，甚至可能存在过度捕捞的情况，致使该物种面临灭绝的危险。"这无异于杀鸡取卵。[6]

事实证明，如梅花鹿和麋鹿之类较大的动物，也很容易被电灯狩猎得手。猎手们在小型木划艇上安装了"引猎灯"（一种小却亮的前照灯）或者更大的聚光灯。一位猎人解说道："当引猎灯耀眼的光芒照到鹿身上时，它会转过身来正对着光线，一时间被吓呆了，然后处于一种傻傻的好奇状态当中。"许多人谴责这种行为"毫无体育精神"可言，并推动州法律禁止引猎灯，但是偷猎者仍然继续采用这种做法。电工学家们在被填塞制成标本的梅花鹿和麋鹿的多叉角上安装了小电灯泡，闭合电路，导通电流，将之化身为"新型枝形吊式电灯架"悬挂在酒馆里，很多人喜欢。大西洋两岸的老派人喜欢把珍奇动物的头、脚和尸体填充成灯或者其他家具，并且迫不及待地用白炽灯泡去装饰这些战利品。在人类得到舒适性的同时，动物却落入了如此窘迫的境地，然而似乎没有什么人会为此感到困扰——这两者都证实了，人类不仅站在地球生物链的顶端，还通过所掌握的科技踏上了登天之途。[7]

在这个时代，很多美国人显然都为他们社会上诞生的伟大技术发明感到自豪，人们常常会为首次按下某个电子开关而举行隆重的仪式。没有什么群体能比伊利诺伊州埃文斯顿的商人俱乐部更喜欢戏剧性的可能。1890年，该组织在它的大厅里举办了一场进步主义的盛会，从而开启了使用电灯的时代。在乐队演奏的挽歌声中，旧式煤气灯渐渐暗下来，熄灭了，观众被淹没在黑暗中，此时，音乐切换到了喜庆的进行曲，伴随着300只白炽灯泡散发出的"柔和光芒"，人们对更加光明的未来表示热烈欢迎。全国各地的人们同样将首次用电照明的那一刻当作历史性事件来纪念，这是个具体确切的时刻——他们将暗淡的过去抛在身后，走进了电气化未来。

220

在一场更为宏大的进步盛会——史诗性的百老汇演出剧目《精益求精》（*Excelsior*）中，电灯成为核心焦点。该剧在尼布洛花园的仓库上演时座无虚席，后来在全国巡回演出。该剧目由匈牙利移民伊姆雷·基拉尔菲（Imre Kiralfy）执导，也正是此人策划了在斯塔滕岛上演的《巴比伦的陷落》（*The Fall of Babylon*）。伊姆雷·基拉尔菲不仅率先在百老汇剧目中使用电灯，而且还把这种新技术作为该片的一个主要亮点。该剧结合了哑剧、芭蕾舞和"华丽的舞台造型"，描绘了黑暗与光明之间的一系列斗争，象征了"文明进步过程中知识与蒙昧之间的冲突"。数百名身穿海绿色和浅橙色宽大长袍的舞女在聚光灯下起舞，在"光明神殿"上演了一出高潮迭起的争斗。在那里，光明彻底驱散了迷信和奴役的阴影，一位评论家称赞这个场景里多彩灿烂的光芒"华美得难以形容"。[8]

基拉尔菲承认，灯光具有象征意义的力量在与周围的黑暗对比时能够得到最好的体现，这个原理似乎对镀金时代研究文化的学生、舞

爱迪生亲自监督安装了 500 盏灯，帮助《精益求精》成为百老汇的“一大盛景”，他也对该剧新颖的灯光效果产生了浓厚的兴趣。

台制作人和灯光工程师也一样具有意义。大多数社会批评家、公益布道者和预言者都衷心祝贺他们的受众幸运地诞生在一个光明前所未有地战胜了黑暗势力的时代。我们只需想象一下那些老人们的生活是什么样子的就知道了。他们尚能够讲述第一次接触到电报和蒸汽机时的故事，这些机械曾经令人惊叹，但现在却已经是司空见惯的普通玩意儿了。

222

虽然许多成年人还记得电力照明出现之前的晦暗岁月，但是 19 世纪末的知识分子常常将那个时代的技术革命置于更为宏观的叙事背景乃至历史长河之中来看待。地质学、天文学和生物科学的发展，促使大西洋两岸的学者们拥有了一种更为广阔宏大的时间观，反映在他们新近对历史方法和进化论的兴趣上。在这种影响下，他们欣然接受了 19 世纪人工照明的革命性改进，他们认为，这些改进很好地象征了人类文明更为宏观层面上的进步。正如基拉尔菲的百老汇表演所表达的意象，随着人类日益增长的技术力量和智力启蒙缓慢但坚定地驱散了匮乏、无知和不公正的阴影，这些作家把人类历史理解成一段走出黑暗的史诗之旅。

因此，19 世纪晚期的许多学者发表了不少人工照明的历史和发展相关的科普文章和准科学论文，每一篇采用的叙事都宣称灯泡实现了人类征服黑暗的追求。据这些作品描述，古代人类只知道一种灯，烟熏火燎的灯——以贝壳或动物头骨为容器，上配一根简单的灯芯，插在一汪臭烘烘的鱼油或动物脂肪上明明灭灭。在人类漫长的历史进程中，大部分时间里，在大多数人认知中的全部光源就只是简单的牛油灯而已，但是 19 世纪科学技术的突破，迅速带来了一系列更加完善精妙的发明，满足了人类对更多光明的渴望。[9]

　　这些历史学家经常说，从蜡烛到鲸油灯、煤油灯、煤气灯，最后到弧光灯和白炽灯，照明系统的演变反映了文明更加全面的发展及其对自然的掌控。他们总是认为，更强的光照不仅驱散了物理层面的黑暗，也击退了精神层面的黑暗。每一种新形式的人造光都开辟并照亮了灵魂的更高境界，相应地完善了人类文明的道德观和审美观。通过这种方式，处于一种文化当中的人工照明质量揭示了其文明程度，人们不需要回顾遥远的过去就可以明白，原始文化使用着原始的灯具。就像人类古代历史的活化石一样，19世纪末的格陵兰人仍然依靠鲸油灯照明，"南部的黑人"用松木火炬，"美国印第安人"[1]则是"单纯粗鲁地生篝火照明"。一些波利尼西亚部落据说"没有任何灯具"，他们正处于一个"单纯野蛮"的发展阶段，大多数种族早在"一万年前"就度过了这个阶段。[10]

　　在那个美国白人建造种族隔离之墙的时代，新闻媒体在报道中总是乐此不疲地否认非裔美国人为该国所取得的技术成就做出过任何贡献。在包括电灯在内的许多领域里，尽管黑人发明家相对缺少教育和机会，但也做出了很多举足轻重的贡献，主流媒体对此视而不见，反而更愿意发表一些诸如非裔美国人在第一次见识到新型光源时飞蛾般不知所措的故事。因此，阿尔伯克基市的一家报纸分享了一个"有色绅士"的故事，他是镇上最后一个知道电灯泡没法被吹灭的人，他做过"吹得眼珠子都要瞪出来了，满脸都是汗"的壮举。另一个广为流

---

[1]　原文 Red Indian 为对印第安人的蔑称。——译注

传的类似事例是，一名"黑人仆人"向他的白人老板保证自己明白主
人的新型照明系统的运作方式，"我明白这些发电机和发电站之类的
东西，"他解释道，"就是不知道煤油是从哪里喷出来的。"似乎是为
了用最可怕的方式表达同样的观点，一些暴徒动用私刑用新式电灯杆
吊死了他们的受害者，这既证明了他们的无耻，也恰好反映了他们预
设的观点——电力是白人文化优越性的象征。[11]

在全球范围内，非白人在看到电灯后的第一反应，为现代读者看
待"本土思维"提供了一种居高临下的视角。例如，据报道，玻利维
亚的印第安人拆掉了电线杆和电线，认为电灯正要"吞噬月亮"。据
一位来自西方前往德黑兰的游客反馈，迷信的当地人指斥这座城市的
第一盏弧光灯是邪恶势力的杰作。也许最受欢迎和经常被提起的故事
是英国军队以聚光灯为武器，对付他们在苏丹的"野蛮"敌人：用一
道强大的光束击退夜间的攻击，使"咆哮号叫着冲过来的阿拉伯人"
陷入混乱、四处逃散。[12]

19 世纪晚期，基督教传教士把电力照明带到了他们在世界各地
的偏远据点，这是一种强大而有力的工具，似乎既证明了他们的良好
意图，也证明了西方基督教世界的文化优越性。发电机的神秘力量
肯定会"迷惑当地的巫医"，削弱他们的权威，而其有用且美丽的灯
光还通过联想让人确信基督徒在精神层面拥有"真理之灯"。当第一
批传教士宣布打算将便携式照明系统带至"黑暗大陆最偏僻的角落"
时，他们的支持者非常欢迎这种尝试，将"善意的电力光束照射到昏
暗的土著人身上"，因为这是一个更为宏大的使命（促进道德和文明
进步）的一部分。《电气世界》随时关注跟踪电力新市场，该期刊很

快注意到，"没有一个传教士的蒸汽机能够在没有发电厂的情况下正常运转"。[13]

当西方人无法将电灯带给"野蛮人"时，他们会按捺不住先把野蛮人带到电灯跟前。这些年来，人类学这门新科学的先驱们"发现"了许多与世隔绝的部落，比如居住在悬崖上的墨西哥塔拉乌马拉人。当一位美国探险家说服他们中的七个人离开他们遥远的山区老家，乘坐火车前往芝加哥时，记者们热切地跟踪报道了这件事。这些"真正的野蛮人"给美国读者带来了充分的满足感，他们对现代科技的反应"类似于一个人被吓得可怜巴巴时产生的恐惧情绪"。当他们第一次抵达一个灯火通明的城市时，他们面对这种"神秘莫测的光照，浑身战栗"。这种传统文化与电力照明之间的邂逅，在全球范围内反复出现，这让读者在理解科技革命带来的令人不安的变化时产生了一种基于种族差别的刻板印象。科学家们使美国公众确信，这些原始人是活化石，在智力方面仍然是禁锢在"人类进化第一阶段"的儿童。现代人代入这些"野蛮民族"的视角来看待最新的发明，可以更好地理解和欣赏自己的社会已经进步了多少，并为他们正处在人类发展前沿的特殊地位而感到自豪。

这样的寓言故事不仅仅满足了无聊的好奇心和"科学兴趣"。当时，欧洲和美国纵横全球抢夺新市场，强行施加英制强权，同时又担心移民对他们世代相传的家族产生影响，而这些故事肯定了白人统治国内外的正当性——他们不是征服者，而是人类的恩主及先锋开拓者。15 世纪，当欧洲人首度尝试探索更广阔的世界时，他们认为基督教是他们文化优越性的木本水源。19 世纪工业革命期间，他们又经常认为这一根源是他们的先进科学和更加强大的机器。正如美国帝国主义者乔赛亚·斯特朗（Josiah Strong）对此的评价："没有什么比发明更能说明人类战胜了自然，它也是人类对物质生活条件控制力的最佳反映，而盎格鲁－撒克逊人在这一领域没有对手。"[14]

那些认为电力照明鲜明地标志着欧洲或者盎格鲁－撒克逊文化优越性的人，会对日本的反常现象感到困惑。西方知识分子经常声称亚洲"故步自封"，但是在 19 世纪 60 年代末，日本人结束了长达几个世纪的自我封闭之后，以一种令许多人"惊诧"的热情和技巧接纳了西方技术。一位美国游客赞扬日本人的最高方式是形容日本人"同美国人一样乐于接受新事物……他们思维敏捷，想要跟上时代"。他们的政府于 1887 年在皇宫安装了布拉什的弧光灯系统，并派特使前往美国和欧洲学习最新的技术发展成果。当 800 名日本人加入了他们国家第一个电气俱乐部的消息传到纽约时，《电气世界》杂志承认自己"几乎不知该如何消化这则情报"。[15]

美国公司在全球的电力照明和电力行业一直处于领先地位，但是有人提醒说，日本人很快就会从多金的客户变成危险的竞争对手。许多西方观察家依旧视他们为一个"擅长模仿的种族"，他们是不太可能自己产生新的想法的，但是没有人怀疑他们生产制造的能力。在电灯进入日本十年后，一位记者发出了这样的警告："我们能制造什么，日本人也能制造什么。而且他们能够以比我们更加低廉的成本生产我们需要的东西，除非对亚洲提高保护性关税，否则亚洲将成为美国的工厂。"西方认为现代科技是盎格鲁－撒克逊人种族优越性的体现，但是日本人动摇了西方人的这种观念，西方人不情不愿地夸奖日本人是"亚洲的美国佬"。美国政府带着这种想法，从生物学角度得出了一个结论——他们的一份报告认为，日本不断增长的工业实力，源于该民族传承的血统与"雅利安人"沾亲带故，该报告称日本人是"毫无疑问的白种人"。[16]

227   19 世纪晚期的通俗小说作家也相信种族阶层和技术优势之间的这种联系，路易斯·塞纳伦斯（Luis Senarens）就是其中之一。他写了几百个故事来讲述勇敢的少年发明家小弗兰克·里德（Frank Reade Jr.）去到世界有色人种之中的冒险经历。他的故事开场白大多是"目前在世的最伟大的发明家"——年轻的弗兰克，向记者们展示了一种精巧的新机器，而这台机器常常会引来一名震惊的记者的恭维和奉承。该系列于 19 世纪 60 年代开始发表时，蒸汽动力是当时最新潮的科技奇迹，所以早期的几卷本向读者大肆吹捧了他的"蒸汽动力马匹"和"蒸汽动力人"。到了 19 世纪 80 年代，里德和他的读者们都从蒸汽转向了电力，发明家里德发明了一匹电动马、各种电动飞艇和潜艇，还有一个强大但顺从的仆人——8 英尺（2.44 米）高的电动人。[17]

这些故事的作者没有浪费时间探究里德那些匪夷所思的发明背后的科学原理。这位英俊的年轻发明家眼中充满自信的智慧，似乎足以解释"电动空中飞舟"或"电动碎冰船"的成功。尽管这些新奇的装置可能令人眼花缭乱，但是没人能靠发明家工作室里的无稽之谈长时间吸引读者的兴趣，于是每一样奇妙的装置都在一场惊人的冒险中大显身手。在他的"忠实随从"蓬普（Pomp）和巴尼（Barney）的陪

伴下（一个是和蔼可亲的"黑人"，另一个是彪悍好斗的爱尔兰人），
年轻的里德带着他的发明去了异国他乡，在那里考验了机器对抗自然
之力和一群无知且常常心怀恶意的低等种族的能力。里德的发明难住
了阿帕切人[1]、亚马孙人、凶残的贝都因人[2]和亚洲山区土匪们——这
些对手的威胁性和异国情调丝毫不逊于里德用高超科技征服的海蛇和
吃人的老虎。

　　小弗兰克·里德的电动人与一伙澳大利亚"本地衣衫褴褛的邪恶　　228
丛林居民"初次相遇的桥段，在这种小说流派的故事里非常常见。少
年发明家与他的同族伙伴带着电动人来到澳大利亚进行科学考察，试
图揭开这片广阔大陆的奥秘。早在里德抵达悉尼之前，他的名声就已　　229
经传到了这里，当地居民举办了一场豪华宴会为他接风洗尘。市长表
示："虽然他是个美国人，但是他属于全世界。他战胜了自然——他
穿透空间，在生死关头救人于水火之中。"这个城市的美丽女人们也
非常赞同，她们争相想要一睹这位英俊谦逊的美国天才的风姿。[18]

　　不久，电动人拖着一辆经过特别设计的马车，载着里德和他的助
手们进入了澳大利亚的丛林，他们在那里射杀了一只袋鼠，撑过了一
场地震，发现了黄金，与此同时他们还一直面临着"野蛮人"袭击的
威胁。第一天晚上一帮子土著居民遇上了电动人，他们以惊奇的目光
盯着电动人——当然，他们有这样的反应可以理解——然后，一旦机
器人聚光灯的强大光束照射过来，他们就会发抖号叫。看来，"他们

---

[1]　美国西南部印第安人的一族。——译注
[2]　传统上生活在沙漠里，住帐篷的阿拉伯人。——译注

小弗兰克·里德带着他的"电动人"抵达澳大利亚内陆地区。

似乎无法承受电灯刺眼的光芒,他们跪了下去"。只有他们"顽强健壮"的酋长还大胆无畏地直直瞪向那灯光,"表情里混杂着疑惑、凶恶和惊诧",他的追随者们却只能"呃!呃!呃!"地哼哼。勇敢的酋长有勇无谋地将长矛扔向了这件美国聪明才智的化身,却只看到长矛碎了一地。里德扭转了一下电动人的一个曲柄,让电动人钢铁般的身躯朝那名酋长的肚子狠狠踢出了一脚,迅速解决了那个不屈不挠的原始人,使得那名酋长成了"澳大利亚史上病得最重的人"。[19]

作者在许多小弗兰克·里德的故事里,充分发掘了电灯的叙事潜力。少年发明家与他的助手们发现自己身处一个又一个黑暗的角落——狂风暴雨的夜晚、日月无光的(美国东南部的热带稀树)大平原和雨林,或者更加幽暗的洞穴和海底世界。黑暗中随时都可能会冲出一群来势汹汹的生物,当这些生物被弗兰克·里德的聚光灯明亮的光束照射到时,似乎显得更加咄咄逼人。这些灯附着在潜水服和空中飞舟头部之上,经常被描述成"有史以来最强大的发明",总是能及时地揭露危险、找出宝藏,击溃迷信的当地人。电灯从昏暗无光的危险境地中突然揭露目标、吓人一跳的能力,震诧了镀金时代通俗小说的读者们,从此开创了一种集惊悚、悬疑和科幻于一身的文学创作类型。

1901 年纽约水牛城举行的泛美博览会上,技术进步与西方文化优越性之间的联系得到了神化。自 8 年前芝加哥世界博览会以来,每一场大型博览会都会上演精心准备的灯光秀,但是水牛城博览会是第一个以电灯与电力为核心主题的博览会。本次博览会靠"役使"附近

230

的尼亚加拉河发电，点亮了比以往更多的灯泡，向游客们展现了"一幅灯光照耀下的无与伦比的美景"。芝加哥博览会只用了纯白的灯光，而水牛城博览会却营造了一个"彩虹之城"，五色缤纷且色调经过精心安排的光芒显得悦目娱心，这是一种大胆的实验，把灯光效果玩出了新的花样。[20]

　　展会策划者们安排这种"白炽灯狂想曲"不仅仅是为了逗乐，还想由此教化于民。每栋建筑的结构、照明和配色方案，都旨在为参观者带来穿越时间的体验，追溯人类进步历程中的英勇事迹。1893 年世界博览会上受欢迎的娱乐场区域让人们得以一窥"原始"文化下充满异国情调且往往充斥着生殖崇拜的世界，但是活动组织方有意将这些低俗的景点排除在博览会场地之外。水牛城博览会的策划者却选择将娱乐场区域的原始文化展示纳入整个博览会里，向游客保证他们会觉得这些展览既有趣又有教育意义，经过科学安排的娱乐场区域，将会令游客对人类进化的每个阶段都有感同身受的体验。

231　　大多数参观泛美博览会的游客都是从娱乐场区域进入的，他们在那里看到了野生动物表演——一头跳水的麋鹿，一匹"受过教育的马"，还有一只名叫以索（Esau）的黑猩猩，是"缺失的一环"，它会弹钢琴，还会对着打字机敲敲打打。在这些动物景点附近，游客们还发现有专门展示异国"较低等"人类分支的区域，证实了"这些奇怪而有趣的文明与我们是多么不同"。参加展会的人可以一窥"最黑暗的非洲"，或者欣赏 150 个"南方黑人盛大的步态舞"和其他"黑人在种植园吟唱的歌曲和跳的舞蹈"。他们还可以观看聚集了数百名来自几十个部落的"真土著"的印第安人大会，观摩因纽特人在冰洞里跳舞，观看墨西哥斗牛，在"摩尔人宫殿"里享受骑骆驼的乐趣和有性挑逗意味的东方舞者。这些非白人文化的展品被涂上了"最醒目、最粗鄙的颜色"，温暖的泥土色调意在暗示那些仍在人类进步的起点徘徊的种族的原始激情和孩童般的情感。[21]

当游客们离开娱乐场区域，进入博览会时，建筑的色彩设计就变得越来越精细巧妙且淡雅，象征着西方人登上了更高的开悟层次。越过"胜利之桥"，经过"丰饶喷泉"，逛博览会的人朝着一座宏伟的电塔行进，它集该场地字面意义和象征意义的中心于一身——"越来越辉煌的通道尽头的圣坛"。这座塔上亮着 4 万枚灯泡，受尽彩色聚光灯的光辉洗礼，顶端有一座镀金的光之女神雕像，这尊电塔被誉为"这个时代最了不起的成就"。一名记者声称："这是一座充满生机的光明之城，凡是看到它的人都知道，即便穷尽他们的想象力也无法企及其之万一。"甚至托马斯·爱迪生也深受触动，称其已臻"白炽灯之化境"。[22]

历史学家罗伯特·雷德尔（Robert Rydell）称泛美博览会"经过精心设计"，是"一个隐喻着美国崛起成为文明之巅的寓言"。在电塔旁边，灯火辉煌的展览厅使得参观者有机会领略到机械和电气技术最新的成果，这些展品体现了"美国人民的聪明才智"。许多展品展现了在目前已知的领域里正在取得的稳步发展——更高效的灯具和引擎，以及爱迪生的最新发明——一种专供电动汽车使用的改进版蓄电池。但是展示新发现的神秘 X 射线、散发着幽光的元素镭和无线电报的地方也人潮涌动。这些惊人的发现打破了科学家们对物质本质的认识，这意味着人类对于电力的探索和掌控尚且处于初级阶段。[23]

泛美博览会上的电灯塔是为夜间打造的建筑的集大成者，这种新型建筑专门设计成在天黑后看起来最好看的样子。一位参观者惊呼："它像钻石一样闪闪发光，就像是用透明、柔软的阳光构筑起来的，静静地映衬着黑暗的背景。"

美国总统威廉·麦金利（William McKinley）在被暗杀者的子弹击中数小时之前，还在水牛城的博览会上发表了讲话，称这样的博览会是"进步时间的记录者……它们激发了人类的活力、进取心和才思智慧，使得人类的聪明才智更加活跃"。但是，另一位评论家则代表了大多数展会参观者的想法，他写道，即使只能干瞪着这些根本看不懂的新发明和奇怪的电力展示，"这些玩意儿依旧令我们热血沸腾、无比自豪"。在这些展品背后，作为基础的新科学技术对 20 世纪早期美国人的生活越来越重要，也越来越高深莫测。然而，在博览会的设计和配色方案中嵌入的种族等级划分，给予了白人参观者些许安慰，暗示他们比那些留在博览会娱乐场区域的"未开化"种族更了解科技。作为欧洲的白人，即使是对技术生涩懵懂的人，也会为自己属于这个充当进步先锋的创新一族而感到自豪。[24]

并非所有人都认可技术领域里的这种种族阶层排序制度和西方帝国主义是合理的。其中最尖锐的批评者当属列夫·托尔斯泰，这位俄国小说家兼基督教苦行僧激励了整整一代宗教激进分子和和平主义者。"让我们别再欺骗自己了"，托尔斯泰写道，他试图粉碎那个时代他所认为的最大的虚假偶像之一。他认为，发明家根本不关心人类的福祉，而是为了自己的利益奔忙，听从"政府和资本家"指挥。托尔斯泰把 19 世纪所有伟大的发明分为两类：第一类是直接对人类有害的东西，是对真正的基督教精神的侮辱，例如加特林机枪和鱼雷；其余的，包括电灯在内，对大多数人来说是无害的，但是"也没啥大用，而且遥不可及"，纯属富人虚荣心作祟。出于自私自我的意识（而不是在对上帝和同胞之爱的驱使下），对科学和物质财富不计后果的追求，将"我们当代欧洲社会的人们"变成了"乘坐铁路环游世界的野兽，他们通过电灯向全世界展示他们如野兽般粗野蛮横的样子"。[25]

许多欣赏托尔斯泰这一片赤忱的人认为，他对物质进步的哀诉悲泣之意被"错误、不合理的专制主义混杂着极端不切实际的想法破坏了"。至少在美国，"电灯是富人的无聊玩物，其他人无法染指"这类说法与实际情况大相径庭。许多人担心公司资本主义会导致贫富差距越发悬殊。然而，电力似乎惠及了广大人民群众。到 20 世纪初，所有美国城镇居民都享受得到电气化夜生活与更加明亮的工作场所带来的乐趣和便利，同时，许多中产阶级消费者和越来越多的城市工人也能用上家用照明设备了。富人没有必要囤积电灯作为他们阶层的特权——公用事业的本质，要求一家盈利的公司实现规模经济，从而降低成本，使得许多人能够享受电力的好处，并为之支付金钱。随着每个月越来越多的中心电站上线运行，电力成本持续下降，在人口更为稠密的地区，电灯似乎必然会惠及大多数家庭。[26]

235　　在这方面，19 世纪晚期的技术革命之所以如此与众不同，不是因为它创造了巨量的私人财富，而是因为它显而易见地惠及了普罗大众。现代工业体系为一些人创造了巨额财富，但同时也让更多人受益——通过为大众提供世俗的舒适生活，提高"人类幸福感的平均水平"。与许多欧洲同行相比，美国工人受过更好的教育，更有创造力，更能自力更生。19 世纪末，美国工人认为自己有权分享国家消费经济不断发展的成果。正如一位学者对这种现象的解释："富人的享受变成了穷人的舒适生活用品。越来越多的人对舒适生活有了更多看似绝对的需求。直到今天，日薪工作者发现自己虽然渴望更好的工作条件，但却隐隐满足于区区一些便利。而这些便利设施，在几个世纪以前，是连富贵阶层都无法想象或拥有的奢侈享受。"1891 年，一位经济学家对公用事业在美国小城镇的普及情况进行了调查，得出结论："无数劳动人民、机械工人和那些生活贫困的人的家庭"享受到了出热水的水龙头、中央供暖系统、煤气和电力照明，这样的舒适生活即使是富人在所谓的"美好的旧时代"可能都享受不到。他反问道："如果我们能选择在地球上度过的日子，难道我们不会选择生活在更好的年代吗？"[27]

　　虽然美国人庆幸自己能够站在人类文明发展的巅峰，但是大多数人都觉得，随着科学对自然力量的掌控越来越得心应手，每一项旧发明都会孕育出无数新的发明，人类不久就将取得更多的成就。一位工程师表示："越来越多的优秀人才不断有新的发现，做出新发明，而这些有生力量始于不断扩大的有利条件：累积的研究和已被证实的经验。20 世纪横空出世的重要发明和新发现将比 19 世纪更多，这是必然结果。"爱迪生对此表示赞同，并预言人类"以后会有更多的发明创造"。因此，任何一个人，包括一个苦行的俄国圣人，在新发明迅速提升平民世俗生活舒适性的当下，竟会质疑"今昔胜昨昔"和"明日胜今日"的真实性，其因循守旧似乎令人难以置信。[28]

　　即使发电机和电动引擎改变了经济生产的许多方面，但居然有相当多的人认为，这只是发展进程中的一小站。当人类能从发电机的磁

236

场中召唤出那么多意想不到的力量时，似乎极有可能很快又会发现全新的能源。一位工程师对此评价道："大自然的力量正在为我们服务。人类生产能力在近一百年里取得的进步，可能超过了人类栖居于这个星球上的过往所有年代。而由生产力发展引发的革命才刚刚开始。"一些人预见到"煤矿资源迟早会枯竭"，预言未来将属于太阳能，并对使用硒光电池进行了实验。1887 年，一位美国工程师写道："只要我们能想出办法禁锢太阳的热量，那么我们就可以抛弃我们的煤矿，忘掉它们曾经存在过。"[29]

许多人认为蒸汽发电机和白炽灯的效率太低了。正如爱迪生所言，在蒸汽发动机里燃烧煤炭来发电是一种"昂贵且巨大的浪费"，势必会被大自然里一些仍然等待我们去挖掘的隐藏力量取代。他预言，第一个足够聪明解决这一问题的人将被誉为"发明家之王"，而他也尚在寻找不通过燃烧就从煤中提取电能的方法。查尔斯·布拉什实验了风能，他在自家后院建起了一座巨大的风车，为自己在克利夫兰市的宅邸提供电力和照明。有人预测，科学家很快就能学会利用地球磁场发电。另一些人则预测，当化学家们弄清楚"萤火虫知道什么"，掌握磷光现象的本质，让一种"发光的醚类物质"沐浴整个空间，就会掀起一场能源革命。这些未来学家中可能最具远见卓识的一位提出，也许可以在整个地球上连起一串巨大的镜子，通过大量"巨型光学管道"收集阳光，将其散播到地球黑暗的另一半。讽刺作家喜欢嘲笑这些电气梦想家，他们提出自己的计划与电气梦想家抗衡：从打架的猫咪皮毛上收集静电来照亮世界。[30]

公众尤其渴望阅读关于未来的新闻消息，这使得维多利亚时代的科幻小说家和乌托邦小说家的作品很容易受到大众青睐。许多作品都设想了世界若是发明创造不断诞生且能量无穷无尽会是怎样一番场景。这些作者对于人类科技发展下的明天究竟是一个美好的甜梦还是一个可怕的噩梦持不同意见，但是他们都认为，未来世界里人造光会相当普及。一位小说家曾经设想，未来纽约的街道将"沐浴在柔和、耀眼且充裕的电力光芒之中"。一按开关就能拥有充足的光线，这标志着远古人类探索的终点。到了 20 世纪早期，这似乎是一个无须特别洞察力就能够做出的预言。对这些维多利亚时代的幻想家来说，未来明亮的灯光象征着一个从匮乏中解放出来的世界，科学进步驱动着这个世界，创造出了一个更加理性、有序和公正的社会。光成功地传达了这些崇高的愿望，同时也为读者勾勒了一个沉浸在消费经济的享乐中的诱人未来。正如一本乌托邦小说中一位来自未来的信使自鸣得意的说法："我们看待工业产品的目光，就像一个人看到一堆苹果从树上掉下来那样稀松平常。"另一位作者在自己作品的标题《世界是一家百货商店》中，更加准确地把握了这种理想世界的精髓。[31]

就连那些对公司资本主义化走向不那么乐观的人，也从来没有怀疑过未来物质将极大丰富且充满其他电气化奇迹，但是他们预测，这一切都将以道德沦丧为代价。民粹主义领袖伊格内修斯·唐纳利（Ignatius Donnelly）在自己的反乌托邦畅销小说《恺撒的纪念碑》（*Caesar's Column*）中描绘了 1988 年的纽约。书中的叙述者乘坐飞艇抵达这座"雄伟之城"，发现由北极光供电的"磁性光"照亮了这座拥有一千万人口的城市。这位英雄惊叹道："黑夜白天都一样，因为磁性光会随着白昼自然光照的流逝而逐步增强；午夜时分，城市的商

238

业区犹如中午时一般拥挤。"起初，这一幕给他留下了深刻印象，但他很快就得知，这种技术力量伴随着高昂的政治代价——贪婪的寡头统治着这座城市，在小说的结尾，这座城市走向了毁灭。一个由电力照亮的文明最终焚毁在革命暴力之中

　　与唐纳利不同的是，大多数预言家认为，更多的照明意味着更好的生活、更高的文明水平。但在 20 世纪初，当美国人继续为更加光明的未来努力奋斗时，越来越多的评论家开始质疑这一假设。虽然大多数人觉得电气化的未来会更加开明、有序且自由，但也有人发出警示，美国正在创造一种表面光鲜但极其肤浅的消费文化——这并非一种进步，而是堕入了现代大众文化的窠臼，到处都是令人如痴如醉的炫目光芒。[32]

曼哈顿下城区的夜景，约 1920 年。

第十章

繁荣与秩序

到了 20 世纪初，美国主要城市的架空天线已成为一件意料之外的艺术品，光斑与色点一并融入了被广泛誉为现代象征的一番景色当中。城市规划师查尔斯·马尔福德·罗宾逊（Charles Mulford Robinson）对此评价道："世界上没有比一座伟大城市的夜晚更美丽可爱的景色了——成千上万的电灯闪烁着汇集成一个光芒荟萃的星阵……它的星星们唱着歌，这首歌咏颂着我们自己的力量。"[1]

不过，如罗宾逊之流的评论家却面临着一个悖论：美国城市只有在夜间和从远处看才能呈现出这类恢宏的视觉景观。而且视线位置最好是一些高处，从高处看下去，那些参差不齐的标志牌和路灯就汇进了一个浩瀚遥远的"星阵"里。罗宾逊作为一位致力于提高美国城市街景视觉和谐性的改革者，和所有人一样能够清楚地认识到电气城市的壮阔之美，但若是近距离观看的话，这种美就不剩多少了。

　　其他人也注意到这项技术带来的古怪结果——牺牲白昼的美观换取黑夜的美景。一位记者在纽约勘察一座由新型电灯照亮的建筑时，出言抱怨："人们会以为白昼并不存在，发明家眼里只有夜晚。晚上看起来特别精美的建筑结构，在白天却不堪入目，而在白日里看它的人要比夜里多十倍。"《科学美国人》在对着一栋"巨大而丑陋的电气标志建筑"的铁支架审视了一番后总结道："难以想象居然有一样东西，能那么突兀扎眼，又丑得那么惊心动魄。"无论灯光在夜晚有多么神奇，即使是在纽约著名的百老汇，一旦太阳升起，电灯施加的魔法就都被破除了，丑态毕露。作家西梅翁·斯特伦斯基（Simeon Strunsky）用一种极其诗意的方式描述了这个问题，他大声惊呼："啊，快乐的白色道路。在快速褪去的灯光下，你并不快乐；此前，爱迪生的魔法之手为你擦去了脸上的皱纹，刺激你进入一种紧张忙碌、活力四射的状态。"电气化的城市用夜景取悦了人们的眼睛，但是在白昼冷冰冰的阳光下却丑态百出。[2]

　　年轻一代的美国画家却不怎么认同这种看法，他们每天都在这座城市肮脏的街道上寻找新的审美可能性。但他们特别喜欢这座城市的晚间景色，并且愿意接受挑战，尝试将美国城市的夜景画下来。约翰·斯隆（John Sloan）、乔治·贝洛斯（George Bellows）和纽约"垃圾箱画派"（Ashcan School）的其他成员在画布上胡乱涂抹着，他们笔下的街道，有一辆路过的高架列车上闪过的黄色灯光、锃亮的商

241

店橱窗带来的诱惑、聚集在路灯下的工薪阶层人士、在弧光灯下进行新宾夕法尼亚车站挖掘工作的夜间工人，以及嘉年华娱乐场和科尼岛夜晚五光十色、群魔乱舞的景色。这些艺术家试图找到一种视觉表现形式，可以准确描摹现代城市生活的感官体验，他们喜欢用强烈、不自然的色彩去画电灯，用简单的图案去刻画强光和阴影深处，人们在周遭的黑暗里进进出出时，艺术家用印象派手法呈现这种城市生活。[3]

242　　　电气化景观振奋了城市里年轻的现实主义者，其他有着更传统艺术气质的人则看到了一座失去灵魂的城市，"而且无可救药。"一名社会评论家表示，"天黑后，走过百老汇摩天碍日的古怪地形，给人的感觉，就好像是在一段穿越冥府深处可怕之地的无尽旅程中度过了数不清的岁月，脑海里满是突出的强光与有碍观瞻之物，令灵魂疲倦不堪，眼睛昏花几近半盲。"[4]

　　针对电力照明对美国景致造成的负面影响，在远离城市中心的地方发生了第一次大规模的公开斗争——该运动由保护主义者领导，旨在挽救尼亚加拉瀑布免于遭遇商业退化的命运。在电灯发明之前的几十年里，大瀑布的壮观景色吸引了游客，而游客又吸引了渴望赚钱的企业家。早在内战之前，游客们就发现这个地方挤满了酒店、纪念品摊头、舞厅和那么多的广告牌，以至于瀑布本身都隐藏在视线之外——除了那些愿意为一睹大瀑布真容特意花钱的人。[5]

　　到了19世纪80年代初，自然资源保护主义者们尤其反感"彩色灯光造成的妨害"，这是当彩色聚光灯照亮瀑布时产生的一种夜间景观，非常受欢迎。在炎热的夏日夜晚，持票者聚集在观景角，展望彩虹色的瀑布。在人人痴迷于利用电子光线照射落水小把戏的时代里，这是其中最为壮丽的喷泉景观。虽然游客们显然颇喜欢这种"神奇效果"，但是像乔纳森·巴克斯特·哈里森（Jonathan Baxter Harrison）这样的景观改革人士，却认为这样的景色"极其不体面、粗俗、可怕"。猩红色的光束让瀑布看起来就像甜菜工厂排放的污水，他怒气冲冲地说道，而在黄色的光线下，大瀑布会让他联想起威士忌酒厂的污水。有些人称这种光照效果为"艺术"，但哈里森斥其为"垃圾"，是人们的错觉，那些人丧失了欣赏上帝之造物的能力，取而代之的是现代世界的"恐怖病态的愉悦感"。更糟糕的是，家长们还带着孩子来看这种景象，荼毒了他们的审美观。他觉得："让年轻人和孩子接受这种奇观异景的影响，是一件令人深感遗憾和悲伤的事情。"[6]

1885 年，数百名美国和英国知名人士联合加入了"解放尼亚加拉瀑布"的行动，迫使纽约市建立了一个州属保护区，由此推进了拯救瀑布运动。该公园的首位专员禁止了夜间的灯光表演，还督造了一处风景优美的公园，该公园由建筑师弗雷德里克·劳·奥姆斯特德（Frederick Law Olmsted）设计，他是中央公园的缔造者。事实证明，这种不那么商业化的元素与瀑布的碰撞受到了游客前所未有的欢迎，一本旅游指南也吹嘘说，这个伟大的地标性景点不再遭受"这个时代主流的物质主义"影响了。几十年来，灯光秀只允许在特殊场合进行短暂的展出。[7]

在美国主要城市的市中心，即便是这种面对电力商业化取得的微小胜利，也是不可想象的，因为在那些地方，公司为了争夺潜在客户不惜耗费巨资。电子招牌与白炽灯泡几乎是同时出现的，爱迪生公司的大型"光之柱"可能是最早的一例，在早期电子博览会上独树一帜，上面闪烁着"爱迪生"的字样，既宣传了品牌，也宣传了这个人。利用20世纪早期开发的更为明亮高效的灯泡，招牌制造商们推出了更多复杂的创新——新产品结合了彩色灯泡、"会说话的"滚动文字式招牌和会产生动态错觉的复杂电路。这种所谓精美照明的最新实例总能吸引一群人驻足。哪怕是视觉上已经感到腻烦了的城市居民也无法抗拒这种由白炽灯组成的幻象：飞奔的电蛇、爆裂绽开的流星焰火、冒着气泡的姜汁汽水瓶，以及沉默地吹奏军号的内战士兵们。

244　纽约的一家清洁剂公司吸引路人的绝招是——在整个夜空遍布紫色灯泡组成的墨水渍，然后变魔术似的用一记红光把夜空擦得干干净净，"这些斑点就这样时隐时现……周而复始"。招牌发明者发明了转筒灯，使这些电路自动化，但是在早期，许多都需要手动操作。[8]

245　　　一些招牌还成了主流旅游景点。例如，纽约一家酒店在侧面用2万只灯泡炮制出了一幅马车比赛图，惟妙惟肖地刻画了20英尺（约6.10米）高的马匹和骑手，连接这些灯泡的线路复杂得足以让纽约人"兴奋"，并为招牌上栩栩如生的细节惊叹不已。马腿"自然地"摆动着，马车的轮辐旋转着，骑手深红色的长袍似乎迎风飘动，白炽灯组成的尘土在后面飞扬。报纸报道了这一招牌制作的工艺创新之作，鼓励读者前往市中心亲眼瞧瞧"那个巨大的电子招牌"，广告招牌商的曝光率因此增加了一倍。[9]

　　并非只有企业希望用电来吸引注意力。许多城市和乡镇树立了巨大的电子招牌来欢迎游客和吸引投资者。例如，丹佛市召集公众捐

244

时代广场，1923 年。

款，在火车站竖起一个巨大的"欢迎拱门"，以 2000 个彩色灯泡的光芒迎接抵达的旅客。民间和商业团体采用电子招牌为特殊场合增添节日气氛，如欢迎归来的战争英雄、纪念显贵的到访，或者在以麋鹿或骑自行车为主题的集会上营造庆祝气氛。招牌制作商学会了"拿爱国主义精神来赚钱"，帮助民间团体竖起巨大的电子旗帜，这是一种用以在国家节假日吸引人群的工具，通过波动起伏的红、白、蓝三种颜色的灯泡展示，来激发他们的民族自豪感。电子广告招牌商还发现，有关教堂的生意十分好做，这些教堂希望通过电子十字架和灯光招牌来提高周日参加礼拜的人数。这类教堂招牌多数采用哥特式或古英语字母，试图与建筑风格搭调，保持一种"尊严体面"的假象。[10]

在现代广告业刚刚起步那会儿，电子招牌集中体现出了一个新的共识，即不断重复使用彩色图像是获得大众市场的最佳方式。正如百货公司巨头约翰·沃纳梅克所说，"图像是未受过教育者的教科书"，那些以色彩和动态为特色的图像最能"吸引眼球"。当一批新晋广告人和设计师将这一策略应用于品牌标签、杂志广告和广告牌时，电子招牌成为最典型的"图像媒体"，是电子广播的第一种形式，创造出了丰富多彩的动态图像，赋予公司一种独特的现代力量——"难以抗拒的吸引力"。[11]

虽然图画效果吸引了大多数人的注意，但是这些招牌也把夜空变成了一张天鹅绒画布，上面尽印些或狂热或啰唆乏味的现代营销宣传文案。多年来，美国城市里的印刷广告牌和海报也都一贯如此，但是所有人都知道，要把一个品牌"烙刻"在公众心中，最可靠的方法就是让它通电发光。20 世纪初的小说家们试图记录下当时商业媒体过度曝光渗透带来的陌生又新奇的感受，他们在笔下勾勒了人行道上被"闪进闪出的电子招牌"愚弄且催眠的人群，"那些招牌将早餐食物、啤酒、安全剃刀、香皂和汤品等产品信息不停灌输进变化无常的公众的脑海里"。纽约海滨闪烁着大得从新泽西都看得清的招牌标语，"吵嚷着呼啸着某人的泡菜或威士忌的价值"。公司邀请他们的客户参与这个过程，举办标语比赛，让幸运的获胜者有机会看到他们朗朗上口的宣传语被装点在城市的天际线上。鉴于招牌上的每个字母都需耗资打造，每天晚上还要花更多的钱来给它通电，小企业一般尽量采用简洁明了的信息，在一个招牌上，写上"餐馆"（RESTAURANT）二字堪称是一种奢侈，直截了当用命令语气的"吃"（EAT）可表达同样的意思。[12]

　　对电子广告的热情很快蔓延到了全国各地的中小城市，那里的居民欢迎每一个到来的招牌，认为这是他们家乡逐步发展、日新月异的印证。通常，一块广告招牌的首次亮相会赢来媒体的热烈报道。据当地报纸报道，"昨晚在蒙大拿州的比尤特，最令人羡慕的事情就是初次亮相的美丽的新电子广告牌……许多人说这是城市中最漂亮的招牌，这块招牌都脸红了"。当伊利诺伊州的斯普林菲尔德市为《芝加哥论坛报》（*Chicago Tribune*）的一块新招牌举行揭幕剪彩仪式时，这家报纸夸耀说这块"招牌中的奇迹"比芝加哥的任何东西都更让人印象深刻。每天晚上，人们都喜欢聚集在 2 英尺（0.61 米）高的字母散发的闪亮光芒下，聊聊这种明亮的光芒是如何让他们的乡下邻居心神不宁的。在招牌点亮的第一个晚上，周围城镇的居民打电话到斯普林菲尔德市，询问他们这座城市是否着火了，其他人则认为他们看到

247

247

精明的教会领导者安装照明系统来吸引教众并提高敬拜的体验。正如一位照明专家所说，"无论从哪个角度看，电力在教堂都发挥了和在娱乐场所一样重要的作用"。

的正是难得一见的北极光。上一代人曾聚集在一起庆祝他们城镇第一批弧光灯的到来，现在，每一块巨大的新招牌又重新唤起了公众对电灯的好奇心和兴奋感，这让当地的支持者们确信，他们的城市仍然是"一流的"。[13]

　　发明家们没有放过任何一个空间，他们开发出了足够强大的弧光灯投影仪，能够将文字和图像投射到天幕之上。布拉什公司在哥伦比亚博览会上试验了空中电子广告文字技术，每天晚上将每日出席人数和诸如克里斯托弗·哥伦布、格罗弗·克利夫兰之类的伟人形象投影到云端。博览会结束后，约瑟夫·普利策（Joseph Pulitzer）将这盏聚光灯架设到《纽约世界报》（*New York World*）报社总部的顶上。据一名记者报道，在晴朗无云的夜晚，这家报社会"向空中喷吹蒸汽或者向高空发射能产生烟雾的火箭"，以填补缺少的云雾。纽约一家百货公司安装了一盏聚光灯，其灯光强得在 75 英里（120.70 千米）开外的地方都看得到，向四面八方投射"巨型告示"。一家电气行业杂志对一直蔓延到天边的电子广告牌的传播情况进行了一番考察，满腔热忱地抛出了一个疑问："现在这种情况就已经是广告宣传的极限了吗？"[14]

　　对于努力创建"美丽城市"的社会改革者来说，电子广告牌早已超越了公共礼仪和品位可以容忍的极限，这些招牌用粗俗的俚语表达了美国赤裸裸的物质主义，把夜晚都给毁了。对这群男男女女而言，每一块电子招牌都传递了同样的信息：泛滥猖獗的个人主义、利己主义和低俗的品位，正在践踏公众的权利。他们有权生活在一个由更高

248

249

爱迪生电子照明布鲁克林分公司，销售广告招牌。

的社会标准塑造的美丽且有序的世界里。1896 年，小说家威廉·迪安·豪威尔斯（William Dean Howells）愤世嫉俗地表示，这些招牌"叫嚣着，想要盖过彼此的声势"，正在破坏美国城市的形象。让他更为糟心的是，"没人觉得受到了冒犯，或者至少没人说这是一种冒犯"。评论家沃尔多·弗兰克（Waldo Frank）也赞同了这一观点。他写道，百老汇这样的街道尽管灯火辉煌，却没有照亮任何东西，只是让美国人对自己文化方面的浅薄和粗陋视而不见。他总结道："电灯畸变成了这副模样，从这一点而言，它不过是一场镜花水月。"[15]

对这些敏感的灵魂来说，有这么多美国人欣赏这种"触目惊心的电子花样"，这一事实让他们开始怀疑自己的智力和内心世界。一位评论家好奇，如果他们的城市建筑和空旷的郊区地带没有铺天盖地的"巨大字母和骇人图片"，这些美国人会不会觉得挺寂寞的？如果没有铁路沿线的广告牌和电子招牌上的"古怪形象"不断勾起他们的兴趣和愉悦感，他们会觉得坐火车很无聊吗？这些景观改革者想知道他们的美国同胞为何头脑如此简单，这么容易被逗乐，且乐此不疲地关注那些广告招牌，听凭那些"愚蠢的颂词"将产品具备的所谓"不容置疑的价值"强行灌输给他们。还有一位评论家将电子招牌这种"令人讨厌的东西"比作结婚礼物——"又大又丑，又笨又重，又贵又没用"。[16]

当然，电力公司对此有截然不同的看法。他们辩称，他们的广告招牌不仅不是破坏景致美观的多余之物，还推动了进步和繁荣。为了吸引城市人群的注意力，商家们觉得有必要投资一些更加精致的照明设备，因此，将广告招牌连同驱动招牌所有灯泡运行所需的电力一起

250

打包出售，已成为电力行业一项利润丰厚的业务。一位销售人员夸耀道："对于橱窗照明和招牌而言，电力是唯一的选择。店主为了达成这些目的，无论耗费多少代价都必须安装电灯。"即使这意味着每天晚上要点亮成千上万盏灯泡。最紧跟潮流的商人们正在学习利用招牌和橱窗把自己的门店建筑变成招揽生意的耀眼广告。

虽然公司设立这些招牌是为了吸引消费者注意，但因此形成的累积效应，代替了应有的市政职能，创造出"明亮且充满活力的"现代商业街区，这是一块让行人们在天黑后也感觉安全的社交空间。除了公共照明项目，这种天马行空的电子广告也让美国城市成为世界上最明亮的城市，多彩、动感，充满了狂欢节气息。电子广告从业人员认为，鉴于他们为公众提供了这么多的光，国家理应感谢他们，这是城市繁荣的催化剂，而且没花纳税人一分钱。有人对此的解读是："世界上思想开明、心胸开阔的人，会衷心地欣赏一座闪耀着各色电子招牌的城市。"[17]

早年间，许多招牌都是仓促建立起来的，一些招牌会在暴风雨中轰然跌落到人行道上。就连电力公司也认为，城市有正当理由实施更为严格的限制措施，防止招牌像在风暴中下水航行的帆船那样危及公众。许多人还支持禁止在公共人行道上悬挂招牌。消防队员和保险公司认为这些电子招牌很危险，而商人则抱怨，凸出的招牌让他们的街道环境感觉很幽闭，还会遮挡住其他招牌。各个城市通过了电子招牌的法规，对其尺寸大小做出了限制，并要求电子招牌必须牢牢地固定在建筑物的表面，或牢固地竖立在高于街道水平位置的屋顶上。[18]

　　参与"美丽城市"运动的景观改革者们并不想让这些招牌挂得更加牢固——他们希望招牌消失，或者至少被谨慎地加以遏制。有人建议，将有关电子招牌的一切决定交由一个市政艺术委员会斟酌。这个委员会应该由受人尊敬、热心公益的公民组成。他们将对美国城市景观强力推行美学秩序，声讨任何他们认为"可能有损民众精神健康"的招牌。除此之外，改革者们认为，对一个地区的电子招牌实行统一的配色方案可能会有所帮助，他们尤其赞成只使用白光，产生一种他们所谓的"朴素、美丽且优雅"的效果。[19]

　　《纽约时报》的一名编辑把纽约市政艺术协会（New York's Municipal Art Society）内部的电子招牌批评人士斥为精英主义者和反动派。大量争奇斗艳的招牌确实让整个纽约呈现出一派"彻底商业化"的景象，但这景象反映的却是真实情况，因为他们的城市本来就是一个"彻底商业化"的地方。其他反对"美丽城市"计划的人指出，悬挂公用电线和电子招牌的街道，其景色早就遭到了市中心大量影响市容市貌的东西摧残，烟囱里冒出的滚滚浓烟也破坏了天空的景致。美国的建筑景观基本上早已"集结了各种各样难以形容的不搭调的元素"，无论电子广告招牌有多么不堪入目，都不可能让景致看起来比之前"更加缺乏艺术感"了。而且，从适当的距离看，所有这些彩色光线汇成的"壮观效果"相当美丽，尤其是当肮脏的空气折射这些光芒的时候。[20]

　　但是，随着建筑物在天空映衬下的轮廓线一年比一年更加明亮，越来越多批评的声音出现了，他们开始大声质疑是不是把事情做得太过火了。各色招牌覆盖了黄金位置的所有建筑及其上空数百米。这些

252

播放的广告使用俗艳花哨的颜色和更为复杂的频闪效果，已经不是"惹人注目"，而是逼迫人们拿"既不情愿，又愤恨不满的眼睛"去关注它们。正如社会学家 E. A. 罗斯（E. A. Ross）的怨言："凭什么有的人可以在我每次出门的时候招惹我的注意，折磨我的眼睛，用一块招牌把他的货色装进我的脑子里？"美国电子商业广告勾勒的建筑轮廓线，无视任何架构体系或语法完整性的标准，标志着"洒脱不羁的个人主义建筑和装饰"的危险新境界，这让美国的城市成了欧洲游客"蔑视的对象"，这些游客自认为来自"更加体面的城市"，至少他们的城市"会考虑建筑与建筑之间的协调性，会稍稍顾及整片街道广场建筑风格的统一性"。

事实上，许多欧洲人的确将参观时代广场视为到美国旅游必修的一课。无论是好是坏，纽约迷人的夜景都是这个国家文化的一个缩影。有的人从这成片的招牌里，看到了一个被到处自我宣传的资本家迷住了双眼，甚至遭其奴役的国家，这个国家在精神上被夜间梦境般的世界当成了幼儿来对待。英国作家 G. K. 切斯特顿（G. K. Chesterton）在时代广场考察了一番可谓洋洋大观的广告招牌后，留下了一句非常有名的隽言妙语："对于一个目不识丁的人来说，这一番景色是多么美丽呀！"德国电影制片人弗里茨·朗（Fritz Lang）对此的评价就正面多了，他惊叹于"纽约灯光如渊"，"移动的、转动的、盘旋的灯光就像是在诉说着一种幸福的生活"。[21]

批判"美丽城市"运动的人士，有时会控诉该运动的拥趸太过浪漫，居然希望回归过去那个用鹅卵石铺街面、用昏暗的煤气灯照明的年代。但是，这个由城市规划者和景观设计师联合组成的同盟坚持认为，他们不只是些憎恨现代科技入侵的反对者。他们梦想着以自己的方式照亮这座城市，建立一套有序、美观、和谐的路灯系统。他们计划中一个重要的组成部分就是对城市核心地带进行改造，拓宽马路，扩建公园与市政纪念碑。他们实现这一目标的第一步，就是努力拆除四十年来由互相竞争的电力、电话和电报公司搭建的各种混乱不堪的电线杆子和电线，这些电线枝节横生、杂乱无章地纠结缠绕在一起。他们希望能用统一、精巧、高效的新路灯替代这一团乱麻。[22]

由于美国城市规划的倡议者们没有立法的权力，他们只能以身作则，试图争取更多人的支持。艺术协会之流的团体自愿为城市提供他们的服务，希望说服政客和纳税人相信他们无须为了效用牺牲美丽。这群男男女女自我标榜为"品位和反思"的守卫者，竭力反对他们所谓的"密集且普遍，程度超乎想象的官方的冷漠与公众的无知"。[23]

纽约的景观改革者们举行了一场"艺术电灯支架"设计竞赛，作为他们宏大计划的一部分，获奖作品将竖立在第五大道繁华路段中央的一个行人岛上。该协会的评审相信电线杆理应是城市建筑艺术的一部分，评审了五十多个设计方案。他们在一个"掌声热烈"的仪式上揭晓了获胜者——一座街灯，主体是带凹槽的青铜轴杆，顶部饰有三个动物头颅、"一群赤身裸体正在嬉戏玩耍的孩子"和五只巨大的白炽灯泡。艺术协会的成员认为，他们为这座城市"未来的工作"做出了榜样，但这是一个不太可能实现的梦想，因为这款获胜路灯柱需要耗费熟练工匠两个月的时间来打造。[24]

几年后，一辆疾驰的消防车撞毁了艺术协会的模型灯柱。尽管遭

254

遇了这样的挫折，"美丽城市"运动的改革者仍然有理由认为，他们发起的竞赛活动得到了一定程度的回报。纵观全国各地，有证据表明，公众越来越不待见现代城市生活中那些碍眼的东西了，而一些颇有远见的商家开始认识到良好的照明和悦目的设计在吸引顾客和提高物业价值方面的威力。例如，在 1905 年的洛杉矶，百老汇改良协会筹集资金，竖立了 135 根较为优雅的灯柱，每一个灯柱上都安装了 7 只白炽灯，其效果被《洛杉矶时报》誉为犹如"一梦华胥"。揭幕仪式当晚，现场涌现了大批人群，前来一睹市长按下仪式开关那一刻的风采，当灯光亮起，大炮轰鸣，汽笛鸣响，"数千人的喉咙里发出欢呼的声音"。在这一年里，该城市其他主要大马路上的商人们组织起来，重整了他们自己的新"白色道路"，渴望在跟上进步步伐的同时，也能赶上利润增长的风口。[25]

像洛杉矶一样，许多其他城市也通过募捐的方式支付了"白色道路"的照明费用：由一个"改良协会"从当地企业那里筹集资金，市政部门则同意在新的电线杆建成后支付更高额的电费。查塔努加市的改良协会揪出所有拒绝参与的商家，在他们的房子前面安装带装饰的新电线杆，又不准给这些线路通电，让那些不肯为城市的新路灯出资的吝啬家伙在人群里显得异常打眼，从而迫使他们屈服。[26]

那些在欧洲尤其是在德国大学学习城市规划和设计的美国年轻一代，为这场运动注入更多能量，他们带回新想法，立志要赋予美国城市新的视觉秩序。正如其中一位美国学生所说，在德国，"无论是公共还是私人的事务，理所当然，都不该流于丑陋"。这些年轻的理想主义者从欧洲归来，成为一场影响面更为广泛的美国城市改革

市政艺术协会的获奖街灯作品。

进步运动的一部分，他们相信美国的风景不必非得是"既耀眼又粗糙的"。[27]

因此，即使在 20 世纪初电子招牌狂潮席卷全国的时候，由锐意进取的改革者、保守的美学家和开明的商人结成的联盟，也致力于让自己的城市采用另一套别有天地的灯光语言。他们投资建设的市政照明系统，主要特点是电线埋设在地下，路灯线条清晰、表面光滑，公共公园和市政建筑皆笼罩在明亮的白色光芒之下。在数以百计的美国城市中，该行动的倡导者们自豪地指着自己城市里的新式"白色道路"。一排排明亮的灯整齐地排列在他们的大街上，那是这个城镇进步精神的视觉象征，代表它顺应了这个时代的潮流，参与改良了城市。各个城镇曾经满怀着急切的心情，不惜一切代价要实现电气化，接受了丑陋的电线网格、杂乱无章的木杆、毫无艺术感的灯管和随意修剪砍伐树木的城市绿化——在早期，这一切似乎都是城市发展的必然代价；但现如今，新一代识微见远的商人和市政领导者把握时机，重新改造了市中心地区主要的大马路，安装上形制统一的街道照明设备，这些照明设备不仅具备功能性，还迎合了"审美、和谐和艺术感"。大城市纷纷投入巨资，举办新的灯柱设计竞赛，并在主要的大马路上立起了绵延数千米的灯柱。一些小城镇不甘于人后，筹集到足够的资金后，也在主要街道上安装了至少几十根更加符合优雅标准的灯柱，这样一来，这些城镇也足以骄矜地自称是一个拥有"白色道路"的城市了。悬于空中的线路组成的沉甸甸的电线网，曾被认为是进步的标志，但是正如查尔斯·罗宾逊在 1901 年发表的言论："现在，一座城市铺张展露的电网越多，越不会被认为是进步的城市，而

BROADWAY SOUTH FROM 7TH

1912 年，洛杉矶的一条"白色道路"。

只有当一座城市暴露在外的线路越少，这座城市才越会被视作进步的城市。"[28]

因此，在 20 世纪早期，随着太阳落山，华灯初上，美国人看到了两种互不相容的美好生活，这是两种对立的民主观念之间关于光的一场对话，这场对话深深植根于美国的文化土壤中。五花八门的彩色招牌体现了这个国家开放市场的自由主义，这个国家的信念就是，放开手脚大胆追求私人利益最终会凝聚形成一种共同的文化——这种文化解放了个人的主观能动性和创造力，同时也符合拥有自主权的消费者所组成的国家的利益诉求。怀疑论者指出，这可能只是电子招牌制造的另一种诱人假象，因为美国最大的公司迅速垄断了各种架空线路，拥有最大的广告招牌和最好的位置——至少在时代广场这样的地方，森罗万象的广告招牌是一门生意，但它不是一门自由市场的生意。但对许多人来说，这些新招牌给他们的日常生活带来了一点惠及布衣黔首的科尼岛式活力和乐趣，以及一种欣欣向荣的技术繁荣之感。这种繁荣看上去具有鲜明的现代感和美国特色。

258　　在这闪闪发光、此起彼落的彩色光线之下，矗立着一排排井然有序的"白色道路"路灯，体现了一种意识形态的对立，历史学家称之为"公民共和主义"。这些更加规规矩矩的白色灯具所追求的不是个人得失，而是共同的社会利益；它们为聚集在公共广场上的市民提供照明，并不是为了那些渴望享受娱乐或被诱导花钱的消费者发光发热。正如一位倡导者所言："良好的街道照明营造出一种节俭进步的心理影响力，提升了市民的自豪感，打造了有利的公众口碑，并推动

芝加哥的州街（State Street），1926 年。

其他方面的改进工程。"就连这些路灯的设计也融入了共和主义的历史影子，有凹槽的柱子、装饰性的柱顶和对称的球体，都体现了美国对希腊和罗马城市建筑审美的痴迷。[29]

但是在 20 世纪早期，一群新的专业照明工程师给出了第三种选择——不是华丽炫目的商业照明，也不是古板的"白色道路"，而是他们称之为"照明灯饰"的方法。就像 20 世纪早期社会和经济生活的许多其他方面一样，照明也是专属于经过系统培训的专家把弄的范畴，这些新专业人士声称自己能运用专业知识来满足迫切的社会需要，从而在市场上确立了自己的地位。这些"照明工程"专家致力于发掘并掌握有效照明所需的科学和美学准则，让电灯走进了家家户户日常生活中的每一个角落。

259

到了 19 世纪 90 年代，工匠们为富有的
客户提供了各种各样巧夺天工的电灯架。

第十一章

照明科学

像 20 世纪早期的其他新兴职业一样，照明工程也在多个方面得到了发展。通用电气公司在白炽灯行业几乎处于垄断地位，它投资研究，以提高灯具的功能效率，开拓新的市场；一些大学在工程专业增设了照明设计课程，认可人造光在城市规划和建筑中日益增长的重要性；1906 年，那些自称在这一新的专业领域有所建树的人成立了照明工程协会（Illuminating Engineering Society）。该协会以土木工程师和电气工程师已经建立的专业组织为模板，通过自己的期刊和全国性会议为成员间的交流提供了条件。[1]

对于公用事业公司和电气用品生产商来说，从销售照明设备到销售照明灯饰的转变，标志着他们的商业发展迈出了重要的一步——照明灯饰不仅关注灯具发光的情况，还关注它的实用性和美观性。在该行业发展初期，许多客户斥巨资在他们的街道、商店或家中拉设了电线，但最终却发现，他们对结果不甚满意——照明光线确实更好了，但他们所求不止如此。在大型建筑项目中，建筑师们也表达了对灯具的恼火之情。电灯时常会破坏他们的作品，从固定装置里晃荡下来的"光团"分散了人们对建筑线条和装饰的注意力。[2]

261

照明工程师将这一问题归咎于大多数城市规划者、建筑师和电工对照明设计基本原理的无知，而这些原理准则在那时才刚刚被制定出来。一位电工学家开玩笑说，90% 的照明设备，其设计依据似乎是为了"拿最少的照明光效给用户花的钱一个交代"。在照明产品推出的头几十年里，公用事业公司通过发动一支未经训练的"灯贩子"大军来推广该产品，而建筑商和建筑师对照明知之甚少，将电灯作为事后再添加的东西。但是，在 20 世纪的第一个 10 年，照明行业希望通过为客户提供照明专家服务来扩大市场，这些专家掌握着一项被长期忽视的技艺，即"把灯具放置在能发挥最大效用的最佳位置上"。[3]

在照明工程这一新兴领域的领导者中，没有人比劳伦特·戈迪内斯（Laurent Godinez）更会大摇大摆地耍派头，也没有人能媲美他正义热情的豪爽气概。戈迪内斯出生于纽约波基普西，学习过工程学，曾在纽约爱迪生公司工作，然后作为照明顾问自立门户。对戈迪内斯来说，提供更好的照明是一项值得为之奋斗的事业，他准备用英语、法语或西班牙语出版和发表一系列的图书、文章和演讲，将这一信息传达给美国公众。尽管当地的公用事业公司通常会赞助他巡演路费（这些公司迫切希望激发公众购买更多电灯的热情），但他总是明确表示自己不是"灯具推销员"，也不是电力行业的托儿。相反，他经常警告公众要当心那些背叛公众信任的江湖骗子，他们出售"毫无价值的照明装置"。这位著名工程师的一场长达两个小时的演示吸引了大批热情的观众，他用技术手段展示了照明工程业的最新研究成果。他认为这项全新的专业（即照明工程）是现代世界里的一项"崇高事业"。戈迪内斯是愤世嫉俗的人造光先知，也是人造光诗人。他认为，美国人实在是太会用电灯折腾出一些面目可憎的东西了，它们既触目惊心，又大煞风景。但是照明灯饰将改变这一切，它会让人们瞧瞧——技术将如何运用于完善"人类最完美的创造性劳动成果——美丽城市"。[4]

　　从大型博物馆到简陋的厨房茶水间，戈迪内斯就如何为各种空间提供恰当照明提出了详细的建议。他花费大量时间考虑如何改善城市街道的外观，他认为这个项目需要政府和当地商人将目光放长远，实现长期合作。戈迪内斯欢迎设计精良的电子招牌带来的视觉冲击，但是他对那些拿劣质产品伤害照明行业声誉的"功利主义者"深恶痛绝。他还号召反对"美丽城市"运动中流行的"白色道路"式胆小的传统主义。他发现，"白色道路"上树立的一排排雕花铁灯柱，其效率之低下是可预见的，这种灯柱会将更多的光线投向天空，而不是照向下方的人行道。戈迪内斯抱怨，当每个城市和城镇都采用同一套照明方案时，最终会捣饬出一个"单调得要命"的结果。城市不能指望只靠从照明产品目录里订购一套"装饰用的柱子和球"就能打造出光线良好的街道。电灯已经不再是什么新鲜事物了，他解释说："美国公众再也不会像一群昆虫那样，被庸俗的强光吸引了。"[5]

　　相反，城市需要照明专家的专业服务，他们可以帮助城市充分利用新的艺术和科学所能发挥的全部作用。每条街道和店面都有一系列不尽相同的照明难处，只有专业人士知道如何利用最新的技术去打造城市街道，让每个街道"彰显各自的个性特点，并体现出对社区长远恒久的价值"。[6]

　　自爱迪生公司初创起，该公司的照明专家路德·施蒂林格尔就通过展览会证明了电力照明技术具备成为一种艺术的潜力。下一代的照明工程师将他视为该事业的奠基人。在施蒂林格尔做出开拓性工作的几十年后，那些致力于将照明专业打造成一门权威科学的人，面对所有他们尚未能了解的人造光效果，不禁感受到了自己的渺小。正如英国照明工程协会的负责人所言："我们能查证的事实真是太少了——太少了。它们意义重大，有巨大的经济和社会价值，然而我们普遍对这一领域心中无数、知之甚少。"[7]

　　那些试图更好地掌握人造光的人，首先需要的是对光更好的测量方法——一种能够更加精确地反映亮度且能成为客观标准的共同语言。第一批电工学家由于没有更好的测量手段，就使用了"烛光亮度"这个单位。但是鉴于蜡烛的用途各不相同，这样衡量光亮的手段也十分粗糙原始。在电力照明横空出世的头一个 10 年里，一个白炽灯泡的亮度相当于 16 支蜡烛，这一说法似乎已经足够清楚了，但是随着人造光变得越来越强大、越来越复杂，买卖双方都需要更精确的衡量尺度。一位工程师懊丧地对这个问题进行了恰如其分的总结：

"说一盏灯相当于一定数量蜡烛发出的光芒亮度，其描述之科学程度，就好比说一只猫是一只小猫的两倍大。"[8]

为了确立一套统一的术语和照明测量标准，照明公司及其工程师举行了国际会议，以制定更加精细、更加数学化可运算的光测量用词，而研究实验室则发明了一系列光学测量工具，如"照明器""色度计"和"光学显微镜"。在 20 世纪早期的那几十年里，工程师们对光学特性进行了越来越复杂的研究，在实验室和真实环境下测试了各种照明系统。这些研究者不再独独关注光线，而开始聚焦光照，将目光从灯具本身转移到了研究光所能照及的三维范围和其对周围物体的影响，这标志着该领域研究者思考范式的转变。他们将灯泡放置在房间的不同位置，计算光线跳跃，研究出数学公式和图表来记录并衡量距离、反射、角度和房间颜色对光线的影响。虽然新的测量工具为各种照明系统提供了更精确的量化描述，但是最终的判断取决于客户的眼睛，因此研究人员也探索了视觉生理机制和光线对人的心理影响。研究测量了由各种形式的闪烁和阴影造成的"眼部疲劳程度"，各种不同的光学变化表现对眼睛的视觉要求，以及由不同颜色引起的情绪变化。[9]

照明专业化运动出现在事关电力照明的质量和数量的第二次革命时期。在德国化学工程师的带领下，通用电气公司的研究实验室于 1907 年推出了一种钨丝灯泡，其亮度远远超过碳丝灯，效率更是高出碳丝灯泡四倍之多。一些公用事业公司的所有者担心这种技术改良会很快严重打击他们的生意，对电流的需求会因此而减少。其他电工学家则准确预知到，美国人不会为了省一点小钱而放弃更多的灯光。他们欢迎钨丝灯泡，这种灯泡是让电力照明的价格最终可以与煤气灯

通用电气公司推出其第一批金属制灯丝的灯泡时宣称，"爱迪生的梦想已经实现"，所有人都能享有廉价而充裕的照明。

成本旗鼓相当的一大利器。从技术角度来看，新的金属灯丝淘汰了爱

265 迪生最初的碳纤维灯丝设计，但是过渡到改进后的技术是一个循序渐
进的过程。公用事业公司的电力供应服务包含了免费的碳灯丝灯泡，

266 用户若是想要更加昂贵的钨丝灯泡必须自己购买。这一措施减缓但并
未阻碍消费者对最新技术及其带来的更加明亮的世界的需求。[10]

随着人们开始改用新的钨制灯丝灯泡，光亮不再是人们追求的
目标，而成为问题所在。现在，任何一个老派的电工都能够装配足
够多的灯泡来照亮整个房间。但是使用照明的人发现，要拥有良好
的视野还需要其他更多的要素：光影之间合理的配置对比，漫射光与
直射光之间的平衡，以及最重要的一点——要关注一个非常时髦的
问题——"刺眼的眩光"，即由于光线过强过多造成的疼痛或不适的
体验。

医学专家将罹患"视力缺陷"的人数暴涨归咎于电灯，引发了全
国人民对健康问题的恐慌情绪，越来越多的人想要更加深入科学地了
解视力生理学。正如一位医生所言，美国人也许生活在世界上最明
亮的城市，但是他们也承受着最多的"视觉疲劳、不适和眼部充血症
状"。更为理智冷静的人士认为，现代人的视力并不比以往任何一代
人差——他们只是生活在一个对视力敏锐度要求更高的世界。从最初
开始用电的那个年代起，一些医生就警告过人们，这种新型光线"过
度刺激"视网膜，会使神经处于持续的兴奋状态。早在 1890 年就有
人发出怨言："没有人的眼睛能承受得住现如今随处可见的刺眼电子
光线。这种光会损害视力，诱发眼睛麻痹。"更糟糕的是，据他预计，
这种戴眼镜的瘟疫将代代相传，随着时间的推移，美国人将集体视物

昏花。如果这些批评是正确的，那么更多的光线会逐渐导致人们所能看到的视线范围越来越狭小——如此具有讽刺意味的结论使得一名工程师惊诧不已，他愤愤不平地表示，这一论断简直彻底颠倒了科学发展的逻辑顺序。电灯将"令无数的生命凋敝、毁灭"这类耸人听闻的警示，在社会上激起了很多人的焦虑情绪。[11]

照明专家声讨了这种认为新技术会导致美国所谓的眼睛问题的"有害想法"。他们反驳说，电灯发出的强烈且稳定的光线，实际上减轻了眼睛的负担。他们将这种误解归咎于公众对如何使用灯泡缺乏认识。有人解释说："电灯所有问题的根源都在于它的使用方式，而不在于电灯本身。"有太多的客户就靠盯着一只裸露的灯泡猛看来判断电灯的性能，却不考虑这只灯泡对周围物体的照明效果。现代的白炽灯灯光太过强烈，就如同一个家用太阳，人们没法盯着它看，它们的光线最好通过灯罩和反射镜来慢慢调节。

时至今日，恰当地使用白炽灯已成为一种不言而喻、人人皆知的社会习惯，但是据一位电工学家所言，在 20 世纪早期，99% 的美国人都对此存在误解。这些顾客肯定觉得奇怪，自己花了这么多钱买电灯，为何又要把它藏在一个阴影后面，或放在视线之外的地方，这岂不是锦衣夜行、明珠暗投吗？这很像是无良电力推销员的阴谋，他们急于向顾客推销大大超过所需的灯光。[12]

因此，新的照明灯具倡导者不仅面临着技术上的挑战，也面临着科普困境，得教会公众更好地利用电灯，防止强烈刺眼的眩光过度压迫他们的眼睛，也避免强光破坏人文风貌。这个新兴行业的从业者

267

都有一种使命感，确信他们所掌握的光学技术将为公众带来巨大的利益。他们的目标是以传统电气工程师利用尼亚加拉河的水力一样的方式"驾驭"光的力量。然而，当其他进步改革者团结起来，捍卫被毫无约束的自由市场劫掠践踏的美国自然资源时，照明灯饰倡导者的目的无外乎"保护视力"。[13]

眩光问题多由眼睛直视新型钨丝灯泡发出的强光所致，有鉴于此，照明工程师也认同，照明光应该尽量来自"经过遮挡的光源"。在这个倡导间接照明的新兴领域里，有一位自我标榜的先知，他是来自芝加哥的发明家兼企业家奥古斯塔斯·达尔文·柯蒂斯（Augustus Darwin Curtis）——X射线反射器公司的创始人。柯蒂斯将自己称作"眩光的一生之敌"。他设计并制造了银色的玻璃灯罩——他认为应该用"反射器"这个更加积极正派的词命名这种东西。这种灯罩保护用户免受灯泡"晃眼睛的光辉"侵扰，同时将光线聚焦在合适的目标范围。柯蒂斯在芝加哥马歇尔·菲尔德（Marshall Field）百货公司的店铺橱窗里展示了他的发明，不久之后，全国各地的零售商都采购了他的"银色反射器"。至于灯罩的内部构造，柯蒂斯和其他人设计的固定装置，将灯光从天花板上折射下来，这些垂吊下来的发光碗状灯具牺牲了光照效率，却把光线扩散了开来，这样的光线对于眼睛来说会更加舒服。这些灯具在概念上进行了突破，承诺将给予客户"最优质的照明"，因而受到了照明行业的欢迎，现如今已是司空见惯的平凡事物了。[14]

那个时代最宏伟的照明项目之一——位于曼哈顿百老汇的伍尔沃斯（Woolworth）大厦，也采用了同一套间接照明原理。该大厦

伍尔沃斯大厦，大约 1920 年。

1913 年开业之时，是世界上最高的建筑。12 名照明专家和 40 名电工几个月来辛勤工作，把 600 只白炽灯小心地藏在阳台和门窗后面，这些灯泡发出的光芒超过了大多数小城市用来照亮整个区域的光芒。第一代照明设计师和建筑师采用一串串裸露的碳丝灯泡，沿着宏伟建筑的轮廓线条进行点缀，但是伍尔沃斯大厦的设计，反映了一种新的装饰形式，这种新形式的实现有赖于强大的泛光灯。夜晚时分，这座高耸的大楼会发出均匀的白色强光，吸引人们的视线，但这些光芒不会分散人们的注意力，反而会放大白色陶土表面镀金部分的丰富细节。一位照明专家赞美这种设计是文明的火炬，该建筑之美在其顶端跳跃闪烁的红色和白色光束中达到了极致，就像一颗"闪闪发光的宝石"。伍尔沃斯大厦的成功，凸显了建筑师和照明工程师之间密切合作的价值，毋庸置疑地证明了富有想象力的照明设计可以使一座宏伟的建筑在天黑后显得更加壮阔高大。[15]

照明工程师仍然不时发出怨言，许多建筑师"特别不愿意接受照明设计方面的科普"，他们一边抱怨糟糕的照明破坏了他们建筑的视觉完整性，一边又不愿意花钱听取更好的建言。与此同时，照明行业里许多老资历从业者对"照明需要专业技术知识"的观点嗤之以鼻，挖苦那些试图插手自己业务的后起之秀"百无一用"，只会拿诸如"能量曲线、光度和瞳孔直径"之类毫无意义的术语粉饰常识，让客户为之掏钱。照明工程师反驳道：老一代电工学家把基础工作做得太到位了，诚然，他们创造了前所未有的、能够产生更多光的技术系统，但由于他们对照明原理缺乏基本了解，他们也造就了"所有现代公用设施中最大的浪费以及最粗糙的处理方式"。正如有人对此的总结：现代美国人现在可以坐享充裕的光线，"但是这些光线需要分散"。[16]

早在照明工程师宣称自己是"光之艺术家"之前，第一代灯具设计者就已经开始探索白炽灯的美学潜力了。爱迪生从一开始就与制造商合作，为客户提供各种各样的装饰装置，而且，在早期的展览中，他的团队很快就展现了白炽灯泡在设计上的优越性。它们散发的热量很少，也不会排出气体，所以人们可以将它们与鲜花缠绕在一起，或是罩在纸灯笼里，一串一串或一簇一簇地挂起来，甚至可以把它们浸在鱼缸里。尽管如此，大多数白炽灯具还是模仿了传统的油灯和煤气灯的造型，这使得新一代照明从业者忍不住喟叹，自己失去了发掘灯具装饰潜力的机会。[17]

然而，到了20世纪早期，越来越多的手工艺人在这方面开始下功夫，创造出了能够体现现代美学变化的灯具。大多数人都认为，要想让灯泡看起来漂亮，就得把灯泡隐藏起来。路易斯·蒂芙尼（Louis Tiffany）和其他新艺术派的践行者制作出了广受欢迎的灯具，这些灯具通过由彩色图案组成的半透明玻璃过滤白炽灯的灯光，把那个时代最精妙复杂的技术隐藏在了百合花和牵牛花的花束之中。在外面的街道上，电力输送系统造成景观破坏，丑化了建筑物和树木的外观，但在蒂芙尼的手中，这些灯具以一种少见之美补偿了那一通疮痍满目。[18]

照明工程师对这些创新表示欢迎，但他们更感兴趣的是如何巧妙地安排布置光本身，而不是把灯变成艺术品。在他们看来，灯只是

271

其中的基本构成要素而已。真正的难点在于如何选择合适的灯泡和灯具组合，为每个房间创造最适合的"氛围和想象"。历史学家克里斯·奥特（Chris Otter）指出，19 世纪晚期的城市居民，生活在一个视觉体验资料丰富、强烈的环境中，这对他们的视力提出了相应的要求：他们必须能够从人群中辨认面孔，识别这张脸上的表情，破解电子招牌上的含义，看得懂科学仪器上的刻度，读得了新闻报纸，同时还得在拥挤的街道和复杂的社会环境中穿行。照明行业的研究人员研究了美国城市居民日常生活中面临的视觉挑战，以及从保龄球到锻造等行业的各种更加特殊的视觉能力需求，在他们自己的专业期刊上发布了关于适当的照明强度、颜色和灯具分布的建议。在这个过程中，他们发明了一套描述人造光的语法，旨在塑造并提升日常生活的方方面面——不仅仅是为了吸引注意力，而且是为了在各种情况和环境中让眼睛更加"如鱼得水"。[19]

对于人类而言，没有比购物更能引起他们兴趣的活动了。精明的商人总是在交易时利用光影作为工具，展示他们最好的商品，隐藏其他的商品。沃纳梅克百货公司用早期版本的弧光灯证明了明亮的光线会引来趋之若鹜的人群。但是照明工程师想出了更为精妙的照明方案，他们通过研究吸引顾客注意力和激发购买欲望的技巧和科学，使电灯成为现代销售技巧的重要组成部分。

借着钢结构建筑的发明和平板玻璃改进的春风，城市的零售商业主打造出更大的商店橱窗，并学会将之用作广告空间，以利用上班的人们在夜晚欣赏展示物放松身心的自然倾向。以前，店主经常在他们的橱窗里摆满了成堆的商品，作为商店商品生动的可视化目录，但是灯光照射情况不佳。一些店主在窗户上挂满一排排光秃秃的灯泡来吸引人们注意，这种方法曾经是行之有效的新鲜手段，但是在新一代照明专家看来，这种照明布置"完全是不科学的，甚至可以说是粗俗的"。现在，在照明专业人士和专业的"橱窗修饰师"的帮助下，商人们尝试了新的展示形式。他们安装了专门设计的照明装置，精选一些物品进行展示，并利用橱窗里夸张的视觉效果吸引顾客。这些五颜六色的陈列品就像悬挂在街道上方的巨大电子招牌，每天晚上都吸引着人群的目光。[20]

　　劳伦特·戈迪内斯宣扬的观点是，吸引人行道边的顾客浏览橱窗的关键在于新奇，他把这个常识性的真理变成了科学性的原则。在泽西城商会商人的支持下，他在市中心大道的橱窗上做了很多实验，衡量各种照明方案影响"吸引力的因素"。他给商店窗户挂上窗帘，用聚光灯汇聚光线，掺和各种颜色和闪光装置，然后退开观察，计算有多少行人驻足，又有多少人径直穿过了街道，由此达成这个实验的终极目标：调查出有多少人走进了商店。他对其中一个实验特别自豪，这个实验证明了他有能力把人们吸引到一扇"只有光"的窗户前。他悬挂出一块空白的白板，用隐蔽起来的聚光灯照亮，如此就"吸引了那么多的目光，几乎引起了一场骚乱"。他估计这扇"什么也没展示"的橱窗具有 100% 的"吸引力因素"。曾经的媒介手段，如今已变成信息本身。[21]

　　店内的灯光也很重要，不仅能帮助展示商品，还能刺激顾客的购买欲望。随着消费者越来越习惯于公共场所强烈的光线，那些没有跟上这一潮流的商店就会显得昏暗、不上档次且过时。但是照明工程师

如同电子招牌一般的商店门面，华盛顿，大约 1919—1920 年。

一再警告店主不要使用过多的光线。在早期，裸露的弧光灯可以吸引来喜欢新鲜玩意儿的顾客。但是经过一代人的洗礼，照明专家表示，刺眼的白光会让商品看起来很廉价，尤其是便宜的商品，而光秃秃的灯具发出的强光会吓跑顾客。

在较大的商店，新式间接照明系统提供了充裕但是经过漫射分散的光线，舒缓眼睛，使得陈列空间更加诱人。不过，照明专家进一步完善了这种理念，为每种商品配备了分门别类的专门照明，这一策略旨在吸引顾客的注意力，激发他们的购买欲望。珠宝和雕花玻璃在洁白的聚光灯下熠熠生辉；银器、枪支、皮草和内衣在漫射的白色光芒下看起来效果最好；糖果、铸铁、鞋子、火炉和家具，都推荐采用温暖的黄色灯光照射。杂货商们也知道了用哪种色调能使他们的农产品看起来最新鲜，显得他们的肉不那么冷冰冰硬邦邦的。广泛采用的照明玻璃陈列柜诱使顾客前来一探究竟，让他们能够在不接触商品的情况下看到商品，这也为照明设计师的一身本领创造了新的用武之地。从那时起，现代购物常常意味着凝视陈列在发光玻璃盒中被巧妙照射着的物品。[22]

虽然照明专家们狠狠贬抑了戈迪内斯所谓的美国城市"粗鄙的商业主义"之说，但是他们之中的大多数都是美国新兴消费文化的热情拥趸。他们的目标不是挑战公众对企业资本主义倾泻的一切商品日益增长的渴望，而是想要改善公众体验。他们确信，他们的技艺可以激发人们对美的热爱，从而在丰富顾客生活的同时，也为他们的商业客户赚取利润。

照明专家也在生产流程完善的过程中发挥了作用。生产要求的是

275

提高精度，而非诱人的假象。研究发现，大多数工厂建筑光线不好，这个问题造成了四分之一的工业事故，损害了工人的眼睛，每年因此导致的差错产生的废料坏料浪费了数百万美元。虽然许多工厂仍然仰仗自然光照明，但是事实证明，对于那些效率要求更高的行业来说，太阳光太不可靠了。照明工程师向制造商推销他们的服务时坚称，良好的人工照明是"一项投资，而不是一项支出"，制造商可以通过减少浪费和防止事故来收回成本。员工在昏暗的房间里行动更缓慢、更谨慎，而懒惰的员工在黑暗的角落更容易偷懒甚至打瞌睡。照明公司再三强调，他们提供的解决方案不仅仅是增加照明，而是一种更加合理高明的照明方式，可以因地制宜满足每个工作场所的具体需求。[23]

照明专家宣称的另一些内容则更加具有争议性，他们认为更好的照明有一种"激励"效应，可以改善工人对工作"乃至生活本身"的态度。这种情绪调节作用能够提高他们的效率，减少疲劳和抑郁加诸他们身上的负担，使得他们"更能全心全意地为公司利益服务"。虽然通用电气公司的专家们让工厂主们确信，经过改进的科学照明会使工人的效率得到"惊人"的提高，但是1927年一项备受热议的研究表明，目前找不到支持这一说法的确凿证据。[24]

在同一时期，许多行业对夜间工作的需求越来越旺盛。这种趋势
276 随着美国加入第一次世界大战而逐步加剧。因此产生的迫切需求，导致一些工厂首度增加了第二班和第三班的排班班次。不少研究表明，夜班期间的事故率比白班翻了一番，其中一项研究得出结论：每年有10万名工人因为与照明不足相关的事故而"丧失工作能力"。作为在战时及战后为通过新的劳动者保护法而做的更广泛斗争的一部分，很

多州的工业委员会参考了照明工程师的研究，将其研究成果纳入照明规范，首次把充足的光线视作一项关系到行业工人安全的基本考量条件。[25]

　　事实证明，美国的公立学校也是推行改革的沃土。1914 年，劳伦特·戈迪内斯完成了一项为期 5 年的校园照明研究，他在这些"毁坏眼睛的工厂"里发现了不下 4000 个不同的问题。医生兼教育家 F. 帕克·刘易斯（F. Park Lewis）等专家警告说，强迫孩子们在昏暗的光线下学习，正在迅速把美国变成一个"全民戴眼镜的国家"。20 世纪初，越来越多的学生上了高中，课程要求他们每天花上数小时进行阅读和其他"近距离的工作"，在他们成长过程中正处于发育脆弱期的眼睛受到了压力。刘易斯警告说："我们已经将书籍奉若神明，我们变成了爱读书的人，而不是善于思考的人。"他和其他教育改革家一样，都敦促学校提供更多的手工和体育教育，并投资建设更好的照明。作为庞大的"教育卫生"改善计划中的一环，照明工程师与建筑师、美国医学协会和州立法机构联合发布了新的教室照明指南，囊括了灯泡大小、灯具位置和如何恰到好处地给黑板照明等具体建议。他们甚至向出版商施压，要求他们在教科书中不再采用光滑的纸张，以作为应对刺目眩光（这是校园照明环境里无处不在的梦魇）的措施之一，因为这种纸张会将强光反射到年轻人毫无防备的眼球上。[26]

　　学校需要清晰、漫射的光线，而宗教圣地对照明设计师的要求更加复杂。为了在日趋多元化且竞争激烈的宗教市场寻找受众，20 世纪早期的许多教会领袖觉得，不仅要审慎地考虑教友的精神需求，还

277

要把他们的身体舒适度纳入考量范围；教会的照明系统既要增强人们的敬畏感，同时也要营造出一种"诱人、欢快、舒适"的氛围。现代观众在教堂里一样渴求更多的光线，不亚于在剧院里。不过戈迪内斯抱怨太多教堂一味追求"低级酒馆里那种金碧辉煌的效果"，将长椅浸透在耀眼的强光中，破坏了建筑效果，甚至在布道时让教友昏昏欲睡。照明专家们努力改造那些古老的圣殿，将灯具完全隐藏起来，或将其整合进建筑架构中合适的固定装置里。正如 A. D. 柯蒂斯（A. D. Curtis）所言，在教堂里让一颗丑陋的灯泡暴露在外，就如同"大声放狠话"一样不合适。[27]

　　不同的教派对电气化的处理也大有不同。灯光设计师发现，福音派教堂更喜欢强烈、明亮的灯光，给予人实用、包容的感觉，象征着圣经的中心地位；而那些较依赖礼拜仪式的教派较少或只是象征性地使用灯光，保留了一些被戈迪内斯称之为古老的"黑暗神秘主义"的元素；美国天主教徒则遵从了梵蒂冈的命令。1889 年，梵蒂冈暂时禁止在教堂里使用电灯，因为他们认为电灯既危险，在神学上的合理性又存有嫌疑。然而，几年后，纽约的一些天主教堂为新型灯光展现象征意义的可能性做出了示范，用被泛光灯照亮的讲坛，发光的雕像和头戴灯泡王冠、手持白炽灯"圣心"的天使来激励教区居民。尽管如此，天主教教义强调，祭坛上不能布置电灯，在那里蜡烛仍然拥有正统的地位。一位天主教领袖对此解释道："如果人为布置的灯光只是将人们的注意力吸引到灯光本身，而非让人们关注敬拜的中心，即

圣体实在 [1]，那么这将是一种滥用灯光的行为。人们会说'看神龛上的光！'而不是'看看谦卑的主人体内的上帝！'"[28]

正统犹太教教民经过深思熟虑后得出结论，认为在安息日打开白炽灯违反了安息日不能点火的神圣禁令。相比之下，摩门教徒则是布拉什的弧光灯照明系统最早的那一批客户之一，他们热切地采用了这种新型照明。1892 年，他们在盐湖城的中心建造起一座闪闪发光的白色花岗岩神庙，庙里面还配有自己的发电站，用以点亮五盏巨大的枝形白炽吊灯。一座 13 英尺（3.96 米）高的天使莫罗尼镀金雕像头戴皇冠上的一盏灯，正位于建筑至高处的顶端，聚光灯使其成为方圆数千米内最显眼的地方。到访摩门教徒社区的人经常给出"摩门教对接纳最新技术非常积极热情"的评价，甚至一些怀疑论者也认为，这是摩门教徒"对自己和未来抱有无限信心"的表现。[29]

灯光设计师们尝试了越来越多各不相同的照明布局，试图为每一项人类活动都找到一种颜色、阴影和光强度的最佳组合，通用电气公司的照明专家马修·卢基什（Matthew Luckiesh）认为，可以把整个问题归结为白光和黄光的区别。他认为，在漫长的演进历史里，人类一直在白昼的强光下工作，因此，在现代工作场所，人造光应该尽可能模仿太阳的清亮白光。然而，在下班后，人们度过他们的闲暇时光时，总是会选择闪烁跳动的火焰的黄色光芒，这种光让人更加放松舒服。卢基什认为，时至今日，任何一位现代照明设计师都无法过多

279

---

[1] 认为基督之体实际存在于圣餐内的教义。——译注

地改变人类与光之间的关系（即温暖的黄色光与人类灵魂的"审美"维度之间的联系），这种关系已经被硬生生地植入人类的基因。这是艺术之光，冥想之光，沉思之光，欢乐之光，友谊之光，家庭幸福之光。

研究维多利亚时代家庭生活观念的历史学家认为，那些买得起房子的城市居民通常把自己的家建造成由女性守护的避风港、庇护所，借此逃避似乎一年更甚一年地拥挤、堕落且险恶的城市街头生活。工人阶级挤在狭小黑暗的房间里，推开门窗，在街上、公园和灯火辉煌的沙龙等户外之地处理生活中的大部分事务；但是维多利亚时代的中产阶级却退居室内，力求创造"舒适的环境和私密的世界"。正如小说家伊迪丝·华顿（Edith Wharton）所言，在现代城市中，隐私已成为"文明生活的首要条件之一"。

为了寻求这种难以捉摸的隐私，房主们常常在窗户上挂上厚重的天鹅绒窗帘，挡住了街上的噪音，也挡住了大部分阳光。因而，明亮的室内照明变得比以往任何时候都更加重要。就像房屋明确地分隔开室内与周围熙熙攘攘的公共生活空间，室内空间也划分出了公共和私人生活的区域——为了陪伴客人的会客厅、孩子们的游戏室、男主人的书房或图书馆、供私人或亲密生活使用的卧室和更衣室。在美国家庭中，寄宿者和大家庭变得不那么常见，仆人们搬到房中更远之处，通常得通过一处狭窄的后楼梯方能到达。[30]

这种趋势早在电灯出现之前就开始了，但是新技术加速了现代私密型中产阶级家庭的发展。在 19 世纪中期煤气灯开始进入城市家庭之前，只有富有的人才能每天在家中享受明亮的光线，在特殊场合还会用大烧鲸蜡来庆祝。中产阶级在一天中使用蜡烛和油灯的时间则要短得多，他们会在下午晚些时候（天还没黑下来）就把晚饭吃了，晚上则聚拢在一起，围着中央的台灯阅读和缝纫。煤气灯让中产阶级家庭第一次拥有了明亮的光线，许多人不仅将其视为家庭便利，还将其视为身份的象征。天黑后，房子里有更多的空间可以使用，晚间娱乐的花费也下降了。[31]

在 20 世纪早期，随着电灯的普及和煤气灯的改良，即使中产阶级家庭享用了比以往更多的照明，成本也在逐年稳步下降。新一代的照明设计师发现，在一个设备齐全的家庭住所里，自己大有可为，他们可以为每个房间提供照明方案指导，从前廊直至女仆的住处，从煤仓、果窖直至阁楼的楼梯。他们竭力劝说业主考虑安装各种灯具的好处，比如周边照明灯能让整个房间都充满柔和的光线；更加聚光的灯用于阅读、缝纫和梳妆等具有更高视觉清晰度需求的活动；钢琴需要专门设计的灯具；而灯具销售商大肆吹捧床边电灯的价值，因为这种灯首度提供了一种负责任的深夜阅读方式，这种方式不会有烧毁房屋的风险。[32]

同样，至少在像伊迪丝·华顿这类较为敏感和苛刻的消费者看来，早年电力照明行业那些未经训练、不顾首尾的商人对行业声誉造成了很大的损害。直到 1897 年，她还向她的读者建议，一个设备齐全的家庭应该完全避免使用电灯，因为电灯会让整个家看起来像是一个火车站。在美国人对充足光线的看法即将发生根本性变化之际，有些人晚上仍然愿意待在只有一盏灯的客厅里，他们更加喜欢那种"舒适和宁静"的氛围。但是大多数安装了电力系统的人都不会后悔，他

281

们乐意拥有让家中每晚充斥充足光线的机会，让他们可以使用整个房间，不需要任何蜡烛，也不受黑暗掣肘。

改进布线方案对改善家庭照明状况也同样重要。在公用事业公司乐观的指导下，客户们了解到了在每个房间的入口处安装一个开关的好处，这样"不必多费一秒钟待在黑暗中"就可以在房子里随意走动。广告内容上气不接下气地通知潜在客户按下按钮："嘿，瞧，灯就亮了……这是不是很简单，很奇妙？"

电灯使人们在天黑后可以在家中更加自由地活动，而且 20 世纪早期发明的墙上插头也使得电灯本身变得更加便携了。第一代电力照明装置和老式煤气灯一样，固定安装在每个房间里，屋主若想要使用便携式电器或灯具，需先将一根柔软的电线用螺丝直接拧到布了线的墙上或固定在天花板的灯具上，一位历史学家将这一番布局形容为"家中遍布的电线简直就像狂欢节上布置的花彩"。但在 20 世纪早期，随着该系统的发展，发明家们通过开发各种更方便的壁挂插座解决了这个问题。这些插座就是今天标准化的插座和插头的祖先，是现代电力系统中的一个组件。爱迪生和他的第一代竞争对手基本上都没有预料到，这样一个小组件日后将会有如此一番作为。

在改善家庭照明状况的运动中，照明工程师们在那些致力于改善公共卫生和国内经济的进步主义改革者当中找到了盟友。1893年，这些积极分子创建了全国家庭经济协会（National Household Economic Association），其使命是传播"家庭科学"的福音，提高公众对健康卫生相关的最新研究的认识。他们提倡采用更加卫生的食物烹调方式，宣扬纯净水和现代管道的优点，普及关于疾病来源和预防的最新见解以及"良好的光线在清洁卫生的房屋中"的作用。在完成了大学的推广教育项目和妇女俱乐部的工作之后，这些改革者认为，许多社会问题归根结底是由普通美国人对正确的饮食、洗漱、清洁和睡眠方式"茫然无知且漠不关心"导致的。[33]

要打造现代、卫生的家居环境，一个关键的工具是明亮、干净的光线，这种光线不仅能让潜伏在昏暗之地的灰尘和细菌暴露无遗，还创造了一个实用美观的家庭环境，一个怡情养性的生活空间。改革者们特别相信自然光具有治愈和净化的力量，敦劝每个美国人拉开窗帘，每天晒晒日光浴。但他们也认识到"人们对人工照明的习惯会随着文明的发展而发展"，因此投入了大量精力宣传家庭灯具的正确的护理和使用方法。正如有人所言，人造光是继住房和衣服之后的"第三大文明必需品"。[34]

到了 20 世纪 20 年代，这些家庭手册的作者们开始设想，他们的大部分读者要么会有电灯，要么至少会认为电灯是一个可行的选择。这些国内科学家与照明工程师英雄所见略同，他们宣称电力照明是创造一个美丽、愉悦且卫生的生活空间的最佳方式。他们建议消费者巧妙地利用电力公司为自己创造的一切舒适和便利的设施：走廊和壁橱里的灯；集头顶间接照明与精巧设计于一身的灯具；为方便人们进出电气化空间而设置在每个入口处的开关；为房子每个部分分别创造出独特氛围的一整套照明"设计方案"。在一本 1928 年流行的家政教科书中，教授敦促着学生们安排了一次课堂参观，去建筑工地亲自检查布线规划情况。她建议学生们研究杂志广告中展示的各种灯具和固定装置，并就"每一种灯具适合在房子里的什么地方使用"进行课堂讨

283

论。在相当一段时间里，如此奢华的照明一直是工人阶级和农村家庭难以企及的，但越来越多的美国人开始将电灯视为组成一个安全、"卫生"的家庭的重要部分。[35]

这些技术上的变化也相应地改变了美国中产阶级家庭在太阳下山后的互动模式。有人抱怨道，由于家庭成员觉得没有必要每晚围坐在一起共用一盏灯，亲人之间的羁绊被削弱了，交流沟通也受到了影响。人们说得少了，读得多了，更便宜的书籍、更多的夜间光线，促使养成了所谓新"阅读习惯"的人如雨后春笋般迅猛增长。电气化家庭为每个家庭成员提供了更多的私人空间和更多的独立性。这是史上第一次，即使年幼的儿童也可以在天黑后独自待在自己的房间里，用开关安全地照亮自己的路，而不必再受到明火的威胁。

照明领域的先驱们相信，他们这一行将为人们带来更加安全、高效、美丽的环境。照明工程师们将"光辉影响灵魂"的古老观点与进步改革家意图改变人性的狂妄想法融会贯通，自觉正肩负着一项"几近崇高的重要使命"：开发人造光的力量，将之作为影响情绪、修身养性的工具来运用。光线不好的房间会造成"神经过敏"，使人的思想精神变得紧张，降低个人的道德感；刺目的眩光也同样有令人萎靡不振的效果，让人头脑麻木，是造成现代生活中"精神和道德层面"一切不足和缺陷的推手之一。不过，劳伦特·戈迪内斯预言，多亏了照明灯饰的技术，这一切都将结束。人们会越来越欣赏生活中由更好的灯饰所成就的"更精细、更美丽的事物"，"昔日"美国文化里"粗鄙的商业主义"很快就会被取而代之。[36]

因此，良好的照明是培育好人的重要工具，这是一种微妙的社会控制模式，通过眼睛来指导和塑造人的个性。1911 年，戈迪内斯在考察照明工程这一新领域时，宣称这波"运动"的发展远远超出了其倡导者的"期望和希冀"。第一代电工学家尽管天纵奇才，但却是一批误入歧途的"功利主义者"，他们只关心如何用最少的钱提供最多的照明。但是现如今，照明工程师们精心设计出的照明设备，能够帮助人们成为更好的公民，让人们更加乐观、更具有公益精神、更善于交际。这样的照明将提振美国工人的生产力和"整个产业的士气"，同时可诱导他们在下班后享受现代消费经济带来的一切视觉娱乐。引人瞩目的公共照明可以振兴社区，让穷人在艰难困苦的生活中瞥见美丽和希望；在家里，照明可以丰富充实每天的活动，通过鼓励人们注重隐私和阅读，让个人获得解放和自由；在教堂里，现代照明甚至可以让灵魂"感知到与上帝之间的神妙关系"。[37]

电灯的所在对现代美国人来说越来越隐蔽，这让电灯实现这一切的能力有加无已。人造光变得更加强大且专业化，但也更加平凡和普遍了，它们被设计融入日常生活的背景中。灯光设计师将舞台效果带入了每一个公共空间和私人房间，发明或完善出了属于光的语言，现代城市人已不假思索就能"理解"这种语言。因此，在电源关闭、灯光熄灭的罕见情形之下，才最能"明显"地感知光本身：它塑造现代生活"氛围和错觉"的力量、它在工作和娱乐中的核心作用以及它对我们日常生活作息的影响。[38]

然而，到了 1920 年，尚有数百万人没有享受到这种对日常生活规律和现代美国人的情感有如斯影响的技术：在中心电站服务难以触及的地方生活的人们，短期驻留的过客或是太过贫困无力负担费用的城市居民。对于他们而言，这种技术仍然是"未来之光"（现如今的他们无福消受）。电灯无孔不入地融入了美国社会，它占据着中心地位，而在这些煤气灯和煤油灯的光芒依然摇曳闪烁的地方，这一点变得最是一目了然——对许多身处这条光之鸿沟黑暗面的人来说，这非常痛苦。电灯曾经是一种奢侈品，现在却已飞入中产阶级的安乐窝，而且正迅速成为社会与文化的一个重要标记，它隔开了美国的乡村与城市，国家的过去与未来。

第十二章

农村地带的灯光

　　早在 19 世纪 80 年代，电工学家们就曾预言，他们的新型灯具将很快成为"人类唯一的照明光源"。不过，20 世纪早期，在电力照明业务稳步发展的同时，煤气灯的地位却岿然不动，甚至在许多靠近中心电站的地方也是如此。鲁钝迟缓的煤气行业在电力行业的步步紧逼之下，奋起直追，变得灵活贯通起来，效率提高了十倍，还引入了一些自己的发明，如电力启动器、更加明亮的白炽灯。早期，电力公司多次成功打压了煤气产业，赢得了路灯和公园、工厂和公共建筑、大型零售商场和富人住宅的照明合同。但是在家庭照明市场的竞争中，直到 1910 年，仍然只有不到 15% 的美国家庭通上了电，而且这些家庭几乎都在城市地区。[1]

　　随着电力行业逐步趋于成熟，其产品的危险性已经得到了控制，但是尚没有完全消除，依旧有一些房主不放心把这种具有潜在致命性的力量放进家里。尽管电力的安全纪录因为逐步完善的城市法规和保险条例得到了改善，但是据 1900 年的一份医学杂志记载，全国在一天之内就发生了 60 起"意外触电事故"，而且电气火灾每年都造成高达数百万美元的损失。正如一篇论文的观点，"显然，电力引发火灾的方式花样繁多，没有止境"，"事故受害者常常因为在使用该技术时自作聪明地发挥创意而遭受损失"。例如，公众曾得到警告，切勿使用弧光灯的火焰点燃雪茄或将白炽灯当作床上取暖器使用。许多人也在得到惨痛的教训后才懂得，坐在浴缸里时不能去触碰通电的电线。[2]

　　还有一些人为了避免家中积灰和遭到破坏坚决反对通电，因为老房子接通电线时不可避免地需要破开墙壁和地板，拆除更换旧的煤气装置。成本问题是阻碍电灯普及的关键因素，因为煤气公司继续提供着最好的"穷人之光"。煤气很臭，还会腐蚀家具，弄脏墙壁和地毯，但是很便宜。据估计，一名消费者每晚所需的家庭照明时间是 4 个小时，如果使用改进后的煤气灯，每年将花费 2.5 美元，而同等功率白炽灯的花费则要超过 18 美元。因此，尽管电力具有毋庸置疑的优越性，但是一名煤气行业的领军人物在 1910 年仍然可以大言不惭地说一句："我们在很大程度上独占了照明市场。"三年后，《科学美国人》声称："电力市场只有被边缘化的份儿，它从未真正深入过人心。"[3]

　　电力进入家庭受阻，在一定程度上反映了公用事业公司自身考量的重点。这些公司为制造业、交通运输业、零售业、广告招牌标识和街道照明等领域内耗能巨大的客户提供服务，从而获得了更大的利润。在当时，多数接通了电线的家庭用起电灯来仍相当俭省，只有比较富裕的家庭才需要更多额外的电流来为多种电器供电。这种家庭用电的保守主义风格在一定程度上得归咎于公用事业公司自身的费率结构。因此，在人口密集且富裕的社区之外，对大多数电力公司而言，家庭照明一向是被放在第二位考虑的市场。[4]

第一次世界大战结束后的十年间，电气化的步伐加快了。由于郊区居民强烈要求在他们的社区增加照明，行人亦要求得到更好的保护以应对日益严重的汽车交通威胁，改进后的白炽灯泡和弧光灯取代了公路支线上的煤气灯。与此同时，建筑师们开始设计不提供煤气灯照明的建筑，建筑商也不再安装可由租户在煤气灯和电灯之间自行切换的双重照明装置。由于发明了更加高效的灯泡以及更加强大的配电系统，电力公司似乎终于准备兑现爱迪生的誓言：提供一种人们负担得起的室内照明来替代煤气灯。[5]

在 20 世纪 20 年代，一些公用事业公司和电器制造商发起了更加积极的行动，意图拓展家庭照明市场。他们邀请客户参观电气化住宅和陈列有最新电气设备的展示室，派出一大批推销员去招揽新客户。"每个人都对电力感兴趣，"一本行业销售手册上写道，"而且在一定程度上，每个人都想要拥有电力。"的确如此，但是，对中产阶级房主而言，给房子铺装电线仍是一笔大额投资，销售人员仍然需要一些技巧，才能让客户放下对财务的审慎心理，屈服于自己内心深处循循善诱的消费欲望。例如，如果一个潜在的客户对安装一整套照明系统

288

的价格犹豫不决，推销员可能会建议他先安装一只门廊灯，还可以按月分期付款。这就是可乘之隙，房主很快就会爱上他的前廊灯，以及它闪亮地向过路的行人所传递的弦外之音——住在里面的人兼有进步思想和富裕家境。用不了多久，顾客就会同意为整个房子都铺装电289 线。门对门电力推销员也被建议在拜访房屋"女主人"时，要让她知道"邻居在做什么"，"这样可以利用她的攀比心理，以一种微妙的方式暗示，如果邻居能负担得起电灯开支，那么她也可以"。[6]

相比之下，在许多战后建筑热潮时期建造的新住所中铺设电线就要容易得多了，因为这些买家从一开始就知道安装电线的价值。从那时起，只要是在发电站供电范围内，即使普通人家也会理所当然地排布电线。接通电力的家庭数量持续增长，到 1930 年，已经有 70% 的家庭铺设了电力线路，这部分得归功于宽松的信贷环境和不断增长的家用电器市场。

290 随着电灯在美国社会中越来越普遍，它也进入了美国人的修辞。几乎从一开始，演讲者就发现电灯是一个方便的比喻。改革者们发誓要用强烈的电灯光束照亮每一个社会问题，而传教士们则敦促信徒们用电灯的灯光让自己的罪恶无所遁形。禁酒组织领袖弗朗西丝·珀金斯（Frances Perkins）似乎特别喜欢这种比喻，以"基督之爱的电灯光"一说来支持她的戒酒之战。

电灯的普及进一步推进了电学术语的创造性应用。一些不知名的漫画家率先描绘了一个头顶有一只闪亮灯泡的人物，从而发明了现代社会创造性思维的普遍象征。19 世纪 90 年代，一个精力充沛、引人入胜的人变成了"活电线"，而到了 20 世纪 20 年代，美国人将与这

在 20 世纪 20 年代，通用电气大力宣传了家家户户都能使用的豪华灯具、方便
的插头和墙上的开关，以使房主在进入每个房间时都能"铺开一条光明之路"。

些特质相反的人（即沉闷或无聊的人）描述为"暗淡的灯泡"。快速消失的物体总是"像一盏灯一样熄灭"，但在电气时代，"按一下开关"就会发生突如其来的变化。电灯相对其照明对手的优越性已经成为众所周知的事实，甚至在美国陆军臭名昭著的情报测试中也有其身影，该测试要求在第一次世界大战中应征入伍的人阐述为什么电灯比煤气灯好。

但是，尚有 30% 的美国家庭生活在所有中心电站供电范围以外，对他们而言，那些论述电灯光辉的文章依旧只是纯粹的学术研究而已，他们只有在进城的时候才有机会体验这项新技术。从一开始，这些公司就提供了独立运行的单个照明设备，保证乡村房主也能享有"城市绅士"的所有舒适和便利。但是，这样的系统仍然显得"奢侈得过分超前了些"，对于大多数农村家庭来说还是太昂贵了。根据1910 年政府对农村民生状况的一项调查估计，美国只有 2% 的农场有电力供应。[7]

因此，20 世纪早期的家政手册仍然详细提供了各种其他燃料照明的使用说明。19 世纪的科技革命实际上为家庭照明提供了比以往更多的选择，因为最古老的技术仍然能用，甚至还有所改进。有些人燃烧汽油混合物进行照明，虽然价格便宜但是容易发生火灾。还有些人尝试使用乙炔，这是一种由电石产生的气体，能发出强烈的白光，但是这种燃料也造成了足够多的爆炸，使得很多人对其敬而远之。在农村地区，绝大多数人依赖煤油进行照明。1908 年，美国人消费了价值 1.33 亿美元的煤油，煤油用户的支出和他们技术更发达的邻居们为电力支付的费用相差无几。虽然煤油灯优于燃烧其他燃料的照明

291

设备，但是这种灯具的有效运行需要一定技巧，每天需要花费大量的时间来清洁灯罩并修剪灯芯。凯瑟琳·比彻（Catherine Beecher）评价道："保养煤油灯需要聚精会神，而且得非常小心谨慎，因此许多妇女宁愿自己动手，也不愿将这项工作托付给佣人来做。"虽然煤油比其他燃料更稳定，但掺假会使其性质发生危险的变化，所以也需要定期检查。流行的家政指南经常洋洋洒洒罗列好几页建议给那些想要避免房屋烧毁的煤油灯使用者，其中就包括下述这条可怕的建议："当一盏灯的煤油溢出或因任何原因着火时，抓起它，把它扔出窗外去。"[8]

即使是最新的"韦尔斯巴赫"（Welsbach）煤气灯，也需要仔细调整，以避免喷出的烟雾让天花板变色，堵塞喷嘴。许多人认为，这种带有白炽灯罩的煤气灯是爱迪生灯泡的有力竞争者。一位熟练的家庭主妇或家庭佣工要花相当多的时间来清理这种灯具的烟囱，更换它的灯罩还需要一定的专业技巧，因为它的灯罩"极其脆弱，一碰就碎"。[9]

相比之下，电力除了要求用户每月按时支付账单之外，用户再没有任何需要操心的地方了。许多公司甚至不要求用户自行更换灯泡，而是在灯泡坏了或者变得昏暗、功率变低的时候（这种情况更常见），派员工来处理这些事情。另一些公用事业公司则要求顾客自己购买并更换灯泡，还向他们保证，这不是什么危险的活，也不需要任何专业技能，简单得"连个佣工"都学得会。输电网络对消费者隐藏了它所有的技术复杂性，消费者只需掌握开关，就能接入一个非常强大且不断扩张的能源网络，这也许是现代最伟大的工程成就。[10]

一些美国人甚至在享有电力之前，就已经开始怀念起他们电气化之前的生活了。早在 19 世纪 70 年代，对现代生活及其"机械式生活方式"的怀旧反应，萌生了后来被称为"殖民复兴"的风格。"美丽房屋"运动的倡导者力劝美国人恢复使用老式壁炉，尽量少使用煤气灯，多使用更为悦目的蜡烛和煤油灯，并且在其他方面"也复兴我们祖先那种安闲怡人的舒适生活方式"。19 世纪末，虽然游客们在参观国家博览会和展览会时，不免为那些主导未来的新机器惊叹不已，但他们也会成群结队地观瞻新英格兰老厨房、早已销声匿迹的南方种植园建筑的复刻品、乔治·华盛顿曾经睡过的各个地方的模型以及古色古香的时代展馆，每个房间都配备闪烁摇曳的蜡烛和火焰欢腾的壁炉。

在某种程度上，浏览这些"旧时代"遗迹，有助于凸显这个国家令人惊叹的进步，人们可由此清楚地看到这个国家的技术在一个世纪的时间内取得了多大的发展。在这个极速变革又让人不知所措的时代，搜罗出这些展品的美国人，既自豪于过去的文化，也庆幸于自己生活在一个已将牛油灯芯和烟熏灯具的种种不便抛诸身后的时代。但对许多人来说，"殖民复兴"风格提供了一个远离现代技术的避难所，尽管现代技术带来的好处如此之多，但不知何故，它却未能实现其创造更健康、更舒适生活的承诺。[11]

293

"殖民复兴"运动的一名领导者——克拉伦斯·库克（Clarence Cook）——抓住了人们的这种渴求。他建议他的读者，在太阳下山后至少一个小时内，不要点燃他们的现代灯具，而应尝试使用"插着真蜡烛的真烛台"，"投射出柔和、晃荡的光束……用这富有诗意的片刻时光结束这疲惫的工作日"。在内战刚结束那会儿，家庭经济学家凯瑟琳·比彻就注意到"鲜有用得到蜡烛的场合"，但是 40 年后，美国的蜡烛行业却开始蓬勃发展。如今，作为 20 世纪初那场席卷全国的古董风潮的一部分，烛台散发着怀旧的光芒，重新回到了人们设备齐全的家中。就像有人说的那样，拿着根蜡烛，顺着它的指引上床，"让你觉得生活没那么复杂"。[12]

尽管礼仪书籍一度大加赞扬烛光美化女性肤色的效果，但是经济学家索尔斯坦·凡勃伦（Thorstein Veblen）认为，蜡烛风潮死灰复燃的原因并不那么讨人喜欢。随着世纪之交电灯价格的下降，电灯不再是富人社会地位的象征，而是成为中产阶级普遍享用的舒适用品。凡勃伦认为，优雅的住宅和昂贵的餐馆都选择点燃蜡烛，是因为微弱的蜡烛再次成为一种只有富人才能负担得起的"奢侈"花费。1899 年，他曾指出："现在，烛光比煤油灯、煤气灯或电灯的光芒都更柔和，对受过良好教育的人来说，眼睛就不会那么痛苦了。但在 30 年前可不能这么说，在那时或者说直到最近，蜡烛还是最便宜的家用照明设备。"[13]

但是，对待电灯强烈光线如此矛盾的心理，以及体验由跳动的火焰带来的各种"恬适美好的回忆"的渴望，表明了美国文化中比炫耀性的消费欲望更深层次的东西。随着电灯变得越来越普遍，它对城市居民生活的影响力也逐年增强，一些人把人造光与人造生活联系在了一起。一位评论家说，纽约等地的上班族已经与太阳和天空失去了联系。他们在隧道里通勤，沿着两边林立着摩天大厦的人行道疾走，就像在峡谷中匆匆穿行，整日在办公室的灯光下劳作，在人工照明永不

294

熄灭的大商场里购物。在电力照明刚问世那会儿，社会改革家们就曾为"住在桥下的那一家子"的故事感到震惊，这些血汗工厂的工人白天睡在布鲁克林大桥的阴影下，晚上在明亮的弧光灯下工作。这种颠三倒四的生活有悖自然作息，而现如今，在某种程度上它似乎是多数城市工人的命运。正如一位评论家所言："人类正在变成住在地下的鼹鼠。大自然本无意让他这么过，也没有给他这么过活的准备。" 14

美国著名心理学家 G. 斯坦利·霍尔（G. Stanley Hall）也对人造光对人类发展的影响深表担忧，甚至担心它会扭曲人的灵魂。霍尔通过研究光明和黑暗对儿童智力和情感发展的影响，推测在人造光下长大的新一代美国人鲜有机会感受黄昏的暮色。而正是这些色彩丰富、长影悠悠的时刻滋养了人类心灵的诗意和灵性，这种冥冥之中的体验超越了对暴露在白昼日光中的世俗物质世界的体验。他在 1903年进行的调查显示，只要人造灯光亮起就会破坏黄昏诗意般的遐想，引发年轻人一种"以放纵为特征的狂热精神状态"，这是一种不健康的神经兴奋症状，最好通过去乡村旅行来治愈。整整一代美国人都欢迎白炽灯泡，认为它就像是一个灯塔，指引人类走向了更高层次的文明，但霍尔和许多与他志同道合的知识分子担心，他们的文化已经变得过于开化，不利于自身的发展，其部分原因在于人工照明。15

爱迪生对于自己所创造出的现代科技文化也有这种矛盾心理。从1916 年开始，他每年都和他的朋友亨利·福特（Henry Ford）、轮胎制造商哈维·费尔斯通（Harvey Firestone）以及博物学家约翰·伯勒斯（John Burroughs）一起去野营。20 世纪早期，许多居住在城市里的美国人也有同样的冲动，他们想要挣脱现代生活的藩篱，躲在一顶帐篷里寻求暂时的庇护，远离"有轨电车刺耳的警报、高架列车的隆隆声和惊艳视觉的电灯"。当时一本颇受欢迎的露营指南向读者们提出了这样的问题："男人、女人和孩子一窝蜂地涌进城市里，一直待到他们的本能都被扭曲得丧失了对自然元素（即广阔的户外世界）的一切兴趣，对他们来说，这样真的好吗？"当然，他的回答是否定的，许多"过度开化"的人为此尝试的补救措施就是去露营度假。[16]

越来越多的美国人希望找回在繁忙的城市生活中所缺失的一些东西，如果他们能够"回归大自然，在荒野里感受生活的粗粝艰苦"，就能寻回这些东西。于是，爱迪生也加入了这个日益壮大的迁移队伍。爱迪生向记者解释说："我不想靠近电。一套旧衣服、一项旧帽子、几本法国小说和一根钓鱼竿，这些就是我需要操心的一切。"他的"吉普赛"名人实业家小队在游历阿迪朗达克山脉途中，特意搜寻了泥泞小路以期避开那些与他一样的驾车者，他们也渴望过上一阵不那么繁忙的乡村生活。[17]

尽管爱迪生告诉记者，他的目的是忘记现代世界，但他拖带了不少现代设备，足足装了几辆轿车、两辆卡车，需要四名仆人来帮助维护，其中包括两名厨师以及一名负责水和卫生的"实验室专家"。随着爱迪生和福特的露营旅行成为每年夏季的惯例，随行人员逐年递增——包括更多想要体验简单生活的实业家、成群结队的记者，在1921年，甚至连沃伦·哈丁（Warren Harding）总统也来了一回。那时，这帮子人使用了专门设计的露营汽车，给每一顶帐篷都带了一架自动钢琴和一套爱迪生的电灯。尽管如此，爱迪生还是把他一年一度

296

逃进森林的行为称作"对文明的微弱抗议"。在他漫长的职业生涯结束时，这位曾付出过巨大努力，为人们的现代生活创造科技之物的人得出结论：文明本身"只是一种表象"。用他的话来说，"每个人在内心深处都厌恶文明。只要有一丁点机会，每个人都会回归蛮荒"。[18]

四十多年来，评论家们一直赞誉白炽灯是进步的灯塔，引领人类走上文明的道路。但是，当伟大的发明家爱迪生远离实验室退归林下，反复思考之后，对于更多的人造光或任何其他技术会很快驱散人性中的黑暗之类的乐观论调，他表达了自己的些许疑虑。第一次世界大战期间，产业化的屠杀肆虐了法国，为了躲避齐柏林飞艇的袭击，伦敦和巴黎每晚都会熄灯。爱迪生有充分的理由怀疑，现代技术正在为人类（突破自己的下限）荡平一条方便易行的道路。当美国发现自己被卷入这场冲突时，很快就将自己的发明才能投献给了政府的军备计划，后来又促成国会建立了第一个永久性的研究实验室，专门研发战争武器。[19]

尽管爱迪生说了一些有关战争的警世寓言，自己也渴望逃离现代文化的各种人为造物和干扰，他在很大程度上仍然保持着技术乐观主义。1920 年，他总结了自己的人生哲学，认为环境塑造了人类的性格，但技术也赋予了人类塑造环境的力量。为了阐明这个观点，他表示那些被剥夺了人造光的人会逐渐陷入野蛮状态；但如果你"把一名尚未开化的人类成员置于一个存在着人造光的环境中"，他解释道，"他的情况会得到好转"。[20]

一方面，爱迪生认为人类的进化肯定是一个循序渐进的过程：尽管在他的有生之年，科学技术已经在很大程度上改善了人类的生存条

1918 年，西弗吉尼亚州，爱迪生和他那些"浪迹天涯"的同伴（博物学家约翰·伯勒斯以及实业家亨利·福特和哈维·费尔斯通）一起"艰苦"生活。

件，但是，他觉得人类才刚刚开始追求知识和道德进步，他估计，人类还需要花上一万五千年才能走完这趟迈向完美的旅程。另一方面，他又声称，一旦暴露在白炽灯下，人类的性情就会立刻得到改善。爱迪生并不是一位说话分条析理的哲学家，他一些互相矛盾的陈述，反映了他对技术产生的社会和伦理影响的一种矛盾心理，此后许多人也一直都有这种矛盾心理。他们都生活在一个由爱迪生的众多伟大发明所塑造的世界里。机器看起来既分散又集合了人类的力量；既是人性的最高成就，也是人性异化的根源；是把我们从自然的束缚中解放出来的工具，却也是我们自己构筑的牢笼。爱迪生直到八十多岁仍在不断发明创造，他得出结论，人类所能做的至多就是不断前进而已。正如他所言：“只要人类继续探索未知世界，不断进行尝试，文明就有希望。”21

这种由现代机器负面影响带来的困扰，就留给那些已经拥有机器的人去烦恼，尚未有机会享受机器的人无须关心。第一次世界大战后，随着电力服务在美国城市和城镇逐步普及，农场的电力支持者们急切地要求延长电力线路，为数百万仍然没有通电的农村家庭提供服务。到 20 世纪 30 年代中期，美国只有九分之一的农场有电力供应。美国生产和消耗的电力比世界其他国家加起来还要多，但是在普及电力服务方面却远远落后于其他工业化国家，其中一部分原因是美国幅员辽阔。实际上，这种日益扩大的城乡差距让美国农村人民觉得自己的权益受损，倍感无力。农民们在杂志和报纸上看到通用电气的广告，称电力是一种“文化服务”，为公民提供“更好的休闲、更多的财富，以及更加健康、旷达宽广的生活"。然而，大多数农村家庭根本没法以负担得起的价格买到这种产品。[22]

直到 20 世纪 20 年代，农村地带才开始小规模地尝试电气化，这些尝试呈现了电灯和电力对农场的好处，但是私营公司普遍缺乏在农村大规模投资以触达这些潜在客户的动力。经济大萧条打破了这一僵局，罗斯福政府将农村电气化作为当局救济计划的核心要点，首先成立了田纳西河流域管理局（Tennessee Valley Authority，TVA），然后在 1936 年通过了《农村电气化法案》（Rural Electrification Act）。这些举措使联邦政府开始涉足发电业务，重新唤起了人们对公用事业市政所有制的兴趣，联邦政府向农民合作社提供了数百万美元的贷款，用于在农村地区铺设输电线路。由于只有在新用户能耗巨大的情况下才能收回在农村安装电线的高昂成本，政府为管道系统和设备提供了低息贷款，还安排一大批农业和家政学专家到现场演示如何通过电力全面改善农村生活，鼓励生活在农村地区的美国人以分期付款的方式为自己购置一个电气化未来。[23]

就像上一代的许多城市和城镇居民所做的那样，农村的居民们聚集在一起欢迎电力的到来，用棒球比赛和乐队音乐会来庆祝这一事件，在某些情况下，还会为一盏煤油灯举行一场仪式性的葬礼，煤油灯象征着如今被抛诸身后的一切昏晦混浊的光线和单调乏味的苦差事。晚上在"煤油灯下补袜子"，或者在"附近钉子上挂着的油灯"的昏暗阴影下挤牛奶，这样的日子已经一去不复返了。在电灯出世的头几十年里，城市居民心怀感激，给予企业家和电工学家们极高的赞誉——他们似乎实现了一项技术奇迹，只需轻轻一按开关，就带着居

299

民们的城镇一举跃进现代社会。半个世纪后，农民们也有类似的感觉，他们跨过了进入"现代生活"的门槛。出席这些仪式的嘉宾不是电工学家和企业家，而是对区域经济规划和"远期合作融资"具备一定专业认知的政府官员。电灯普及不再是技术层面上的挑战，而是经济和政治上的挑战。[24]

电灯对农场家庭而言，是一种受欢迎的附加装置，它减少了谷仓火灾的风险，刺激鸡舍中的鸡产下更多的鸡蛋。事实证明，电力带来的变革甚至比这些还要大——电动水泵使农民能够安装室内管道、灌溉农田，而其他电动发动机也使许多农活不那么累人了。农村电气化的目的是让农业赚取更加丰厚的利润，同时开拓出一个巨大的电器新市场，让城市工人也从中受益。

但是，新政举措下的电气化改革家们的目标远不止提振经济，他们力图减轻农民的负担，让工人们重返工作岗位。他们希望通过这个计划弥合美国城乡之间不断扩大的文化裂缝。几十年来，随着城市人口激增，农村人口的减少，许多农民越发觉得自己与经济、社会主流脱节了。到了20世纪20年代，美国的文化中心已经发生了转移：现如今，舆论由世界主义者主导，他们嘲笑农村的"乡巴佬"，贬斥狭隘的思想是"小城镇的特征"。许多美国人曾经自豪地认为自己生于长于一个农民的国度，但现在他们却面临着身份认同危机。[25]

新政时期的社会工程师认为，农村电气化将大大减轻农业工作的负担，让农村人民拥有更多的空闲时间，享受城市现代消费经济带来的便利。一旦他们也能享受到和"城镇同胞"一样的照明和电力，乡下人就不会觉得自己被隔绝于美国主流生活之外了，也不会受城市灯

农村电气化管理局海报。

光的诱惑而离开农场。改革者们不仅希望能阻止农村人口流入城市，还希望能扭转这一趋势，通过给予城市居民机会——让他们不必放弃电力照明和自来水，就可以逃到一个更加健康的环境里（即农村地区）——来解决城市存在的拥挤、犯罪和污染等痼疾。与此同时，新政政策鼓励不论是在城市还是在农村的所有家庭实现电气现代化，还建立了经济和法律框架，使明亮的灯光和高能耗成为现代美国日常生活的一个决定性特征。²⁶

302 　　在被照亮和没有被照亮的世界之间的界限仍然很难消除——整个农村电气化工程花费的时间超过了《农村电气化法案》最初设想的十年，美国城乡之间的技术鸿沟，尽管有所减少但并未根除。然而该项目促进了一项重要的民主原则的发展：由于一些技术对于人类尊严和福祉增益太过重要，所以获取使用这些技术将作为一项公共政策，成为美国人与生俱来的一种权利，保障人人皆可享有。正如富兰克林·罗斯福宣称的那样："电力不再是奢侈品，它绝对是一种必需品。"²⁷

后记
电灯的金禧庆典

　　1929 年，亨利·福特组织了一场盛大的国际庆典，以纪念爱迪生发明的第一只成功的白炽灯泡 50 周年诞辰。他邀请这位发明家作为嘉宾来到密歇根州，通过电台向全世界广播了整场仪式。那时，爱迪生在电力领域的先锋地位早已被其他科学家和工程师超越，在大西洋两岸的研究与开发实验室里，有这些科学家和工程师们工作的身影，由于他们的成就，白炽灯泡已经从一个引人注目的"奇迹"变成平凡的家用物品，现代灯泡提供的光线也比爱迪生的第一代灯泡明亮了很多倍。在他的发明和发明进程发生这些根本性变化的过程中，爱迪生作为全美最伟大的在世发明家的名声越发不可动摇——他是正在消逝的发明英雄时代中最伟大的英雄，他迸发的个人成就和技术才能，在短短 50 年间就奠定了现代美国的基础。这番变革发生得如此迅速，以至于爱迪生的成就如今看上去已有几分古朴别致的历史意义。福特为了恰如其分地反映出这种变化，虔诚地收集了爱迪生在门洛帕克市的实验室残存的所有东西，他还把这位发明家的职业生涯做成一出展览，并将之作为他在迪尔伯恩新建的美国工业与发明博物馆的核心焦点部分。福特甚至把门洛帕克现场的表层土壤给运了过来。不过，爱迪生其实并没有福特那种所谓的"该死的新泽西黏土"情结。

在仪式上，发言人历数了为爱迪生赢得"当今工业时代的奠基人和缔造者"这一称号的许多发明，每一位都把白炽灯单独挑出，列为爱迪生最伟大的发明。一位发言人指出，在爱迪生及其竞争对手搞出了电力照明产业半个世纪之后，这项技术的经济和社会价值已经壮大到了难以被一手掌控的地步，这项成就使他成为"有史以来最伟大的人之一"。1879 年，欧洲和美国的一些发明家苦心孤诣，孜孜以求地创造出了一种可行的照明设备。从那时起，100 亿盏白炽灯陆续生产下线，有将近 100 万美国人从事电力工作，电灯和电力改变了美国人工作和娱乐的方方面面。电灯光变得如此无处不在，以至于只有在没有灯光的情况下才能最好地体现出其影响，因此，"光之夜"仪式里包括了一段 60 秒时长的陷入黑暗的过程。

这一盛大庆典关乎爱迪生的成就，但在这场创造一个可行电力照明系统的更广泛的国际性探索中，这位发明家做出过哪些具体贡献、其中的技术细节又是什么，没有人费心深究。全国人民都在庆祝一个被简单化的事实——爱迪生是灯泡的发明者。正如一份报纸所说，他是"照亮世界的人"。

在生命的最后几年，爱迪生离开了电力照明行业，转而投身于从美国本土植物中找出一种橡胶的来源——他这一项小小的成功，因德国人发明了合成橡胶而变得无关紧要。1892年，爱迪生在通用电气公司合并案中失去了对旗下照明公司的控制权。当时，他发誓要运用自己的才能，创造一项惊人的新发明，让历史忘记他在发明电灯泡中发挥的作用。自此以后，他获得了一些成功，拓展了他的电影业务，并推广了一种为电动汽车提供动力的改良版电池。但他也在一些从未实现的想法上花费了数年时间和数百万美元，后来也没有再发明出任何可以媲美白炽灯所带来的变革之力的物件。[1]

尽管如此，爱迪生在电气方面仍然是美国最受欢迎的权威。该行业的支持者们非常乐于发表爱迪生的观点：美国电力照明行业在经历了50年的显著增长之后，仍有一半地区尚未使用电力照明，该行业在未来的岁月里仍然有巨大的发展潜力。爱迪生回忆自己在这领域筚路蓝缕的时代时说道，曾经有那么多人害怕他的发明，导致他"基本上将这项发明白白送了出去"。但是，由于技术一直稳步发展，能抵挡住电灯诱惑的美国人一年比一年少。电灯有助于经济增长，省时又方便，而且，托照明灯饰艺术的福，电灯也是个美丽的事物，不仅能用来照明，还能用来欣赏。爱迪生解释道："只要让一个人见识到更好的照明条件，他大概率就会想要它。这是人性使然。"[2]

新发明将如何改变后代的生活？记者们喜欢就此追问爱迪生的看法。爱迪生愿意效劳，不顾自己曾抗议说"我不大喜欢预测"，他苦思冥想电灯最后还会如何攻占美国文化，他向美国人预言，在未来，夕阳对人类的活动将"不会产生任何影响"。随着照明系统越来越强大，抹去昼与夜之间的一切差别，镀金时代的宏伟承诺最终将得以实现。爱迪生确信"一手掌握这样的自然力量"将解放人类，让人类得以实现"最大化发展"。

在"光之金禧庆典"的广播放送中，一支管弦乐队演奏了这位发明家自 1879 年以来最喜欢的曲子，同时他收到了来自世界各地的王子、首相、商界领袖和科学界要人等的祝贺。通用电气公司总裁杰勒德·斯沃普（Gerard Swope）和爱迪生一同登台演讲。通用电气公司在很大程度上是靠爱迪生宝贵的照明专利建立起来的，现在该公司控制了美国 96% 的白炽灯业务，年利润超过 3000 万美元。其他出现在观众席中的名人包括威尔·罗杰斯、约翰·戴维森·洛克菲勒、奥维尔·莱特（Orville Wright）和玛丽·居里，而阿尔伯特·爱因斯坦自柏林致电问候。海军上将理查德·E. 伯德（Richard E. Byrd）从南极发来电报，表示在暴风雪期间，他的团队会使用电灯引导人们到达安全的地方，这使得爱迪生甚至有恩于"那些生活在地球尽头的人"。尽管爱迪生有怯场的毛病，但他还是被溢美之词深深打动了，一名记者将之誉为"整个世界历史上，一个人从公众那里所能获得的最多、最强烈的情感和感激之意"。[3]

这一夜有一场压轴大戏，爱迪生领衔主演了一档广播节目，该节目意在重现他第一次成功测试碳丝灯的那个神话般的时刻。爱迪生离开宴会厅，走到重建的门洛帕克实验室，伴着附近的红河汽车

307

1929 年，在亨利·福特和弗朗西斯·耶尔的见证下，
爱迪生为国际广播的听众重现了电灯发明的过程。

厂发出的喧闹声和些许光亮，几盏历史悠久的油灯照亮了他脚下的道路。由于房间狭小，只有少数几位嘉宾有幸在现场观看——总统赫伯特·胡佛（Herbert Hoover）、福特和他的儿子埃德塞尔·福特（Edsel Ford），以及弗朗西斯·耶尔（Francis Jehl），爱迪生当年在门洛帕克实验室唯一尚在人世的合作者。爱迪生启动发电机后，把两根电线连接到他原来那盏灯的复制品上，而电台广播员则尽其所能为这一时刻注入悬念。他气喘吁吁地小声问道："它会发光吗？它会燃烧吗？"

308　当然会。当播音员向电台听众转述这个"胜利的高潮"时，全国各地的城市都点亮了专门定制的灯具，费城独立大厅的钟声响起。与此同时，公众的关注惹得爱迪生心慌意乱，他逃离了房间，恳求能让他小睡一会儿。

　　当晚晚些时候，胡佛总统为该庆典发表了主题演讲。他曾是一名工程师，比其他政治家更有资格评价爱迪生传承给人类的财富。庆典举行后没几天，全球股市就发生了崩盘，经历了长达一个月的下跌。当世界经济徘徊在崩溃边缘时，胡佛宣称，爱迪生的人生经历"让人们重新相信，我们的制度向所有有志之士敞开了机会之门"。没有什么比伟大发明家的天纵之才更能肯定工业资本主义的经济价值和民主前景，也没有人比托马斯·爱迪生更能体现胡佛对美国个人主义的信念。

　　在致敬爱迪生通过个人才干和辛勤工作所取得的一切成就的同时，胡佛特别提到爱迪生在创造"现代发明方法"上发挥的作用。半个世纪前，爱迪生在门洛帕克向世界展示的不仅仅是一只新灯泡，还有资金充足、组织有序的技术研究力量。胡佛总统解释道："机械发明在早年只是天才们在木料棚里偶然捣鼓出来的玩意儿，并不常见。"
而爱迪生证明了未来属于那些在"理论科学和应用科学的大型实验
室"辛勤工作的人们，他帮助建立的这一套企业研究体系成就之大，
早已使他个人在电气发现领域的前沿地位相形见绌。尽管这些受过大
学培训的科学家和工程师们依然名不见经传，但是截至 1929 年，他
们的工作已经创造出了比以往任何时候都多的发明，成为经济和知识
进步的重要原动力，且以无数方式丰富了人们的生活，拓展了人类的
活动范围。

同样，胡佛认为爱迪生电灯的影响力远远超过了 1879 年人们的　　309
想象。这位伟大的发明家旨在通过提供更好、更便宜的照明，使人们
摆脱煤气灯和煤油灯的束缚。但更重要的是，这种不起眼的灯泡离开
爱迪生实验室并走向了世界，经由其他人的创造力进一步加工改造，
被应用到了"无数意想不到的地方"：

　　　它使得我们可以晚几年再戴上眼镜；它使得躺在床上看书舒
服得多；只需按一下按钮，我们就能让窃贼猝不及防，陷入措手
不及的境地；住在黑暗角落和床底下的魑魅魍魉现在被赶到了户
外；栖息在黑暗中的恶行已被逼回最遥远的夜色之中；它使得医
生能够探看我们体内深处；它可以代替热水瓶治疗疼痛症状；无
论白天我们的城镇和城市外观看起来多么不堪，电灯也能让这些
地方在夜晚披上华丽喜庆的外衣。由于电灯的大量使用，我们的
生活活动时间大大延长了，它减少了我们的恐惧，以欢愉替代黑
暗，让我们更加安全，劳作更加轻松，让我们看得清电话簿上的

字。电灯已成为成人和儿童的朋友。4

　　胡佛认识到了其他发言者在那天都没有注意到的东西：爱迪生和他的竞争对手们在 50 年前所做的，是向世界发布了一项具有巨大潜力的技术，无人预计到它会具有那么多的可能性，也从未有人能够创造出这么多的可能性。爱迪生也承认了这一点。"当我为电力工业奠定基础时，"他在庆典上告诉记者，"我做梦也没想到它会发展到如今这般规模。它的发展不断让我感到惊异。"5

310

　　胡佛俏皮地列举了电灯的各种用途，尽管他所述尚不及爱迪生一生成就之万一，但还是提及了爱迪生的发明产生的一些"令人惊奇"和意想不到的结果。除此之外，我们肯定得加上电灯在提高人类对深海、微观世界、洞穴和极地黑暗的认知方面所发挥的作用。建筑师、城市规划者、照明设计师、招牌制作商、橱窗设计师和戏剧艺术家，受电灯启发想出了各种充满创意的光的应用方式。我们还理应记住其他人为了充分发掘电灯的潜力而开发出的无数发明和社会上约定俗成的规矩：工程标准、保险指南、消费者保护和公用事业条例。胡佛指出，电灯提高了美国人的生产力，使得美国人不再那么害怕、那么脆弱，他可能也提到了电灯赋予现代社会的其他特性：我们快速的生活节奏和漫长的工作时间；我们以为可以以经济效率的名义，推翻或忽略任何自然界强加在我们面前的障碍；电灯在大规模营销和大众零售方面的应用产生了令人眼花缭乱的刺激效果，以及照明专家精心设计，用灯光营造出不同的氛围，唤起相应的情绪，而人们就在这样的空间中生活、工作、玩乐。

　　尽管胡佛只说到了电灯对经济、社会、文化的巨大影响的一部分，但他值得称道的一点是——他虽然认可爱迪生的伟大，但也指出了他只是许多人中的一名佼佼者，尚有其他人士曾为发明灯泡、继而开创这一现代文化至关重要的部分做出一定贡献，他们之中有些人已为人所熟知，有些人却早已为人所遗忘。爱迪生比任何人都清楚这一点。那天晚上，他向所有和他一起为建立电力照明世界出过力的人致以了最诚挚的敬意。这位世界上最伟大的发明家用颤抖的声音激动地告诉全球听众："如果不是因为在向我致敬的同时，你们也表彰了过去那些思想家、工作者以及那些仍然在埋头钻研的人们，我恐怕会觉得非常难为情。没有他们，我的工作也就没有了意义。如果我激励了人们做出更多努力，如果我们的工作能够稍微拓宽一点人们的眼界，哪怕只是一点点，并给世界带来些许快乐，我就满足了。"

311

　　爱迪生在发表了简短的讲话之后，病倒了，不得不被送到福特家卧床休息了几天。他抱怨道："我对所有的荣誉都腻烦透了，我想回去工作。"

鸣谢

　　虽然做研究往往是一种孤独的体验，但是本书的主题让我得以与很多人一路相伴。在过去几年里我有幸与他们谈论电灯，这样的交流使得本书的写作成为一种享受。我对这个话题的兴趣始于我在田纳西大学研究生研讨会上与学生们愉快的对话，我也得到了历史系同事们的许多优秀建议和支持：尤其要感谢史蒂夫·阿什（Steve Ash）、丹尼丝·菲利普斯（Denise Phillips）、汤姆·伯曼（Tom Burman）、林恩·萨科（Lynn Sacco）、汤姆·库恩斯（Tom Coens）、汤姆·查芬（Tom Chaffin）和丹·费勒（Dan Feller）。基思·莱昂（Keith Lyon）为研究提供了很好的帮助，他花费了极大的精力，运用其独到的眼光对资料追根溯源。他是我们的好伙伴，与我们结伴随着电灯穿行过这么多令人惊奇的幽深小巷。安妮·布里奇斯（Anne Bridges）和詹姆斯·麦基（James McKee）也为研究提供了有益的帮助。

我非常感谢克里斯蒂娜·海尔曼（Christine Heyrmann）、约翰·迪莫斯（John Demos）、乔伊斯·塞尔策（Joyce Seltzer）、艾伦·鲁滕贝格（Alan Rutenberg）和帕特里克·阿利特（Patrick Allitt）在早前对我的鼓励和支持。史蒂夫·阿什、保罗·伊斯雷尔、史蒂夫·惠特克（Steve Whitaker）和帕特里克·阿利特热心阅读了书稿。企鹅出版社的斯科特·莫耶斯（Scott Moyers）和玛莉·安德森（Mally Anderson）也对手稿进行了翻阅。每一个人都为改进这本书提出了自己的见解。

美国学术团体理事会（American Council of Learned Societies）慷慨赠予的一份奖学金令我得以有闲完成这份手稿。因为吉尔德·莱尔曼美国历史研究所（Gilder Lehrman Institute of American History）对我的资助，我得以有幸在纽约历史学会档案馆进行耗时甚久的研究工作。亨廷顿图书馆（Huntington Library）的一位朋友让我有机会对迪布纳（Dibner）捐赠的电力发展历史相关的浩瀚藏书一探究竟。我非常感谢丹尼尔·沃克·豪（Daniel Walker Howe）及其他许多访问学者与我在最好的学术丛林之一里深入对话。其中最具洞察力且最有趣的是霍利·克莱森（Holly Clayson），她大方分享了自己关于电灯早期发展的有趣研究。来自温特瑟（Winterthur）博物馆和图书馆的两项研究补助金让我有时间研究那些浩繁丰富的档案资料，也使得我有机会与美国物质文化来一场生动的对话。我特别感谢奖学金协调员罗

314

斯玛丽·克里尔（Rosemary Krill），她为了我度过一个愉快且富有成效的特拉华州之行付出了很多；我还要感谢图书管理员埃米莉·格思里（Emily Guthrie）和海伦娜·理查森（Helena Richardson），房地产历史学家玛吉·利兹（Maggie Lidz），以及我的同事们，特别是劳里·丘奇曼（Laurie Churchman）、路易莎·亚罗奇（Louisa Iarocci）和珍妮弗·卡尔奎斯特（Jennifer Carlquist）。田纳西大学还提供了研究奖励，使我能够参观美国和英国的档案馆。

我的朋友兼导师唐·孔利（Don Coonley）在我开始这个项目时，给了我很多精神上的支持。他作为一名摄影师和电影制作人，比大多数人都更了解电灯的魅力。遗憾的是，由于他英年早逝，我再也无法听到他对这本书的看法。

一如既往，我还要感谢我的妻子劳伦，感谢她的爱、陪伴和一针见血的提问，感谢她在我长时间离家、周末陪伴她的时间也很短暂的情况下，仍然保持着耐心。

半个多世纪以来，父母给了我无限的爱、友谊和鼓励。我把这本书献给他们：我的母亲——作家简，以及我的父亲——工程师欧内斯特二世（Ernest II），他曾经耐心地向我展示世界是如何运转的。

315

注释

引言
发明过程中的爱迪生

1 *Journal of Experimental Social Psychology* 46 (2010): 696–700.

2 Irwin Unger, *These United States: The Questions of Our Past*, 2nd ed. (Upper Saddle River, NJ: Prentice Hall, 2003), 415.

3 Paul Israel, *Edison: A Life of Invention* (New York: Wiley, 1998), chapter 10.

4 Ibid, 167; Jill Jonnes, *Empires of Light: Edison, Tesla, Westinghouse, and the Race to Electrify the World* (New York: Random House, 2003), 66–67.

5 关于电灯发展起来之前的照明革命，特别是城市地区煤气灯照明方面的影响等内容，参见 Wolfgang Schivelbusch, *Disenchanted Night: The Industrialization of Light in the Nineteenth Century* (Berkeley and Los Angeles: University of California Press, 1995), 以及 Peter C. Baldwin, *In the Watches of the Night: Life in the Nocturnal City, 1820–1930* (Chicago: University of Chicago Press, 2012) 中关于美国的内容。

第一章
发明电灯

1 *Dickens' Dictionary of Paris* (1882), 84.

2 *New York Tribune*, September 30, 1881.

3 近现代对于这些技术的评论，大多如同这些技术本身一样古老。这一时期对欧洲照明技术的若干相关评论，参见 Michael Adas, *Machines as the Measure of Men: Science, Technology, and Ideologies of Western Dominance* (Ithaca, NY: Cornell University Press, 1989), chapter 6.

4 *Scotsman*, August 12, 1881.

5 Friedrich Ratzel, *Sketches of Urban and Cultural Life in North America*, trans. and ed. Stewart A. Stehlin (New Brunswick, NJ: Rutgers University Press, 1988), 3–4; Charles Reade cited in Erastus O. Haven, *The National Hand-Book of American Progress* (1876).

6 Ralph Waldo Emerson, *Works and Days* (1857).

7 爱默生就美国发明的意义的观点衍变，参见 John Kasson, *Civilizing the Machine: Technology and Republican Values in America, 1776–1900* (New York: Grossman, 1976).

8 Harold Platt, *Electric City: Energy and the Growth of the Chicago Area, 1880–1930* (Chicago: University of Chicago Press, 1991), 28.

9 Peter C. Baldwin, *In the Watches of the Night: Life in the Nocturnal City, 1820–1930* (Chicago: University of Chicago Press, 2012), 16.

10 Patricia Fara, *An Entertainment for Angels: Electricity in the Enlightenment* (New York: Columbia University Press, 2002); Michael Brian Schiffer, *Draw the Lightning Down: Benjamin Franklin and Electrical Technology in the Age of Enlightenment* (Berkeley and Los Angeles: University of California Press, 2003); James Delbourgo, *A Most Amazing Scene of Wonders: Electricity and Enlightenment in Early America* (Cambridge, MA: Harvard University Press, 2006); Jill Jonnes, *Empires of Light: Edison, Tesla, Westinghouse, and the Race to Electrify the World* (New York: Random House, 2003), 18–29.

11 Richard Holmes, *Age of Wonder: The Romantic Generation and the Discovery of the Beauty and Terror of Science* (New York: Vintage, 2010), 295–96.

12 Brian Bowers, *Lengthening the Day: A History of Lighting Technology* (New

York: Oxford University Press, 1998), 63–65; Schiffer, *Draw the Lightning Down*, 228–32.

13 *Proceedings of the American Academy of Arts and Sciences*, May 1894, 415; *The Anglo American, a Journal of Literature, News, Politics, the Drama*, December 23, 1843, 2, 9.

14 Wolfgang Schivelbusch, *Disenchanted Night: The Industrialization of Light in the Nineteenth Century* (Berkeley and Los Angeles: University of California Press, 1995), 52–57; *Milwaukee Daily Sentinel*, September 21, 1876; "The Electric Light: How It Is Now Being Utilized in Paris and Throughout France," *Chicago Tribune*, February 7, 1879; on Faraday, 参见 Jonnes, *Empires of Light*, 38–44.

15 *New York Tribune*, June 27, 1878.

16 *Chicago Tribune*, March 19, 1877, March 27, 1878; *Journal of the Franklin Institute*, July 1, 1849; *Chicago Tribune*, January 30, 1879, April 1, 1878.

17 *Scientific American*, May 24, 1879.

18 *Cleveland News*, April 14, 1928.

19 *Cleveland Herald*, April 28, 1879; Marie Gilchrist, Charles Francis Brush, 未出版手稿, 1935, Case Western Reserve University Special Collections; *Chicago Tribune*, April 30, 1879.

20 Earl Hamer, "A Reminiscence about the First Lighting in Wabash, Indiana" (1929), Wabash County Historical Museum 馆藏誊抄本; Linda Simon, *Dark Light: Electricity and Anxiety from the Telegraph to the X-Ray* (Orlando: Harcourt, 2005), 80–81.

21 *Christian Union*, July 23, 1879; *Washington Post*, August 4, 1879.

22 帕尔默大厦的相关资料：Platt, *The Electric City*, 22; 马戏团的相关信息：*Atlanta Constitution*, October 2, 1879.

23 *Chicago Tribune*, April 28, 1879.

24 Robert Louis Stevenson, "A Plea for Gas Lamps," *Virginibus Puerisque and Other Papers* (London: C. Kegan Paul & Company, 1881), 288.

25 *Boston Globe*, July 30, 1882.

26 *Indianapolis Sentinel*, September 17, 1882.

27 Robert Hammond, *The Electric Light in Our Home* (1884); *Electrical World*,

August 3, 1883; *Detroit Free Press*, November 21, 1880.

28 Robert Friedel and Paul Israel, *Edison's Electric Light: The Art of Invention* (Baltimore: Johns Hopkins University Press, 2010), 5–8.

29 *District School Journal of the State of New York* (1840–1852), August 1846, 5–7; "Report on the International Exhibition," 160; *Los Angeles Times*, February 1, 1893; Roscoe Scott, "Evolution of the Lamp," *Transactions* (1914); 摩西·法默相关资料，参见 Dirk Struik, *Yankee Science in the Making: Science and Engineering in the Making from Colonial Times to the Civil War* (Mineola, NY: Dover, 1992), 332; Goebel in Schivelbusch, *Disenchanted Night*, 58.

30 Paul Israel, *Edison: A Life of Invention* (New York: Wiley, 1998), 164–69; Friedel and Israel, *Edison's Electric Light*, 4–9.

31 *New York Sun*, September 16, 1878; Jonnes, *Empires of Light*, 55–56.

32 Friedel and Israel, *Edison's Electric Light*, 8–9.

33 *New York Tribune*, March 3, 1879.

34 Friedel and Israel, *Edison's Electric Light*, 10, 24.

35 *Atlanta Constitution*, January 18, 1881. 马克西姆在缅因州的偏远地区长大，后来在发明方面颇有成就，开发过捕鼠器、机关枪等各式各样的东西，他曾为纽约邮局、公园大道酒店以及华尔街上的一些办公室安装过自己设计的一套照明系统。人们老围过来问他这套东西是不是"著名的爱迪生电灯"，他渐渐厌烦了（回答这些问题）。他在多年后回忆道："我很生气！因为那个时候，爱迪生连一盏（像样的）灯都还没做出来！" Hiram Maxim, *My Life* (1915), 130; 关于爱迪生那款自动调（温）的铂丝灯芯灯泡的信息，参见 Friedel and Israel, *Edison's Electric Light*, chapter 1.

36 Jonnes, *Empires of Light*, 57.

37 *New Haven Register*, December 30, 1879; *Daily Inter Ocean*, May 17, 1882; *Chicago Tribune*, May 6, 1879.

38 *Chicago Tribune*, April 15, May 22, and May 16, 1879; *Chicago Tribune*, March 5, 1879.

39 *New York Times*, March 1, 1881.

40 Matthew Josephson, *Edison: A Biography* (New York: McGraw-Hill, 1959), 224–25; Francis Jehl, *Menlo Park Reminiscences* (Dearborn Park, MI: Edison

Institute, 1937), 410–30. 爱迪生决定用回碳丝灯芯以及门洛帕克的开放展示活动的相关信息，参见 Friedel and Israel, *Edison's Electric Light*, chapter 4, and Jonnes, *Empires of Light*, 58–67.

41 Israel, Edison: *A Life of Invention*, 187–88.

42 *Washington Post*, January 1, 1880.

43 *New York World*, December 22, 1879; *Electrical World*, January 15, 1881; *New York Times*, January 16, 1880; Frank Leonard Pope, *Evolution of the Electric Incandescent Lamp* (1889), 30; Jehl, *Menlo Park Reminiscences*, 230–32.

44 Israel, *Edison: A Life of Invention*, 188–89.

45 Andrew Hickenlooper, *A Memoir*（打印稿）, Cincinnati Historical Society; interview with Hickenlooper, October 27, 1878, clipping in Cincinnati Historical Society.

46 *New York Sun*, June 14, 1880; *Electrical World*, March 19, 1881.

47 "Electric Lighting: A Lecture," Joseph Swan, October 20, 1880, Newcastle; *Newcastle Daily News*, June 10, 1881; Charles Bazerman, *The Languages of Edison's Light* (Cambridge, MA: MIT Press, 2002), 187–88; Graeme Gooday, *Domesticating Electricity* (London: Pickering & Chatto, 2008), 163–64.

48 *Electrical World*, April 30, 1881.

49 关于索耶叫板爱迪生发明的内容，参见 Jehl, *Menlo Park Reminiscences*, 396–97.

50 Bazerman, *The Languages of Edison's Light*, 209–10; Josephson, *Edison: A Biography*, 228; Malcolm MacLaren, *The Rise of the Electrical Industry During the Nineteenth Century* (Princeton: Princeton University Press, 1943), 74; Charles Wrege and Ronald Greenwood, "William E. Sawyer and the Rise and Fall of America's First Incandescent Light Company, 1878–1881," *Business and Economic History*, 2nd ser., vol. 13 (1984): 31–48.

51 爱迪生为了给自己正名，也为了折服旁人，不只把机器搬到了巴黎，还派出了两位他信赖的合伙人花费几星期的时间拉拢欧洲的电气精英们。他甚至不止一次地买下了法国记者们的口角春风，让他们的影响力为自己所用。Robert Fox, "Thomas Edison's Parisian Campaign: Incandescent Lighting and the Hidden Face of Technology Transfer," *Annals of Science,* 53 (1997): 157–93. Friedel and Israel, *Edison's Electric Light*, 180.

52 Bazerman, *The Languages of Edison's Light*, 202.

53 Preece in *Van Nostrand's Engineering Magazine*, February 1, 1882; E. C. Baker 援引其对爱迪生性格的评述内容, *Sir William Preece, F.R.S.: Victorian Engineer Extraordinary* (London: Hutchinson, 1976), 157; Bazerman, *The Languages of Edison's Light*, 214.

54 Thomas Hughes, *Networks of Power: Electrification in Western Society, 1880–1930* (Baltimore: Johns Hopkins University Press, 1993), 20–21; Israel, *Edison: A Life of Invention*, chapter 10.

55 *Times* (London), March 15, 1881; *Chicago Tribune*, August 16, 1881.

56 *Standard*, October 3, 1881; Henry Edmunds, "Reminiscences of a Pioneer," December 25, 1919, 转载自 *M and C Apprentices Magazine* (Glasgow) 及 Joseph Swan 留下的记录选萃, Newcastle upon Tyne; Gooday, *Domesticating Electricity*, 94–95.

57 "Gas-Light in Paris," *Daily Evening Bulletin*, December 22, 1881; *Newcastle Daily Chronicle*, April 14, 1881.

58 William Edward Sawyer, *Electric Lighting by Incandescence* (1882), 184.

第二章
城市之光

1 Harold Platt, *The Electric City: Energy and Growth of the Chicago Area, 1880–1930* (Chicago: University of Chicago Press, 1991), 22.

2 *New York Times*, December 21, 1880.

3 S*an Jose Mercury*, December 25, 1881; *Los Angeles Herald*, December 16, 1881; *Los Angeles Times*, February 2 and August 5, 1882; Eddy Feldman, *The Art of Street Lighting in Los Angeles* (Los Angeles: Dawson's Bookshop, 1972), 23.

4 *Los Angeles Times*, April 28 and August 10, 1883; Feldman, *Art of Street Lighting in Los Angeles*, chapter 3.

5 *Atlanta Constitution*, November 29 and December 14, 1883, July 30, May 25, and June 1, 1884.

6 Paul de Rousiers, *American Life* (1891), 131.

7 *Electrical World*, December 27, 1884.

8 Ibid., February 20, 1886.

9 Ibid., April 19, 1883, April 20, 1886; 关于美国城市中性暴力问题, 参见 Peter C. Baldwin, *In the Watches of the Night: Life in the Nocturnal City, 1820–1930* (Chicago: University of Chicago Press, 2012), 176–78.

10 *Milwaukee Journal*, September 26, 1894, citing *New York Sun*; 煤气灯会招致卖淫活动的相关内容, 参见 Andreas Bluhm and Louise Lippincott, *Light!: The Industrial Age, 1750–1900* (Amsterdam: Van Gogh Museum, 2000), 212; Baldwin, *In the Watches of the Night*, chapter 2, 160. 根据 Baldwin 在上述文章中所述, 有证据表明照明良好的街道实际上会招引来扒手和妓女, 因为这些人会受聚集在那里的人群吸引。

11 Baldwin, *In the Watches of the Night*, 27–33; *Electrical Review*, May 30, 1885.

12 Platt, *The Electric City*, 23; *Electrical Age*, August 1904.

13 *Electrical World*, May 15, 1886; Alan Trachtenberg, *The Incorporation of America: Culture and Society in the Gilded Age* (New York: Hill & Wang, 1982), 105.

14 *Electrical World*, November 17, 1887; "Arc Lights to Repel Lovers," *New York Times*, August 20, 1905; *Electrical World*, January 3, 1884; *New Haven Register*, January 10 and April 10, 1885.

15 *Electrical World*, March 15, 1885; Platt, *The Electric City*, 29.

16 *Electrical World*, December 21, 1889; *New York Times*, December 28, 1888.

17 *Electrical World*, June 26, 1886, on Laramie; *Electrical World*, October 13,1883, quote from *Fargo Argus*.

18 Billy Nye, *Remarks by Bill Nye* (1887).

19 *Electrical World*, October 18, 1884.

20 Chris Otter, *The Victorian Eye: A Political History of Light and Vision in Britain, 1800–1910* (Chicago: University of Chicago Press, 2008), 226–28.

21 *Detroit Free Press*, October 10, 1880.

22 *Chicago Times* cited in *Los Angeles Times*, January 25, 1882.

23 *Detroit Free Press*, July 23 and November 16, 1884.

24 Ibid., June 24, 1886.

25 Ibid., August 1, 1884, July 3, 1885; *Electrical World*, June 6, 1885.

26 *Electrical World*, March 31, 1888.

27 *San Francisco Call*, September 22, 1907.

28 Platt, *The Electric City*, 38–39.

29 *St. Louis Post-Dispatch*, August 17, 1890; *New York Tribune*, May 7, 1890; *Baltimore Sun*, June 23, 1890; *New York Times*, July 7, 1887; *Chicago Tribune*, February 28, 1882; Tiffany in *Electrical World*, April 12, 1884; John Lewis, *A Treatise on the Law of Eminent Domain in the United States* (1888), 810.

30 Platt, *The Electric City*, 46–47.

第三章
创造性破坏: 爱迪生和煤气公司

1 Matthew Josephson, *Edison: A Biography* (New York: McGraw-Hill, 1959), 262–63; Robert Friedel and Paul Israel, *Edison's Electric Light: The Art of Invention* (Baltimore: Johns Hopkins University Press, 2010), 183–87.

2 Paul Israel, *Edison: A Life of Invention* (New York: Wiley, 1998), chapter11, 这部分内容很好地概述了爱迪生的第一个中心发电站的情况；这方面的其他宝贵信息另请参阅 Jill Jonnes, *Empires of Light: Edison, Tesla, Westinghouse, and the Race to Electrify the World* (New York: Random House, 2003), 76–85.

3 *New York Herald*, *New York Times*, *New York Tribune*, September 5, 1882.

4 关于煤气灯所需的颇有技术门槛的保养维护方法，参见 Sarah Milan, "Refracting the Gaselier: Understanding the Victorian Responses to Domestic Gas Lighting," in *Domestic Space: Reading the Nineteenth-Century Interior*, ed. Inga Bryden and Janet Floyd (Manchester: Manchester University Press,1999).

5 Randall E. Stross, *The Wizard of Menlo Park: How Thomas Alva Edison Invented the Modern World* (New York: Crown, 2008), 129–31; Edwin Burrows and Mike Wallace, *Gotham: A History of New York City to 1898* (New York: Oxford University Press, 1998); Jonnes, *Empires of Light*, 3–15.

6 *Electrical World*, August 15, 1886.

7 Harold Platt, *The Electric City: Energy and the Growth of the Chicago Area,1880–1930* (Chicago: University of Chicago Press, 1991), 25–28; *New Orleans Picayune*, September 26, 1882; *The Papers of Thomas A. Edison*, vol. 6, *Electrifying New York and Abroad, April 1881–March 1883*, ed. Paul B. Israel, Louis Carlat, and David Hochfelder (Baltimore: Johns Hopkins University

Press,2007), xxiii; 尽管爱迪生开创了中心电站模式，但是有好些年，他的大多数客户都（选择）购买更小型的独立（照明）系统。

8 *Detroit Free Press*, November 13, 1878, 全面详细地记录了对煤气公司的批判；这方面的内容还可参阅 *Detroit Free Press*, December 25, 1879; Platt, *The Electric City*, 12–14. Milan 的 "Refracting the Gaselier" 一文还论述了煤气灯在 19 世纪英国所遭受的盲风晦雨。

9 *Electrical World*, November 15, 1884, July 4, 1886.

10 For example, *Chicago Tribune*, October 16, 1881; *New York Times*, January 24 and October 22, 1890.

11 *Boston Globe*, October 31, 1895; *Medical News*, May 19, 1888; *Chicago Tribune*, September 1, 1889.

12 *New York Times*, January 3, 1890; *New York Tribune*, January 8, 1880.

13 *American Medical Journal* (1888), 182; *Youth's Companion*, January 26, 1882; *Albany Law Journal*, December 29, 1888.

14 *Scientific American*, January 13, 1883; Platt, *The Electric City*, 42–43; *New York Times*, December 4, 12, 1889.

15 *Electrical World*, July 26 and November 8, 1884, June 13, 1885.

16 Ibid., October 13, 1883.

17 Ibid., March 30 and August 24, 1889; *Progressive Age*, October 1, 1889.

18 "Views of Dr. Edwards," *Baltimore Sun*, December 13, 1889. 美国人总想着要便宜廉价地制造东西，他们会使用不怎么周密的设计和质量低劣的产品，而这种倾向一直以来被认为是这个国家能够迅速接纳新兴技术的原因——他们打从一开始就假定应该淘汰所有的设计，而在这样的思想预设下，照明系统涤故更新所需要的创造性破坏会遭遇相对较少的阻碍。参见 H. J. Habakkuk, *American and British Technology in the Nineteenth Century: The Search for Labour-Saving Inventions* (Cambridge: Cambridge University Press, 1962), 87–92.

19 E. C. Baker 中对英国电力照明情况的论述, *Sir William Preece, F.R.S.: Victorian Engineer Extraordinary* (London: Hutchinson, 1976), 9, 253; Preece cited in *Electrical World*, December 27, 1884.

20 *Electrical World*, June 23, 1888; Preece in *Electrical World*, December 27, 1884.

第四章
工作之灯

1 Helen Campbell, *Darkness and Daylight* (1892), 272–73; Helen Campbell, *New York Tribune*, January 2, 1887.

2 *Daily National Intelligencer*, November 2, 1865.

3 夜班工作制作为新英格兰地区的纺织厂为了提高生产速度而做出的一种努力等内容，参见 Philip Foner and David Roediger, *Our Own Time: A History of American Labor and the Working Day* (New York: Greenwood Press, 1989), 50–51.

4 "An Unnoticed Increase in Mill Capacity," *The Timberman*, October 29, 1887; Ford cited in Foner and Roediger, *Our Own Time,* 191; David Nye, *Electrifying America: Social Meanings of a New Technology, 1880–1940* (Cambridge, MA: MIT Press, 1992), chapter 1; *Cotton, Wool, and Iron*, May 12, 1883; Peter C. Baldwin, *In the Watches of the Night: Life in the Nocturnal City, 1820–1930* (Chicago: University of Chicago Press, 2012), 125–30.

5 *Spectator* cited in *Chicago Tribune*, October 28, 1878.

6 *Electrical World*, July 26, 1884.

7 Otto Mayr and Robert C. Post, eds., *Yankee Enterprise: The Rise of the American System of Manufactures* (Washington, DC: Smithsonian Institution Press, 1981), 178–79.

8 Nye, *Electrifying America*, 191–92; Patricia Hills, *Turn-of-the-Century America: Paintings, Graphics, Photographs, 1890–1910* (New York: Whitney Museum of American Art, 1977), 89–90; Philip Meggs and Alston W. Purvis, *Meggs' History of Graphic Design* (Hoboken, NJ: Wiley, 2005), chapter 9; Robert Jay, *The Trade Card in Nineteenth-Century America* (Columbia: University of Missouri Press, 1987), 36.

9 *Electrical World*, July 21, 1883, January 12, 1884; Baldwin, *In the Watches of the Night*, 114–16.

10 *Chicago Tribune*, January 3, 1879.

11 *Scientific American*, December 21, 1878, August 28, 1880.

12 另请参见 Wolfgang Schivelbusch, *The Railway Journey: The Industrialization of Time and Space in the 19th Century* (Berkeley and Los Angeles: University

of California Press, 1987).

13 Thomas J. Schlereth, *Victorian America: Transformations in Everyday Life, 1876–1915* (New York: Harper Perennial, 1992), 22; *Electrical World*, July 12, 1890.

14 美国内战前的那段时期，夜间列车采用的另一个策略是使用"探路机车"，这种机车会行驶在列车前面，去搜寻黑暗轨道上的障碍物。一位历史学家总结道，纵观南方铁路旅行（这段）历史，大多数旅行者宁愿中断他们的旅程，在酒店过夜（也不愿意乘坐夜间列车）。Eugene Alvarez, *Travel on Southern Antebellum Railroads, 1828–1860* (Tuscaloosa: University of Alabama Press,1974), 81.

15 John H. White, *A History of the American Locomotive: Its Development, 1830–1880* (Mineola, NY: Dover, 1980); *Los Angeles Times*, February 6, 1887; *Railway Age Gazette*, June 20, 1910, 1650; *Electrical World*, September 27, 1890.

16 Benjamin H. Barrows, *The Evolution of Artificial Light: From a Pine Knot to the Pintsch Light* (1893); *Scientific American*, April 9, 1887; *New York Times*, September 30, 1887; T. Clarke, *The American Railway* (1889), 226; *Electrical World*, September 7, 1889.

17 Julian Ralph, *Dixie, or Southern Scenes and Sketches* (1896), 104–5; *Electrical World*, March 15, 1890.

18 Mark Twain, *Life on the Mississippi* (1883), 225, 448, 513.

19 Joseph H. Appel, *The Business Biography of John Wanamaker, Founder and Builder* (New York: Macmillan, 1930), 102–3; Herbert Adams Gibbons, *John Wanamaker* (New York: Harper & Brothers, 1926), vol. 1, 216–17.

20 *Boston Globe*, November 22, 1880.

21 Samuel Terry, *How to Keep a Store, Embodying the Conclusions of Thirty Years of Experience in Merchandising* (1887), 113–14.

22 Baldwin, *In the Watches of the Night*, 104–14.

23 Campbell, *Darkness and Daylight*, 257–58; Baldwin, *In the Watches of the Night*, 49–53.

24 *Chicago Tribune*, January 11, 1885.

25 Roediger and Foner, *Our Own Time*, 58; Wolfgang Schivelbusch, *Disenchanted*

Night: The Industrialization of Light in the Nineteenth Century (Berkeley and Los Angeles: University of California Press, 1995), 8–9; Baldwin, *In the Watches of the Night*, 130–37.

26 Foner and Roediger, *Our Own Time*, 58; Baldwin, *In the Watches of the Night*, 186–90, 194–200.

27 *Los Angeles Times*, September 24, 1880; "The Flesh and Blood of Children Coined into Dollars," *New Century Path*, May 31, 1903; Baldwin, *In the Watches of the Night*, 135–36.

28 *Georgia Weekly Telegraph*, December 10, 1882.

29 *New Hampshire Statesman*, September 18, 1868; *Alienist and Neurologist*, April 1, 1887; *St. Louis Globe-Democrat*, April 22, 1881.

30 Alan Trachtenberg, *The Incorporation of America: Culture and Society in the Gilded Age* (New York: Hill & Wang, 1982), citing Charles Francis Adams Jr. on the railroads, 45.

第五章
休闲之灯

1 Robert Louis Stevenson, "Plea for Gas Lamps," *Virginibus Puerisque and Other Papers* (London: C. Kegan Paul & Company, 1881); Jonathan Bourne and Vanessa Brett, *Lighting in the Domestic Interior: Renaissance to Art Nouveau* (London: Sotheby Parke Bernet, 1991), 193.

2 *Chicago Tribune*, September 27, 1892.

3 Wolfgang Schivelbusch, *Disenchanted Night: The Industrialization of Light in the Nineteenth Century* (Berkeley and Los Angeles: University of California Press, 1995), 50–51.

4 *New York Times*, September 29, 1891; *Electrical World*, November 14, 1891.

5 *Electrical World*, March 6, 1886; Schivelbusch, "The Stage," *Disenchanted Night; Electrical World*, August 25, 1883; "History of Footlights," *Brooklyn Eagle*, January 12, 1896; Frederick Penzel, *Theatre Lighting Before Electricity* (Middletown, CT: Wesleyan University Press, 1978), 60–63, 73–74 探讨了以这种方式应用煤气灯和舞台灯光的尝试。

6 *Baltimore Sun*, September 3, 1884.

7 David Nye, *Electrifying America: Social Meanings of a New Technology* (Cambridge, MA: MIT Press, 1992), 32–35; *Milwaukee Republican-Sentinel*, December 26, 1882.

8 *St. Louis Post-Dispatch*, July 2, 1888.

9 Julian Ralph, *Harper's Chicago and the World's Fair* (1893).

10 Nye, *Electrifying America*, 35; 关于科尼岛，参见 John Kasson, *Amusing the Million: Coney Island at the Turn of the Century* (New York: Hill & Wang, 1978), and Woody Register, *The Kid of Coney Island: Fred Thompson and the Rise of American Amusements* (New York: Oxford University Press, 2003); *Chicago Tribune*, August 27, 1893.

11 *Puck*, June 25, 1884.

12 *New York Times*, July 16, 1886.

13 Ibid., July 10, 1887; Erastus Wiman, *The Gospel of Relaxation* (1887).

14 *Electrical World*, July 2, 1887.

15 "The Electric Fountain at Lincoln Park," *Harper's Weekly*, October 3,1891.

16 *New York Times*, August 8, 1880; *Puck*, August 3, 1880; "The Evolution of the Modern Amusement Park," *Street Railway Journal*, January 25, 1908; Gary Kyriazi, *The Great American Amusement Parks: A Pictorial History* (New York: Citadel, 1976), 69.

17 Kasson, *Amusing the Million*, 43–46; Register, *The Kid of Coney Island*, 132.

18 Charles Belmont Davis, "The Renaissance of Coney," *Outing Magazine*, August 1906.

19 "The Development of Summer Lighting," *Electrical Age*, April 1, 1904.

20 *Electrical World*, May 19, 1888; Rollin Hartt, *The People at Play* (1909), 123.

21 *Los Angeles Times*, August 26, 1888.

22 *Police Gazette*, June 23, 1883.

23 David Pietrusza, *Lights On!: The Wild Century-Long Saga of Night Baseball* (Lanham, MD: Scarecrow Press, 1997); "Night Lighting for Outdoor Sports," *Bulletin, National Lamp Works of General Electric Co. Engineering Department*, November 5, 1925.

24 *St. Louis Post-Dispatch*, June 26, 1892; *Harper's Weekly*, August 18, 1894.

25 Luther Stieringer, "From Christmas Tree to Pan-American," *Electrical World*,

August 24, 1901.

26 这个观点（指第一个想到用电灯装饰圣诞树的人是 Luther Stieringer）是（目前普遍）公认的，号称自己是如此使用电灯第一人的其他人中，包括一名来自纽约爱迪生公司的副总裁 Edward Johnson，他在 1882 年用电灯装饰了他的圣诞树。参见 Penne Restad, *Christmas in America: A History* (New York: Oxford University Press, 1995), 114; Anthony and PeterMiall, *The Victorian Christmas Book* (New York: Pantheon, 1978), 55–59; *Electrical World*, January 12, 1884, January 3, 1885; Leigh Eric Schmidt, *Consumer Rites: The Buying and Selling of American Holidays* (Princeton: Princeton University Press, 1995), 159–69.

27 *New York Times*, January 1, 1907.

28 *New York Times* and *New York Tribune*, November 1, 1884.

29 William T. Elsing, "Life in New York Tenement Houses, as Seen by a City Missionary," *Scribner's Magazine*, June 1892; on the Metropolitan Museum, *Electrical World*, May 31, 1890.

30 Rodney Welch, "The Farmer's Changed Condition," *The Forum*, February 1891; *An Inquiry into the Causes of Agricultural Depression in New York State* (1895); "The Tendency of Men to Live in Cities," *Journal of Social Science* (1895), 8; *New York Times*, September 3, 1895. 关于 19 世纪城市中的晚间娱乐和文化活动的精要概述，参见 Peter C. Baldwin, *In the Watches of the Night: Life in the Nocturnal City, 1820–1930* (Chicago: University of Chicago Press, 2012), chapter 4.

31 Charles Loring Brace, *The Dangerous Classes of New York* (1872); S. L. Loomis, *Modern Cities and Their Religious Problems* (1887); Thomas Bender, *The Unfinished City: New York and the Metropolitan Idea* (New York: New York University Press, 2003), 166–80.

第六章
有创造力的国家

1 Jane Mork Gibson, "The International Electrical Exhibition of 1884: A Landmark for the Electrical Engineer," *IEEE Transactions on Education*, August 1980; 关于美国发明的领先地位，参见 *Saturday Evening Post*, May 4, 1881;

James Dredte, ed., *Electric Illumination*, vol. 2 (London, 1885). *Science*, January 23, 1885 中提到了一名德国人的看法；William J. Hammer, "The Franklin Institute Exhibition of 1884," typescript in William J. Hammer Scientific Collection, Smithsonian Institution; *General Report of the Chairman of the Committee on Exhibitions* (1885).

2 Bruce Sinclair, *Philadelphia's Philosopher Mechanics: A History of the Franklin Institute, 1824–1865* (Baltimore: Johns Hopkins University Press, 1974); "Elihu Thomson," *Science*, October 17, 1924; A. Michal McMahon, *The Making of a Profession: A Century of Electrical Engineering in America* (New York: IEEE Press, 1984), 21–22; 关于英国利用研究机构促进科技发展的模式，参见 David Knight, *Public Understanding of Science: A History of Communicating Scientific Ideas* (New York: Routledge, 2006), chapter 3.

3 *The Electrician and Electrical Engineer*, October 1884.

4 *American Catholic Quarterly Review*, October 1884.

5 William Preece cited in *Electrical World*, December 27, 1884.

6 Henry Schroeder, "History of Incandescent Lamp Manufacture," *General Electric Review*, September 1911.

7 *Electricity in Its Relation to the Mechanical Engineer*, November 28, 1887; John Kasson, *Civilizing the Machine: Technology and Republican Values in America, 1776–1900* (New York: Grossman, 1976), 183–66; 关于欧洲社会技术发明方面的更多宏观背景资料，参见 Robert Friedel, *A Culture of Improvement: Technology and the Western Millennium* (Cambridge, MA: MIT Press, 2007).

8 "The Port of New York," *Frank Leslie's Popular Monthly*, June 1883; Randall E. Stross, *The Wizard of Menlo Park: How Thomas Alva Edison Invented the Modern World* (New York: Crown, 2008), 42–44; Kasson, *Civilizing the Machine*, 41, 48–49.

9 "The Romance of Invention," *Parry's Monthly Magazine*, June 1887; J. B. McClure, ed., *Edison and His Inventions* (1898); Wyn Wachhorst, *Thomas Alva Edison: An American Myth* (Cambridge, MA: MIT Press, 1981), 52–86; Phillip Hubert, *Inventors* (1896), 248–57; "Talks with Edison," *Harper's*, February 1890; Edison cited in Jill Jonnes, *Empires of Light: Edison, Tesla, Westinghouse, and the Race to Electrify the World* (New York: Random House, 2003), 85.

10 *Electrical World*, June 7, 1884.

11 *Popular Science*, November 1877; Thomas P. Hughes, *American Genesis: A Century of Invention and Technological Enthusiasm* (Chicago: University of Chicago Press, 1989), chapter 1.

12 *Telegraphist*, October 1, 1884; *Potter's American Monthly*, July 1881; Kasson, *Civilizing the Machine*, 21–22.

13 Nathaniel Shaler, *Thoughts on the Nature of Intellectual Property and Its Importance to the State* (1877), 23; B. Zorina Khan, *The Democratization of Invention* (Cambridge: Cambridge University Press, 2005), 5; "Imitation and Invention," *San Francisco Chronicle*, July 21, 1889.

14 "Talks with Edison," *Harper's*, February 1890.

15 *Times* (London), August 22, 1878. 现代经济历史学家发现（当时）还有其他一些激发创造力的因素，而这种讨论过于简单化或者说是忽略了这些因素。有关催生发明创造的经济因素的更多信息，请参见 Kenneth Sokoloff, "Inventive Activity in Early Industrial America: Evidence from the Patent Records, 1790–1846," *Journal of Economic History* (December 1988): 1813–50. Sokoloff 的数据佐证了 19 世纪的一种观点，即城市需求日益增长，（发明也越发容易）通过交通运输网络进入市场流通，新英格兰地区乃至更为广阔的东北部受到这些因素的影响，催生出了最大数量规模的发明活动。另请参见 Brooke Hindle, *Emulation and Invention* (New York: New York University Press, 1981), 这部分内容着重强调了促进美国创造力的文化因素。

16 Cited in *Potter's American Monthly*, July 1881.

17 关于美国这类教育举措的更多背景资料，参见 Friedel, *A Culture of Improvement*, chapter 20; Hughes, *American Genesis*, 70. 英国关于这种有利公众的科技与科学教育制度，参见 Knight, *Public Understanding of Science*, 40–42; *Electrical World*, October 26, 1889; *Electrical Review*, April 18, 1885 讨论了辛辛那提市机械学院里的那些课程。

18 *Scientific American*, March 9, 1878.

19 *History of the Electrical Art in the United States Patent Office, C. J. Kintner, Lecture Delivered to Franklin Institute...May 15, 1886*; 另请参阅 *Scientific American*, June 8, 1878. Commissioner Charles E. Mitchell, *Paper Read at the*

Centennial Celebration of the Beginning of the Second Century of the American Patent System at Washington, April 8, 1891.

20 Benjamin Franklin, *Autobiography and Other Writings* (Oxford: Oxford University Press, 1999), 120.

21 Levin H. Campbell, *The Patent System in the United States: A History* (1891) 很好地阐释了专利制度的起源以及 1836 年改革后这种制度发生的变化；Floyd Vaughan, *The United States Patent System: Legal and Economic Conflicts in American Patent History* (Westport, CT: Greenwood Press, 1972), 18–19; Stacy Jones, *The Patent Office* (New York: Praeger, 1971), 5–7, 9; Silvio Bedini, in *The Smithsonian Book of Invention* (Washington, DC: Smithsonian Institution, 1978); David Noble, *America by Design: Science, Technology, and the Rise of Corporate Capitalism* (New York: Oxford University Press/Knopf, 1979), 84–87.

22 B. Zorina Kahn, *The Democratization of Invention: Patents and Copyrights in American Economic Development, 1790–1920* (Cambridge: Cambridge University Press, 1995), 3, 55. 关于女性专利权持有者的内容, *New Orleans Picayune*, July 24, 1870; Kahn, chapter 5; Anne Macdonald, *Feminine Ingenuity: Women and Invention in America* (New York: Ballantine, 1992); 关于 19 世纪由女性持有的各种专利概览以及数量估计，参见 Autumn Stanley, *Mothers and Daughters of Invention: Notes for a Revised History of Technology* (New Brunswick, NJ: Rutgers University Press, 1995); on patent fees, Kahn, 7, 31, 54. "Thinking into things" is from Mitchell, *Paper Read at the Centennial Celebration of the Beginning of the Second Century of the American Patent System at Washington.*

23 "Our Patent System and What We Owe It," *Scribner's*, November 1878; 关于各色发明家需要基于电灯专利进行发明创造的现象，参见 Israel, *Edison: A Life of Invention*, 316–17.

24 Earl W. Hayter, "The Patent System and Agrarian Discontent, 1875–1888," *Mississippi Valley Historical Review* (June 1947), 59–82; 参见 *Electrical World*, July 1891, 关于爱迪生专利决议的内容；*Electrical World*, August 15, 1891; Israel, *Edison: A Life of Invention*, 317–18.

25 *Scientific American*, March 9, 1878.

26 *New York Tribune*, May 22, 1883; Kahn, *The Democratization of Invention*, 13 中援引日本特使的内容。英国和德国也都在美国"更加开明自由的制度基础上"对自己的专利制度进行了改革。Mitchell, *Paper Read at the Centennial Celebration of the Beginning of the Second Century of the American Patent System at Washington*; Michael R. Auslin, *Pacific Cosmopolitans: A Cultural History of U.S.-Japan Relations* (Cambridge, MA: Harvard University Press, 2011), 57.

27 Harry Laidler, *Socialism in Thought and Action* (1920), 211–13; Edward Bellamy, *Looking Backward, 2000–1887* (1887), 226.

28 William Mallock, *A Critical Examination of Socialism* (1907), 169; Max Hirsch, *Democracy versus Socialism* (1901).

29 H. J. Habakkuk, *American and British Technology in the Nineteenth Century: The Search for Labour-Saving Inventions* (Cambridge: Cambridge University Press, 1962), 190–91.

30 *Electrical World*, October 13, 1883.

31 关于伟大的发明家和那些不那么紧要的"创新者"之间的关系，参见 Kahn, *The Democratization of Invention*, chapter 7; Alan Trachtenberg, *The Incorporation of America: Culture and Society in the Gilded Age* (New York: Hill & Wang, 1982), 55; "The Copper Industry," *Wall Street Journal*, October 21, 1906; Henry Schroeder, "History of Incandescent Lamp Manufacture" (1911), 8; Arthur A. Bright Jr., *The Electric-Lamp Industry: Technological Change and Economic Development from 1800 to 1947* (New York: Macmillan, 1949), 212.

32 *Electrical Review*, April 11, 1885; *Lewiston (ME) Journal* cited in *Electrical World*, May 28, 1887.

33 *Electrical World*, January 8, 1887; H. G. Prout, "Some Relations of the Engineer to Society," September 1906, included in *Addresses to Engineering Students* (1912); *Electrical World*, November 15, 1890.

第七章
观察发明，发明新的观察方式

1 "Death of Mr. Greeley," *Popular Science Monthly,* January 1873; *Popular*

Science Monthly, May 1872, 113.

2 *Godey's Lady's Book*, January 1888; J. B. McClure, ed., *Edison and His Inventions* (1898); 关于女性杂志逐渐涵盖更多科学性和实用性话题的演变，参见 "Literature for Women," *The Critic*, August 10, 1889.

3 Henry Meigs, *An Address, On the Subject of Agriculture and Horticulture, Oct 9th 1845* (1845); Brooke Hindle, *Emulation and Invention* (New York: New York University Press, 1981).

4 Alan Trachtenberg, *The Incorporation of America: Culture and Society in the Gilded Age* (New York: Hill & Wang, 1982), 41; H. C. Westervelt, *American Progress: An Address at the Eighteenth Annual Fair of the American Institute* (1845); John Kasson, *Civilizing the Machine: Technology and Republican Values in America, 1776–1900* (New York: Grossman, 1976), 139–42.

5 *A Complete Check List of Household Lights Patented in the United States, 1792–1862*, Howard G. Hubbard 编纂整理的打印本复印件, Winterthur Library; Charles Leib, "Remember the Ladies: Nineteenth Century Women Lighting Patentees," *The Rushlight*, March 2008.

6 *Electrical Review*, June 14, 1884; 英国也有这种类似的展览会，关于这些展会的信息，参见 David Knight, *Public Understanding of Science: A History of Communicating Scientific Ideas* (New York: Routledge, 2006), chapter 7.

7 American Institute Fair scrapbook, October 3, 1883, New-York Historical Society; *Scientific American*, October 29, 1881; Kasson, *Civilizing the Machine*, 142–48.

8 Frankland Jannus, "The Protection of Electrical Inventions," *Electrical World*, May 30, 1885.

9 *Electrical World*, January 8, 1887.

10 *American Machinist*, 节选自 American Institute papers, 1897, New-York Historical Society.

11 Nathaniel Shaler, *Thoughts on the Nature of Intellectual Property* (1877), 26.

12 Helen M. Rozwadowski, *Fathoming the Ocean: The Discovery and Exploration of the Deep Sea* (Cambridge, MA: Belknap Press of Harvard University, 2005), 73, 214–15; *Electrical Review*, January 17, 1885; *Scientific American*, September 22, 1883.

13 Joseph Thorndike, ed., *Mysteries of the Deep* (New York: American Heritage, 1980), 298–301; *Electrical Engineer*, July 13, 1888; *Scientific American*, September 28, 1889.

14 *New York Tribune*, May 5, 1882; *Nature*, May 17, 1894, Fridtjof Nansen, *Farthest North* (1897); Roland Huntford, *Nansen: The Explorer as Hero* (London: Duckworth, 1997), chapters 41–43; *The Graphic*, March 11, 1882.

15 *The American Medical Bi-Weekly*, May 25, 1878; William Benjamin Carpenter, *The Microscope and Its Revelations* (1875), 390; *Buffalo Surgical and Medical Journal* (1883), 495.

16 *Annals of Anatomy and Surgery* (1883), 123; *The Epitome: A Monthly Retrospect of American Practical Medicine* (1883), 203; *Electrical World*, February 20, 1886; *Baltimore Sun*, October 4, 1881.

17 *Munsey's Magazine*, November 1893; Frederick Cartwright, *The Development of Modern Surgery* (London: Barker, 1967), 285–86; Harvey Graham, *The Story of Surgery* (New York: Doubleday, 1939), 367.

18 John Harvey Kellogg, *Neurasthenia* (Battle Creek, MI: Good Health Publishing Co., 1916), 84–85; Robert C. Fuller, *Alternative Medicine and American Religious Life* (New York: Oxford University Press, 1989), 30–34; Henry Cattell cited in Ira M. Rutkow, MD, *American Surgery: An Illustrated History* (Philadelphia: Lippincott Williams & Wilkins, 1998), 227.

19 *Journal of the American Medical Association*, June 22, 1895; *Medical Review* (1894), 490; J. H. Kellogg, *The Home Book of Modern Medicine* (1914), 685–86; "Bathing in Electric Light," *Philadelphia Inquirer*, June 27, 1897.

20 *Therapeutics of the Electric Light*, undated publication, Winterthur Library.

21 J. H. Kellogg, *Light Therapeutics: A Practical Manual of Phototherapy for the Student and Practitioner* (1910).

22 *Literary Digest*, December 1, 1900. 弧光灯的疗效更为显著，因此（Kellogg 和其他人）使用弧光灯时，会更为审慎。他们利用弧光灯的热量刺激血液，激发食欲，并"促进睡眠"。

第八章
发明一种职业

1 *Scientific American*, August 6, 1887.

2 *Electrical World*, May 17, 1890; *New York Times*, January 26, 1890.

3 *Electrical World*, March 30, 1889.

4 Vincent Stephen, *Wrinkles in Electric Lighting* (1885) 对许多这类任务有很好的概述; *Electrical Age*, June 1891.

5 *Electrical World*, July 21, 1883, April 26, 1890.

6 National Electric Light Association cited in *Electrical World*, August 22, 1885.

7 National Electric Light Association, *Proceedings* (1890), 17.

8 Ibid., 20; *Electrical World*, February 15, 1890; *Harper's*, February 1890.

9 *Boston Globe*, January 21, 1890.

10 *Harper's Weekly*, December 14, 1889.

11 *Boston Globe*, December 10, 1889.

12 关于火灾保险商对火灾的看法，参见 *Electrical World*, December 21, 1889, 援引自 *Boston Herald; American Gas Light Journal*, August 4, 1890.

13 *New York Times*, October 12, 1889.

14 *Harper's Weekly*, December 14, 1889.

15 *St. Louis Post-Dispatch*, January 1 and 7, November 25, 1890.

16 *Harper's Weekly*, December 10, 1887, April 27, 1889; Harold Platt, *The Electric City: Energy and the Growth of the Chicago Area, 1880–1930* (Chicago: University of Chicago Press, 1991), 42–43; *Electrical World*, February 28, 1885; 关于芝加哥的情况, 参见 *Scientific American*, October 11, 1884; F. H. Whipple, *Municipal Lighting* (1889), 177–78, 171.

17 *New York Times*, September 21, 1890; 关于发生在街道上的爆炸事故, *New York Times*, January 19, 1890; *Electrical World*, November 2, 1889, citing *New York Press*.

18 （此类事故）例证可参见 *New York Tribune*, January 16, 1890; Whipple, *Municipal Lighting*, 208.

19 *Electrical World*, October 26, 1889; *New York Times*, December 22, 1889, May 19, 1890.

20 *New York Tribune*, October 13, 1889; Florence Wischnewetzky, "A Decade of

Retrogression," *The Arena*, August 1891; *Harper's Weekly*, January 4, 1890.

21 T. A. Edison, *North American Review*, and cited in *Electrical World,* November 2, 1889.

22 Paul Israel, *Edison: A Life of Invention* (New York: Wiley, 1998), 198; Matthew Josephson, *Edison: A Biography* (New York: McGraw-Hill, 1959), 345–50; *Boston Journal*, July 12, 1882; 关于西屋电气与交流电系统的信息，参见 Jill Jonnes, *Empires of Light: Edison, Tesla, Westinghouse, and the Race to Electrify the World* (New York: Random House, 2003), 133–39; Israel, *Edison: A Life of Invention*, 329–31; "A Warning from the Edison Electric Co." (New York: Edison Electric Company, 1888).

23 *New York Tribune*, December 22, 1889; *Electrical World*, January 5, 1889; Jonnes, *Empires of Light*, chapters 7–8. 在与交流电的对战中，爱迪生试图以交流电被用在了电椅上来诋毁这种更强大的力量。这一主张的事实来源是 1890 年 8 月，已被定罪的谋杀犯 William Kemmler 在纽约奥本监狱被施以了恐怖的电刑。参见 Jonnes, *Empires of Light*, chapter 8, and Mark Essig, *Edison and the Electric Chair: A Story of Light and Death* (New York: Walker, 2004).

24 "The Electric Light Muddle," *New York Tribune*, December 28, 1889; *Evening Post* cited in *Electrical World*, December 28, 1889; *Harper's New Monthly Magazine*, February 1890.

25 *New York Times*, October 29, 1889; *Electrical World*, December 21, 28, 1889; *New York Sun* cited in *Electrical World*, January 4, 1890.

26 *Electrical World*, January 31, 1891.

27 H. W. Pope, "How Our Paths May Be Made Paths of Peace: A Paper Read at the National Electric Light Association," February 1890.

28 *New York Times*, June 11, 1881; Dr. Amory cited in *Electrical World,* March 1, 1890. *Electrical World*, November 1, 1890.

29 关于市政所有制，参见 Daniel Rodgers, *Atlantic Crossings: Social Politics in a Progressive Age* (Cambridge, MA: Belknap Press of Harvard University, 1998), chapter 4.

30 *Municipal Monopolies* (1899), 174.

31 Victor Rosewater, "Municipal Control of Electric Lighting," *The Independent*,

November 10, 1892; "The Problem of Municipal Government," *The Sun*, August 15, 1883; Alan Trachtenberg, *The Incorporation of America: Culture and Society in the Gilded Age* (New York: Hill & Wang, 1982), 107.

32 Edward Bellamy, *Talks on Nationalism* (Chicago: Peerage Press, 1938), 125; John Kasson, *Civilizing the Machine: Technology and Republican Values in America, 1776–1900* (New York: Grossman, 1976), 191–202.

33 Edward Bellamy, "Progress of Nationalism in the United States," *North American Review*, June 1892, 742–52.

34 "Other Forms of Public Control," *American Economic Association Publications*, July–September 1891.

35 Whipple, *Municipal Lighting*, 33.

36 "Disparity in Prices of Electric Lighting," *Electrical World*, July 4, 1891.

37 "Municipal Lighting," *Advance Club Leaflets No. 2* (1891), 93; 若要深入了解丹佛市和堪萨斯城与公共事业改革相关的政治活动，可以参阅 Mark Rose, *Cities of Light and Heat: Domesticating Gas and Electricity in Urban America* (University Park: Pennsylvania State University Press, 1995), chapters 1–2.

38 M. J. Francisco, 在 National Electric Light Association 的报道, 1890, 以及 *Electrical World*, August 30, 1890.

39 "Theoretical Basis of Municipal Ownership," *American Economic Association Publications*, July–September 1891; *American Gas Light Journal*, March 31, 1890.

40 Edward Bemis, *Municipal Monopolies* (1899), 638.

41 Laurence Gronlund, *The New Economy: A Peaceable Solution to the Social Problem* (1907), chapter 10; *Electric Age*, February 15, 1890. 关于英国对于架空电线的政策，参见 Chris Otter, *The Victorian Eye: A Political History of Light and Vision in Britain, 1800–1910* (Chicago: University of Chicago Press, 2008), 242–43.

42 *Electrical World*, October 19, 1889.

43 "The Future of Electricity and Gas," *The Eclectic Magazine of Foreign Literature*, January 1885; *Medical News*, May 19, 1888; Thomas Lockwood, "Electrical Notes of a Trans-Atlantic Trip," *Electrical World*, October 19, 1889. 尽管法国人早前在该领域处于领先地位，而且他们的首都长期享有"光

之城"的美誉，但是他们的情况却更加糟糕。美国人曾指出，法国法律要求"（铺设）任何线路都需要办理许可证，并对所有电气装置（的安装）进行检查"。他们对此嗤之以鼻。有人对此嘲讽说，即使安装一只门铃，也会引来一个法国官僚小组的审查。1889 年，法国人继续妄自尊大地夸耀他们在电气化方面处于世界领先地位，举办了另一场国际技术展览会，埃菲尔铁塔是那场展会的最大亮点。每天晚上，铁塔都会被聚光灯点亮。来访的美国电工学家看到这样的景象，不禁赞叹不已，这座铁塔是一个富有争议但是强大有力的象征，象征着这座城市对电气现代化的热情。但是，当他们闲步经过这座城市的几个街区时，他们惊讶地发现这里的大部分地方仍然是那么黑暗。一位美国电工学家回国后反映道："巴黎没有电力照明。"那里的电力照明甚至比他认知里美国最小的城镇街角所能看到的电灯还要少。

1893 年，德国电工学家 Arthur Wilke 也曾抱怨："德国人特别要求电力只在人们特意精心打扮一番的场合下现身。电力在美国的日子就好过多了。它在那里是受到欢迎的，甚至连线路都是裸露的，电灯在简陋的木桩子上就能照射出光芒……在德国，电力恐怕就做不到这些了；在这里，它必须横金拖玉，才会出现在公众面前，否则就会招来政治和审美警察。" Wilke cited in Andreas Bluhm and Louise Lippincott, *Light!: The Industrial Age, 1750–1900* (Amsterdam: Van Gogh Museum, 2000), 30.

44 *Scientific American*, February 4, 1882.

45 Charles J. H. Woodbury, *The Fire Protection of Mills* (1882); *Scientific American*, February 4, 1882. 美国的保险公司率先制定了电气规范，而制定英国最早电气规范的是一个兼具专业性和学术性的电气工程学会——电报工程师和电工协会。参见 "Rules and Regulations for the Prevention of Fire Risks Arising from Electric Lighting," *Proceedings of the Institution of Electrical Engineers*, May 1882; *Electrical World*, October 17, 1885.

46 Mark Tebeau, *Eating Smoke: Fire in Urban America, 1800–1950* (Baltimore: Johns Hopkins University Press, 2003), 251–55; Harry Chase Brearley and Daniel N. Handy, *The History of the National Board of Fire Underwriters* (1916), 81–82.

47 "The Superstitious Fear of Electric Wires," *The Chronicle*, 122; *Electrical World*, February 1 and May 31, 1890, January 17, 1891; "Wires and Their

Danger," *New York Tribune*, January 20, 1889.

48 *Scientific American*, June 17, 1893; Harry Chase Brearley, *A Symbol of Safety* (1923), chapters 4, 16; *American Architect*, August 22, 1903; Sara Wermiel, *The Fireproof Building: Technology and Public Safety in the Nineteenth-Century American City* (Baltimore: Johns Hopkins University Press, 2000), 135; H. Roger Grant, *Insurance Reform: Consumer Action in the Progressive Era* (Ames: Iowa State University Press, 1979), 131–32; 关于这一时期火灾保险改革的更多讨论，参见该书第四章；Brearley cited in Daniel B. Klein, ed., *Reputation: Studies in the Voluntary Elicitation of Good Conduct* (Ann Arbor: University of Michigan Press, 1997), 75–84.

49 Walker cited in *Boston Herald* and *Electrical World,* December 21, 1889; *Electrical World*, January 19, 1889; Israel, *Edison: A Life of Invention*, 223–24; Thomas Hughes, *Networks of Power: Electrification in Western Society, 1880–1930* (Baltimore: Johns Hopkins University Press, 1993), 143.

50 David Noble, *America by Design: Science, Technology, and the Rise of Corporate Capitalism* (New York: Knopf, 1977), chapter 6; Alfred D. Chandler, *The Visible Hand: The Managerial Revolution in American Business* (Cambridge, MA: Belknap Press of Harvard University, 1977), 426–33; Hughes, *Networks of Power*, 163–65; Nye, *Electrifying America*, 170–73; Israel, *Edison: A Life of Invention*, 336–37; A. Michal McMahon, *The Making of a Profession: A Century of Electrical Engineering in America* (New York: IEEE Press, 1984), 33–59.

51 Israel, *Edison: A Life of Invention*, 260; Matthew Josephson, *Edison, A Biography* (New York: McGraw-Hill, 1959), 331–37; Hughes, *Networks of Power*, chapter 4.

52 Hughes, *Networks of Power*, 140–41, 160–63, 166; Thomas Hughes, *American Genesis: A Century of Invention and Technological Enthusiasm* (Chicago: University of Chicago Press, 1989), 159–75; Josephson, *Edison: A Biography*, 333, 360–61; Jonnes, *Empires of Light*, 该书全面介绍了直流电和交流电的倡导者之间的竞争。

53 Patrick Joseph McGrath, *Scientists, Business, and the State, 1890–1960* (Chapel Hill: University of North Carolina Press, 2001), chapter 1; Hughes, *Networks of*

Power, 145–60.

54 Jonnes, *Empires of Light*, 347–49.

55 McMahon, *The Making of a Profession*; Grace Palladino, *Dreams of Dignity, Workers of Vision: A History of the International Brotherhood of Electrical Workers* (Washington, DC: International Brotherhood of Electrical Workers, 1991), 5–6.

56 "Linemen's Negligence," *Saint Louis Post-Dispatch*, January 3, 1891; Palladino, *Dreams of Dignity*, 5–6.

57 Elmer Warner, "Practical Suggestions to Electric Light Wiremen," *Electrical World*, January 31, 1891.

58 "Popularizing Electrical Information," *Electrical World*, July 27, 1889; *Detroit Free Press* cited in *Electrical World*, March 20, 1886; *Electrical World*, June 21, 1890.

59 Albert Scheible, "The Electricity of the Public Schools," *Electrical World*, July 19 and 26, 1890, March 22, 1890.

60 *Electrical World*, March 5, 1887, July 19 and August 9, 1890.

第九章
文明之灯

1 Mark Twain, *Life on the Mississippi* (1883), 452.

2 *Norfolk Virginian*, cited in *Electrical World*, April 14, 1885; *St. Louis Globe-Democrat*, May 12, 1882; *Frank Leslie's Illustrated Newspaper*, May 2, 1885; *San Francisco Daily Bulletin*, May 10, 1886.

3 *Chicago Tribune*, March 6, 1898.

4 H. L. Mencken, *Happy Days* (New York: Knopf, 1940), 66. Leland Howard 在其著作 *The Insect Book* (1901) 中讨论过这种虫子，这种昆虫被称为 Belostomatidae 或者 *Belostoma*。*St. Louis Globe-Democrat* cited in *New York Times*, June 29, 1885; *Baltimore Sun*, September 19, 1898: *Electrical World*, July 26, 1890.

5 *Forest and Stream: A Journal of Outdoor Life*, November 1, 1883.

6 *American Catholic Quarterly Review*, April 1892.

7 *Chicago Tribune*, October 9, 1903; "The 'Animal' Furniture Fad," *Current*

Literature, November 1896.

8 *New York Tribune*, August 22, 1883; *Baltimore Sun*, March 4, 1884.

9 Matthew Luckiesh, *Artificial Light: Its Influence upon Civilization* (1920), 第 1–3 章很好地概述了这类论点。

10 （类似观点）例证可参见 Otis Tufton Mason, *The Origins of Invention: A Study of Industry Among Primitive Peoples* (1895), 106–8; Robert Hammond, *The Electric Light in Our Homes* (1884); E. L. Lomax, *The Evolution of Artificial Light* (1893); Roscoe Scott, "Evolution of the Lamp," *Transactions* (1914); Walter Hough, "The Lamp of the Eskimo," *From the Report of the U. S. National Museum* (1896), 1028.

11 Cited in *Electrical World*, July 11, 1886; Rayvon Fouche, *Black Inventors in the Age of Segregation: Granville T. Woods, Lewis H. Latimer & Shelby J. Davidson* (Baltimore: Johns Hopkins University Press, 2003), chapter 1. 相关例证可参见 "After the Lynchers," *Chicago Daily*, June 4, 1893; "An Ex-Slave Owner Speaks," *The Public*, November 28, 1903.

12 Bolivia in *Literary Digest*, September 9, 1893; Tehran in *Electrical World*, September 11, 1886. "在战场上使用电力" 的支持者当中有一些较为客观的人，他们承认，即使是一支纪律严明的欧洲士兵队伍，在面对闪光灯攻击时，也可能畏缩犹疑、溃不成军。参见 *Electricity in Warfare, Presented to Franklin Institute*, November 13, 1885.

13 "Signs of Promise in Mexico," *The Church at Home and Abroad*, March 1892; *Electrical World*, April 2, 1887; *Public Opinion*, May 28, 1887.

14 Matthew Frye Jacobson, *Barbarian Virtues: The United States Encounters Foreign Peoples at Home and Abroad, 1876–1917* (New York: Hill & Wang, 2001), 138–41; Michael Adas, *Machines as the Measure of Men: Science, Technology, and Ideologies of Western Dominance* (Ithaca: Cornell University Press, 1989), 尤其是第 5 章。

15 相比之下，中国人的相关情况，参见 Jacobson, *Barbarian Virtues*, 31–38; "Science Prophesies the Future of the Race," *Scientific American*, March 3, 1877; *Electrical World*, May 14, 1887; Frank Carpenter, "The New Japan," *New York Times*, November 5, 1888.

16 *The Deseret Weekly*, May 25, 1895; Daniel E. Bender, *American Abyss:*

Savagery and Civilization in the Age of Industry (Ithaca: Cornell University Press, 2009), 92–95; Adas, *Machines as the Measure of Men*, 357–65.

17 关于这一流派的信息，参见 Sam Moskowitz, ed., *Science Fiction by Gaslight: A History and Anthology of Science Fiction in the Popular Magazines, 1891–1911* (Cleveland: World Publishing Co., 1968) 中的介绍；Paul Fayter, "Strange Worlds of Space and Time: Late Victorian Science and Science Fiction," 收录于：*Victorian Science in Context*, ed. Bernard Lightman (Oxford: Clarendon, 1997).

18 Brooks Landon, *Science Fiction After 1900: From Steam Man to the Stars* (Woodbridge, CT: Twayne, 1997), 40–50, 关于 Frank Reade 笔下的系列小说和以"爱迪生式故事"闻名的少年发明家故事流派。

19 "Noname" [Luis Senarens], *The Electric Man: Or, Frank Reade, Jr. in Australia*, 集结汇编于 *Boys of New York*, October 10, 1886.

20 Sasha Archibald, "Harnessing Niagara Falls," *Chance*, Fall 2005.

21 Eric Davis, "Representations of the Middle East at American World Fairs, 1876–1904," in *The United States and the Middle East: Cultural Encounters*, YCIAS Working Paper Series, vol. 5 (New Haven: Yale Center for International and Area Studies, 2002); Pan-American Exposition (1901) 官方目录及指导手册。

22 Robert W. Rydell, *All the World's a Fair: Visions of Empire at American International Exhibitions, 1876–1916* (Chicago: University of Chicago Press, 1987), chapter 5; David Nye, *Electrifying America: Social Meanings of a New Technology, 1880–1940* (Cambridge, MA: MIT Press, 1992), 35–36; Kerry S. Grant, *The Rainbow City: Celebrating Light, Color and Architecture at the Pan-American Exposition, Buffalo 1901* (Buffalo, NY: Canisius College Press, 2001).

23 Paul Israel, *Edison: A Life of Invention* (New York: Wiley, 2000), 410–21.

24 Grant, *The Rainbow City*, 64.

25 Leo Tolstoy, *What Is to Be Done?* (1899), 367.

26 Victor Yarros, "The Decline of Tolstoi's Philosophy," *The Chautauquan*, March 1894.

27 Charles Morris, *Civilization: An Historical Review of Its Elements*, vol. 2

(1890), 22; *Boston Journal of Chemistry*, cited in John W. Hanson, *Wonders of the Nineteenth Century* (1900), 21.

28 *Electrical World*, January 8, 1887; Lieutenant Colonel Elsdale, "Scientific Problems of the Future," *Littell's Living Age*, April 28, 1894; Edward P. Thompson, *How to Make Inventions: Or, Inventing as a Science and an Art* (1893), 181; Hanson, *Wonders of the Nineteenth Century*, 425; G. H. Babcock, "Electricity in Its Relation to the Mechanical Engineer," address at the American Institute of Mechanical Engineering (1887).

29 *Electrical World*, July 3, 1886; Israel, *Edison: A Life of Invention*, 310; G. Babcock, "Electricity in Its Relation to the Mechanical Engineer."

30 *Electrical World*, November 15, 1890; Titus Keiper Smith, *Altruria* (1895), 106; Louis Bell, *The Art of Illumination* (1902), 137; Matthew Luckiesh, *Artificial Light*, 147–48. 关于未来磷光（能源）的乌托邦式设想，参见 W. S. Harris, *Life in a Thousand Worlds* (1905); H. G. Prout, "Some Relations of the Engineer to Society," September 1906; *Electrical World*, November 15, 1890; "Great American Industries," *Harper's New Monthly Magazine*, 1896.

31 Smith, *Altruria*, 31; 另请参见 Henry Olerich, *A Cityless and Countryless World* (1893); John Kasson, *Civilizing the Machine: Technology and Republican Values in America, 1776–1900* (New York: Grossman, 1976), chapter 5.

32 Paul Devinne, *The Day of Prosperity: A Vision of the Century to Come* (1902), 55–56.

第十章
繁荣与秩序

1 Charles Mulford Robinson, *Modern Civic Art: Or, the City Made Beautiful* (1904), 145.

2 *Electrical World*, December 20, 1884; *New York Times*, July 7, 1910; "Electric Sign Monstrosities," *Scientific American*, September 24, 1910, cited in Edward Rossell, "Compelling Vision: From Electric Light to Illumination Engineering, 1880–1940" (PhD dissertation, University of California, Berkeley, 1998), 148; Ross cited in William Leach, *Land of Desire: Merchants, Power, and the Rise of a New American Culture* (New York: Vintage, 1994), 49; Simeon Strunsky,

Belshazzar Court: Or Village Life in New York City (1914), 48.

3 *The Nation*, September 16, 1909, cited in Steven Conn and Max Page, ed., *Building the Nation* (Philadelphia: University of Pennsylvania Press, 2003); Rebecca Zurier, Robert W. Snyder, and Virginia McCord Mecklenburg, *Metropolitan Lives: The Ashcan Artists and Their New York, 1897–1917* (New York: Norton, 1995); Marianne Doezema, *George Bellows and Urban America* (Washington, DC: National Museum of American Art/New York: Norton, 1995); David Shi, *Facing Facts: Realism in American Thought and Culture, 1850–1920* (New York: Oxford University Press, 1996), chapter 12; Rebecca Zurier, *Picturing the City: Urban Vision and the Ashcan School* (Berkeley and Los Angeles: University of California Press, 2006), 49.

4 G. Glen Gould, "Where There Is No Vision," *Art World*, January 1917.

5 "The Destruction of Niagara," *Littell's Living Age*, August 11, 1883; Ginger Strand, *Inventing Niagara: Beauty, Power and Lies* (New York: Simon & Schuster, 2009), 142–44.

6 Jonathan Baxter Harrison, *The Condition of Niagara Falls; and the Measures Needed to Preserve Them* (1882), 47–50.

7 William Irwin, *The New Niagara: Tourism, Technology, and the Landscape of Niagara Falls* (University Park: Pennsylvania State University Press, 1996), chapter 3; "Illumination of Niagara Falls," *General Electric Review*, February 1908, 115–19; Frederick A. Talbot, *Electrical Wonders of the World*, vol. 1 (1921), 67–69, 探讨了再度照亮瀑布的尝试。

8 关于爱迪生公司的员工 William J. Hammer 在开发这些早期招牌方面所发挥的作用, 参见 "Brief Outline of Electric Sign History and Development," *Signs of the Times*, June 1916, and William J. Hammer, "Electricity and Some Things That Can Be Done with It: illustrated lecture by Hammer, YMCA Christian Union Bldg, 19 Feb 1887," 收录于 Hammer 的文集, Smithsonian Instution; *Washington Post*, March 25, 1907.

9 *Chicago Tribune*, April 24, 1910; *Washington Post*, December 26, 1897.

10 Denver in National Electric Light Association, *Report of the Committee on Progress* (1907); *Signs of the Times*, June 1916.

11 Cited in Leach, *Land of Desire*, 43–44.

12 Winston Churchill, *The Dwelling-Place of Light* (London: Macmillan, 1917), 16.

13 *Chicago Tribune*, January 3, 1893; *Anaconda Standard*, October 24, 1901; *Montgomery Advertiser*, October 31, 1901.

14 *Electrical Engineering*, September 27, 1893; Leonard de Vries and Ilonka van Amstel, *Victorian Inventions* (New York: American Heritage Press, 1972), 94; "Writing on the Clouds," *Youth's Companion*, July 26, 1894; *Illuminating Engineer* (May 1907), 229; *Electricity, a Popular Electrical Journal*, November 8, 1893.

15 William Dean Howells, *Impressions and Experiences* (1896), 270–71; Waldo Frank, *In the American Jungle (1925–1936)* (New York: Farrar & Rinehart, 1937), 117; E. A. Ross, *Changing America* (1910), 100–101.

16 *Christian Science Monitor*, March 15, 1909; *New York Times*, July 9, 1910; G. Glen Gould, "Where There Is No Vision," *Art World*, January 1917.

17 *Electrical World*, October 12, 1889; *American Gaslight Journal*, December 31, 1906; *Electrical Solicitor's Handbook* (1913); *Decorative and Sign Lighting Illustrated: A Report Made at the Twenty-Sixth Annual Convention of the National Electric Light Association Held at Chicago, Illinois, May 26, 27, 28, 1903* (1903).

18 *Printer's Ink*, May 13, 1903; *Chicago Tribune*, September 8, 1899; *Atlanta Constitution*, April 17, 1907.

19 David E. Nye, *American Technological Sublime* (Cambridge, MA: MIT Press, 1996), 188; 关于纽约发生的这场冲突，以及对广告牌的特别关注，参见 Michele Bogart, *Advertising, Artists, and the Borders of Art* (Chicago: University of Chicago Press, 1995), 90–105.

20 "Spectacular Lighting from the Esthetic Point of View," *Good Lighting* (1908), 162; Sir William Thomson cited in *Electrical World*, February 8, 1890.

21 Dietrich Neumann, *Architecture of the Night: The Illuminated Building* (London: Prestel, 2002), 42.

22 Gregory F. Gilmartin, *Shaping the City: New York and the Municipal Art Society* (New York: Clarkson Potter, 1995), 49.

23 在 Rossell, "Compelling Vision," 第 2 章中探讨了早期开发 "艺术性" 路灯

的尝试。*The Nation*, May 30, 1901; Bulletin No. 7, Municipal Art Society of New York (1904), New-York Historical Society.

24 Gilmartin, *Shaping the City*, 55–59; *New York Times*, September 4, 1903; *Michele H. Bogart, The Politics of Urban Beauty: New York and Its Art Commission* (Chicago: University of Chicago Press, 2006), 12; *New York Times*, March 17, 1905.

25 Feldman, *The Art of Street Lighting in Los Angeles* (Los Angeles: Dawson's Bookshop, 1972), 31–35. 长文引载了 *The Los Angeles Times* 的文章。

26 *Lighting Journal*, August 1913.

27 "Civic Improvement from an Artistic Standpoint," *American Architect and Building News*, February 17, 1906; *New York Times*, February 19, 1913; Robinson, *Modern Civic Art*, 147; Frederic Howe, *European Cities at Work* (1913), 103; Glenn Marston, *The World To-Day* (1911), 296.

28 *Municipal Journal*, January 2, 1913, cited in Rossell, "Compelling Vision," 32; Rossell, "Compelling Vision," 40–45; Charles Mulford Robinson, *The Improvement of Towns and Cities: Or, the Practical Basis of Civic Aesthetics* (1906), 56–57.

29 *Municipal and County Engineering* (December 1921), cited in Rossell, "Compelling Vision," 38.

第十一章
照明科学

1 "The Illuminating Engineering Society, First Annual Meeting, Held in New York, January 14th," *Illuminating Engineer*, January 1, 1907; Edward Hyde, "The Physical Laboratory of the National Electric Lamp Association," *Abstract Bulletin*, December 1913.

2 Augustus D. Curtis, *The American Architect*, January 17, 1912; Chris Otter, *The Victorian Eye: A Political History of Light and Vision in Britain, 1800–1910* (Chicago: University of Chicago Press, 2008), 178.

3 Edward Rossell, "Compelling Vision: From Electric Light to Illuminating Engineering, 1880–1940" (PhD dissertation, University of California, Berkeley, 1998), xxvii; *Electrical Review*, 1907.

4 "Pseudo-Testimonials," *Illuminating Engineer*, May 1 and July 1, 1911; *Knox-ville Sentinel*, March 18 and March 22, 1910; *Kansas City Star*, April 5, 1912.

5 Rossell, "Compelling Vision," 57; Laurent Godinez, *Display Window Lighting and the City Beautiful* (1914), 26.

6 Godinez, *Display Window Lighting*, 30.

7 至于创造出电灯展览的始末，Stieringer 宣称这些"是彻头彻尾的现代化造物……可不是靠几个世纪前的什么落后家什垒起来的，而是他们基于现代的思维、现代的智慧和现代的知识打造出来的"。Cited in Rossell, "Compelling Vision," 94, from "Electrical Installation and Decorative Work in Connection with the Exposition Buildings in the Pan-American Exposition," *Quarterly Bulletin of American Institute of Architects*, October 1901, 167. Sean Johnston, *A History of Light and Colour Measurement: Science in the Shadows* (Bristol, UK: Institute of Physics Publishing, 2001), 80–84.

8 *Electrical World*, May 17, 1890, August 2, 1890; Rossell, "Compelling Vision," 51–53; A. S. McCallister, "Illumination Units and Calculations," *Illuminating Engineering Practice* (1917), 1–35; 对于采用瓦特代替烛光亮度计量（人造光亮度）的呼吁出自 *Electrical World*, August 2, 1890. 关于电灯之前光学亮度测定方法的发展历程，可参见 Otter, *The Victorian Eye*, 154–68.

9 Rossell, "Compelling Vision," 54; Otter, *The Victorian Eye*, 168–72.

10 Arthur A. Bright Jr., *The Electric-Lamp Industry: Technological Change and Economic Development from 1800 to 1947* (New York: Macmillan, 1949), chapter 7.

11 *Illuminating Engineering Practice*, 57; E. L. Elliott, "Questions in Illuminating Engineering," *Illuminating Engineer* (1909), 168; *Electrical World*, February 8, 1890. 关于英国对这类针对视力和不当照明危险性讨论的评价，请参阅 Otter, *The Victorian Eye*, chapter 1.

12 "Is Electric Light Injurious to the Eyes?," *Good Lighting and the Illuminating Engineer* (1908), 162; *Electrical World*, July 18, 1908, 118–19.

13 *Christian Advocate*, March 25, 1886; *Light: Its Use and Misuse, A Primer of Illumination* (1912), 2; Laurent Godinez, *Lux et Veritas* (1911); *Lighting from Concealed Sources* (1919), 22.

14 *Juice*, May 1911.

15 *Scientific American*, cited in *Crockery and Glass Journal*, May 6, 1915; Matthew Luckiesh, *Artificial Light: Its Influence upon Civilization* (1920), 303; E. S. Keene, *Mechanics of the Household* (1918), 306–13; Augustus D. Curtis, "Indirect Lighting," *Popular Mechanics*, January 1909; "Illuminate Tower of Woolworth Building," *Popular Mechanics* (May 1915), 71; *New York Times*, April 25, 1913; 关于照明逐步融入现代欧洲建筑思维的过程，参见 Werner Oechslin, "Light Architecture: A New Term's Genesis," in *Architecture of the Night: The Illuminated Building*, ed. Dietrich Neumann (London: Prestel, 2002); 关于伍尔沃斯大厦（采用的照明装饰方案）及其先前可援用参考的具体例子，参见出处同上，第 55 页与 102 页。

16 关于照明工程师与建筑师之间的对立关系，参见 "'Architecture of the Night' in the U.S.A.," in Neumann, *Architecture of the Night*; "An English View of Illuminating Engineering," *Good Lighting and the Illuminating Engineer* (February 1908), 881; Laurent Godinez, "The Ultimate Relation of Illuminating Engineering to Public Utility Corporations," *Illuminating Engineer*, August 1, 1911.

17 参阅 *Electrical World*, October 4, 1890，文中有一个很好的例子具体阐释了"在装修华丽的室内"使用裸露灯泡的现象。

18 "Art Nouveau in Fixture Design," *Illuminating Engineer*, April 1, 1906; Alastair Duncan, *Art Nouveau and Art Deco Lighting* (New York: Thames & Hudson, 1978); Louis C. Tiffany, "The Tasteful Use of Light," *Scientific American*, April 15, 1911. 到了 20 世纪 20 年代，装饰艺术设计师们应对新时代的机器更加得心应手，他们摒弃了这些华丽繁复的装饰图案，更偏爱干净简洁的几何线条和白色光，似乎这样更能凸显而不是掩盖灯具（真正）的功能。但是，他们赞同 Tiffany 的观点，即最好把灯泡本身隐藏起来。随着灯具发出的光芒越来越亮，（灯饰设计）做到这一点也比以往任何时候更为重要。

19 Luckiesh, *Artificial Light*, 312; Otter, *The Victorian Eye*, 61.

20 *The Hardware Review*, September 1917, 96; Leonard S. Marcus, *American Shop Windows*, 14–15; Glenn Marston, "American Public Lighting," *The World To-Day* (1911), 294; "Window Trimming," *The American Stationer*, March 26, 1910. 关于店面橱窗的演变发展，参见 William Leach, *Land of*

Desire: Merchants, Power and the Rise of a New American Culture (New York: Vintage, 1994), chapter 2.

21 Godinez, *Display Window Lighting*, 50.

22 Rossell, "Compelling Vision," 151; Leach, *Land of Desire*, 62–63, 76; Susan Porter Benson, "Palace of Consumption and Machine for Selling: The American Department Store, 1880–1940," *Radical History Review*, Fall 1979.

23 F. H. Bernard, "What Better Industrial Lighting Can Do to Stimulate Production," *Electrical Review*, September 6, 1919.

24 *Electrical Review*, September 6, 1919; Matthew Luckiesh, *Light and Work* (1924), 199; Daniel Nelson, *Managers and Workers: Origins of the New Factory System in the United States, 1880–1920* (Madison: University of Wisconsin Press, 1975), 29; Richard Gillespie, *Manufacturing Knowledge: A History of the Hawthorne Experiments* (Cambridge: Cambridge University Press, 1993).

25 *Nation's Health*, August 1921, 440–43; *Illuminating Engineer of National Lamp Works of General Electric Company Special Lecturer at Case School of Applied Science, Lecturer, Illuminating Engineering Course*; George Price, *The Modern Factory: Safety, Sanitation and Welfare* (1914), chapter 5.

26 "Education Hygiene," *Annual Report, Vol. 1, United States Office of Education* (1916), 329. "Over-use of the Eyes in Education," *Literary Digest*, September 24, 1910; Luckiesh, *Light and Work*, 284–85.

27 "Church Lighting," *Electrical Review*, November 1, 1913; F. Laurent Godinez, "Church Lighting," *The American Architect*, January 16, 1918; Kenneth Curtis, "Artificial Lighting in Church," *The American Architect*, December 31, 1924.

28 *Electricity*, February 20, 1895; Emile Perrot, "Church Lighting Requirements," *Illuminating Engineering Practice*, 297–305; Henry C. Horstmann, *Modern Illumination: Theory and Practice* (1912); *American Ecclesiastical Review* (February 1899), 206–7.

29 *The Illustrated American*, May 28, 1892.

30 S. J. Kleinberg, "Gendered Space: Housing, Privacy, and Domesticity in the Nineteenth-Century United States," 收录于 *Domestic Space: Reading the Nineteenth-Century Interior*, ed. Inga Bryden and Janet Floyd (Manchester:

University of Manchester Press, 1999).

31 Sarah Milan, "Refracting the Gaselier: Understanding Victorian Responses to Domestic Gas Lighting," 收录于 Bryden and Floyd, *Domestic Space*; Otter, *The Victorian Eye*, 203.

32 *Better Electric Lighting in the Home: Bulletin, Engineering Department, National Lamp Works of General Electric Co.*, May 10, 1922. 关于在床上看书的危害，*The Medical Record*, January 2, 1904. 对于如何打造一个电气布局合理的家，英国作家的指导意见总是带有一种明显的阶级意识扭曲，给出的建议常年落脚在"如何处理仆人"这个经久不衰的问题上。虽然仆人的住处通常很简陋，但是这些手册认为，即使受雇佣也应该享有白炽灯，尽管他们的房间理应只安装那些最实用的装置。一旦洗碗工和园丁克服了对触电的迷信般的恐惧，他们就会像他们的主人一样喜欢灯光。或许，还会过于喜欢。这些关于如何合理安排家中电气布局的指南书建议把控制仆人（住所）的开关安置在主人的卧室里。有书对此是这么说的——鉴于仆人有"浪费灯光"的昭彰恶名，主人可以在他准备睡觉时按下开关，使整个房子陷入黑暗之中。

33 关于英国对灯光之于公共卫生价值的讨论，参见 Otter, *The Victorian Eye*, 62–72; Mark Rose, *Cities of Light and Heat: Domesticating Gas and Electricity in Urban America* (University Park: Pennsylvania State University Press, 1995), 106–9.

34 Helen Campbell, *Household Economics: A Course of Lectures in the School of Economics of the University of Wisconsin* (1897); Peter C. Baldwin, *In the Watches of the Night: Life in the Nocturnal City, 1820–1930* (Chicago: University of Chicago Press, 2012), 163–64.

35 Mary Lockwood Matthews, *The House and Its Care* (1927).

36 Laurent Godinez, *The Lighting Book* (1913), 8.

37 Laurent Godinez, "The Ultimate Relation of Illuminating Engineering to Public Utility Corporation," *Illuminating Engineer*, August 1, 1911; Curtis, "Artificial Lighting in Churches," 31.

38 关于停电的历史，参见 David Nye, *When the Lights Went Out: A History of Blackouts in America* (Cambridge, MA: MIT Press, 2010).

第十二章
农村地带的灯光

1 David Nye, *Electrifying America: Social Meaning of a New Technology* (Cambridge, MA: MIT Press, 1992), 261; Chris Otter, *The Victorian Eye: A Political History of Light and Vision in Britain, 1800–1910* (Chicago: University of Chicago Press, 2008), chapter 5; *Harper's Weekly*, July 11,1903; Arthur A. Bright Jr., *The Electric-Lamp Industry: Technological Change and Economic Development from 1800 to 1947* (New York: Macmillan, 1949), 212–13.

2 "Dangers of Electric Lighting," *Cincinnati Lancet and Clinic*, August 2, 1900; 关于（发生在）浴缸（里的触电事故），参见 *New York Times*, July 16, 1907.

3 *Electrical World*, August 8, 1891; "Some Aspects of the Competition with Gas and Other Illuminants," *American Gaslight Journal*, January 29, 1894; Harold Platt, *The Electric City: Energy and the Growth of the Chicago Area, 1880–1930* (Chicago: University of Chicago Press, 1991), 153–54; *Scientific American*, April 5, 1913.

4 Nye, *Electrifying America*, 259–60.

5 Earl Anderson and O. F. Haas, "Illumination and Traffic Accidents: Statistics from Thirty-Two Cities," *Transactions of the Illuminating Engineering Society* (November 20, 1921), 453; Sidney Morse, *Household Discoveries* (1908), 94. 据 Morse 估计，美国客户每年会在乙炔（照明）上花费 1100 万美元，在"照明用煤气"上花费 6000 万美元，在煤油上花费 1.33 亿美元，在电力（照明）上花费 1.5 亿美元。

6 National Electric Light Association, *The Electrical Solicitor's Handbook* (1909), 33; "Business Development," *General Electric Review*, June 1922.

7 *Implement Age*, August 12, 1911; Nye, *Electrifying America*, 294. 根据 1927 年的一项估计，"在美国 650 万个农场中，只有不到 75 万个农场拥有电灯"。W. C. Brown, "Farm Lighting," *Bulletin, National Lamp Works of General Electric Co.*, September 15, 1927.

8 Helen Campbell, *The Easiest Way In Housekeeping and Cooking* (1903), 48–50; Morse, *Household Discoveries*, 104.

9 Morse, *Household Discoveries*, 98.

10 *Electrical Engineering*, December 1914.

11 Susan Prendergast Schoelwer, "Curious Relics and Quaint Scenes: The Colonial Revival at Chicago's Great Fair," in *Colonial Revival in America*, ed. Alan Axelrod (New York: Norton, 1985), 204.

12 Clarence Cook, *The House Beautiful* (1878), 123, 273; Morse, *Household Discoveries*, 106–9; Catherine Beecher, *The American Woman's Home* (1869), 362; *House and Garden*, March 1921.

13 在 20 世纪初，大多数美国餐馆都有明亮的灯光，顾客显然渴望"将一整个空间尽收眼底，也希望自己能一目了然地被看到"。相比之下，法国人则更喜欢烛光带来的亲密感和情调。*Illuminating Engineering Practice*, 264.

14 Richard Spillane, "The Moles of New York," *Forbes*, January 6, 1923.

15 G. Stanley Hall, "Reactions to Light and Darkness," *American Journal of Psychology*, January 1903. Hall 关于人类发展与文明的想法，参见 Gail Bederman, *Manliness and Civilization: A Cultural History of Gender and Race in the United States, 1880–1917* (Chicago: University of Chicago Press, 1995).

16 Dr. A. T. Bristow, "The Most Healthful Vacation," *The World's Work*, June 1903; Sarah Burns, *Inventing the Modern Artist: Art and Culture in Gilded Age America* (New Haven: Yale University Press, 1999), 209; Horace Kephardt, *Camping and Woodcraft* (1919), 19–20.

17 *New York Tribune*, August 26, 1916; H. S. Firestone, "My Vacations with Ford and Edison," *System: The Magazine of Business*, May 1926.

18 *Wilkes-Barre Times Leader*, August 21, 1918; *Inquirer*, September 9, 1918; *San Francisco Chronicle*, July 24 and August 6, 1921.

19 "The Value of Proper Illumination," *Journal of Electricity*, February 15, 1920, cited in Edward Rossell, "Compelling Vision: From Electric Light to Illuminating Engineering, 1880–1940" (PhD dissertation, University of California, Berkeley, 1998), 72; 关于第一次世界大战后，西方对技术和发明的（期许）幻灭过程，参见 Michael Adas, *Machines as the Measure of Men: Science, Technology, and Ideologies of Western Dominance* (Ithaca: Cornell University Press, 1989), chapter 6.

20 Thomas Edison, "What Is Life?," *Cosmopolitan*, May 1920.

21 *New York Times*, March 18, 1930.

22 *The Home of a Hundred Comforts*, Merchandise Department, General Electric Corporation (1920); Henry Schroeder, "History of the Electric Light," *Smithsonian Misc. Collections*, vol. 76 (1923), 94; Nye, *Electrifying America*, 296–99.

23 "Electricity to End Farm Drudgery," *Popular Mechanics*, August 1925; Morris L. Cooke, "REA—New Light to the Farm," *Independent Woman*, January 1936; *Saturday Evening Post*, March 19, 1938.

24 "Electricity on the Farm," Science, July 4, 1930; "Effect of Rural Electrification upon Farm Life," *Monthly Labor Review*, April 1939; *Time*, July 4, 1938; *Christian Science Monitor*, July 18, 1935; Nye, *Electrifying America*, 325.

25 "Will Villages Vanish?," *Christian Science Monitor*, May 20, 1930; Nye, *Electrifying America*, 291.

26 关于新政时期的电气化政策，参见 Ronald C. Tobey, *Technology as Freedom: The New Deal and the Electrical Modernization of the American Home* (Berkeley and Los Angeles: University of California Press, 1996), chapter 4.

27 Franklin Delano Roosevelt cited in Nye, *Electrifying America*, 304.

后记
电灯的金禧庆典

1 Jill Jonnes, *Empires of Light: Edison, Tesla, Westinghouse, and the Race to Electrify the World* (New York: Random House, 2003), 347–53.

2 *Light*, February 1927; *New York American*, October 19, 1931; Matthew Josephson, *Edison: A Biography* (New York: McGraw-Hill, 1959), 473.

3 *Los Angeles Times*, October 30, 1929; Thomas Hughes, *American Genesis: A Century of Invention and Technological Enthusiasm* (Chicago: University of Chicago Press, 1989), 169.

4 J. W. Milford, "The Second Fifty Years: An Interview with Thomas A. Edison," *Revenue*, January 19, 1930.

5 Ibid.

插图出处

（页码为原书页码，即本书页边码）

卷首插图：托马斯·阿尔瓦·爱迪生在他的实验室里，乔治·格兰瑟姆·贝恩（George Grantham Bain）摄于 1908 年 2 月。
Culver Pictures/The Art Archive at Art Resource, NY.

Page 11: *Electrical World*, 12 April 1884. *La Lumiere Electrique* (1881).

Page 16: The Huntington Library, San Marino, California.

Page 22: *La Lumiere Electrique* (1881).

Page 26: *Harper's Weekly*, 14 January 1882.

Page 37: Algave and Bouldard, "The Electric light, its history, production, and applications," 1884.

Page 39: *La Lumiere Electrique* (1881).

Page 46: *La Lumiere Electrique* (1881).

Page 50: *La Lumiere Electrique* (1881).

Page 54: *The Electrical Review*, New York (March 7, 1885).

Page 64: San Jose tower, December 1881, image via Wikimedia.

Page 75: U.S. Dept. of the Interior, National Park Service, Thomas Edison National Historical Park.

Page 77: From *Puck*, Oct. 23, 1878. Library of Congress, call number AP101.P7 1878 (Case X).

Page 82: *Harper's Weekly*, 14 May 1881.

Page 88: *Electrical World*, 21 June 1890. The Huntington Library, San Marino, California.

Page 95: The Huntington Library, San Marino, California.

Page 101: *Harper's Weekly*, 3 March 1883.

Page 107: *Electrical World*, 18 July 1891.

Page 112: Collection of The New-York Historical Society. Costume Ball Photograph Collection, negative #39500.

Page 115: *Electrical World*, 28 June 1890.

Page 121: Detroit Publishing Co., Library of Congress, call number LC-D4-10727.

Page 123: *The Graphic*, 13 August 1904.

Page 125: *Harper's Weekly*, 19 September 1891. The Huntington Library, San Marino, California.

Page 130: *Scientific American*, 15 November 1884.

Page 133: *Electrical World*, 11 October 1890. The Huntington Library, San Marino, California.

Page 137: Institute of Electrical and Electronics Engineers History Center Archives.

Page 142: Lester S. Levy Collection of Sheet Music, Special Collections, Sheridan Libraries, Johns Hopkins University.

Page 149: *Harper's Weekly*, 11 April 1891. The Huntington Library, San Marino, California.

Page 156: *Electrical World*, 12 February 1887.

Page 165: *Electrical World*, 19 July 1884. The Huntington Library, San Marino, California.

Page 166: *Transactions*, Illumination Engineering Society, Vol. 10 (1915).

Page 170: *La nature* 1268 (11 September 1897), p. 225.

Page 172: John Harvey Kellogg, *Rational Hydrotherapy: A Manual of the Physio-logical and Therapeutic Effects of Hydriatic Procedures, and the Technique of their Application in the Treatment of Disease* (Philadelphia: F. A. Davis, 1903).

Page 178: *Electrical World*, Feb. 28, 1891. The Huntington Library, San Marino, California.

Page 183: *Judge*, Vol. 17, No. 419, 26 October 1889, cover.

Page 188: *Leslie's Weekly*.

Page 189: *Electrical World*, 1 March 1890.

Page 192: *Electrical World*, January 1891. The Huntington Library, San Marino, California.

Page 211: *Electrical World*, 9 January 1886. The Huntington Library, San Marino, California.

Page 213: *Electrical World*, 15 February 1890. The Huntington Library, San Marino, California.

Page 221: Forbes Co., Boston and New York, circa 1883. Library of Congress, call number POS-TH-KIR, no. 20 (C size).

Page 228: Dime Novel Collection, Special Collections Department, Tampa Library, University of South Florida, Tampa, Florida.

Page 232: Charles Dudley Arnold, photographer. Library of Congress, call number LOT 4654-2.

Page 239: Library of Congress, call number LC-USZ62-125033, U.S. GEOG FILE—New York—New York City—Buildings.

Page 244: Collection of The New-York Historical Society. Irving Browning, negative #58362.

Page 247: *Transactions*, Illuminating Engineering Society, Vol. 8 (1913), p. 616.

Page 248: Arthur Williams, "Decorative and Sign Lighting Illustrated: A Report Made at the Twenty-Sixth Annual Convention of the National Electric Light Association," New York, 1903. The Huntington Library, San Marino, California.

Page 255: *The Municipal Art Society* pamphlet, 1903.

Page 256: *Night in Los Angeles* (1912). The Huntington Library, San Marino, California.

Page 258: Library of Congress, call number LC-USZ62-116320, U.S. GEOG FILE—Illinois—Chicago—Street views—State Street.

Page 259: *Electrical World*, 12 December 1891.

Page 265: General Electric pamphlet, 1907.

Page 269: Detroit Publishing Co. Collection, Library of Congress, call number LC-D4-73062.

Page 273: Peoples Drug Store, 7th & K, [Washington, D.C.], night. Library of Congress, call number LC-F82-4062.

Page 289: *Home of a Hundred Comforts*, General Electric pamphlet (1925).

Page 296: From the Collections of the Henry Ford, ID number THF25119.

Page 300: Lester Beall, artist. Rural Electrification Administration, U.S. Department of Agriculture. Library of Congress, call number POS-US.B415, no. 9.

Page 307: U.S. Dept of the Interior, National Park Service, Thomas Edison National Historical Park.

索引

（页码为原书页码，即本书页边码）

有插图的页码使用斜体。